总装备部"1153"人才工程专项经费资助项目

软件工程原理及应用

韦群　编著

国防工业出版社

·北京·

内容简介

本书在对软件工程基本概念进行介绍的基础上,全面系统地介绍了软件开发的基本原理、基本方法及相关技术。以传统的软件工程和面向对象的软件工程为主线,根据软件开发"工程化"思想,重点介绍了结构化开发方法和面向对象开发方法,强调了软件体系结构在软件开发中的作用,通过对软件测试及软件管理技术等内容的介绍,确保软件开发质量。针对软件生命周期的主要阶段,结合具体案例,给出了基本原理和技术的应用实例。教材内容新颖、全面,对软件开发具有指导性作用。

本书适合高等院校计算机科学与技术专业本科或研究生、信息专业各类继续教育人员阅读,也可作为从事软件开发的科技人员的参考书、培训教材等。

图书在版编目(CIP)数据

软件工程原理及应用/韦群编著.—北京:国防工业出版社,2012.8
ISBN 978-7-118-08194-7

Ⅰ.①软... Ⅱ.①韦... Ⅲ.①软件工程-教材
Ⅳ.①TP311.5

中国版本图书馆 CIP 数据核字(2012)第 171907 号

※

国防工业出版社 出版发行

(北京市海淀区紫竹院南路 23 号 邮政编码 100048)
北京嘉恒彩色印刷有限责任公司
新华书店经售

*

开本 710×960 1/16 印张 20¾ 字数 368 千字
2012 年 8 月第 1 版第 1 次印刷 印数 1—3000 册 定价 58.00 元

(本书如有印装错误,我社负责调换)

国防书店:(010)88540777 发行邮购:(010)88540776
发行传真:(010)88540755 发行业务:(010)88540717

前　言

　　软件工程是一门迅速发展的新兴学科,现已成为计算机科学的一个重要分支,软件工程利用工程学的原理和方法来组织和管理软件生产,以保证软件产品的质量,提高软件生产率。

　　工程是将理论和知识应用于实践的科学。软件工程是软件生产和软件管理的工程科学,它借鉴了传统工程的原则和方法,以求高效地开发高质量的软件。其中计算机科学和数学用于构造模型与算法,工程科学用于制定规范、设计范型、评估成本及确定权衡,管理科学用于计划、资源、质量和成本的管理。

　　本书系统地介绍了软件工程的有关概念、原理、方法、技术和相关管理技术。全书共 8 章,以软件生存周期为主线,对软件工程有关的分析、设计、验证、维护和管理等内容做了详尽阐述,突出结构化技术、面向对象技术和构件技术在软件开发过程中的运用,强调软件体系结构在软件产品开发中的主要作用,通过对软件测试及软件管理技术等内容的介绍,确保软件开发质量。最后,通过一个综合实例,全面实践了软件工程的理论和方法。全书从方法学角度出发,内容紧凑,阐述力求理论联系实际,并通过与实例相结合,深入浅出,循序渐进。

　　本书主要用做计算机科学与技术专业本科或研究生"软件工程"课程教材,亦可作为高等院校计算机科学与技术专业或信息类相关专业的教学参考书,或作为从事软件开发的科技人员的参考书、培训教材等。

作　者

2012 年 2 月

目　录

第一章　软件工程概述 ……………………………………………………… 1

1.1　软件及其发展 ………………………………………………………… 1

1.2　软件危机 ……………………………………………………………… 3

1.3　软件工程 ……………………………………………………………… 5

1.4　软件过程 ……………………………………………………………… 8

　　1.4.1　软件生存周期 ………………………………………………… 8

　　1.4.2　典型的软件过程模型 ………………………………………… 10

1.5　本章小结 ……………………………………………………………… 24

第二章　可行性研究 ……………………………………………………… 25

2.1　计算机系统 …………………………………………………………… 25

2.2　可行性研究概述 ……………………………………………………… 27

　　2.2.1　可行性研究的任务 …………………………………………… 27

　　2.2.2　可行性研究的步骤 …………………………………………… 27

　　2.2.3　可行性研究的内容 …………………………………………… 31

　　2.2.4　成本/效益估计实例分析 …………………………………… 34

2.3　本章小结 ……………………………………………………………… 34

第三章　需求分析 ………………………………………………………… 36

3.1　需求分析概述 ………………………………………………………… 36

3.2　需求分析的内容 ……………………………………………………… 37

　　3.2.1　需求获取 ……………………………………………………… 38

　　3.2.2　需求分析 ……………………………………………………… 41

　　3.2.3　需求规格说明 ………………………………………………… 43

　　3.2.4　验证 …………………………………………………………… 45

3.3　需求分析的快速原型方法 …………………………………………… 46

　　3.3.1　概述 …………………………………………………………… 46

3.3.2　快速原型方法 ……………………………………………………… 47

3.3.3　快速原型的实现途径 ……………………………………………… 49

3.3.4　原型方法的技术与工具 …………………………………………… 50

3.4　需求分析的结构化分析方法 …………………………………………… 50

3.4.1　概述 …………………………………………………………………… 50

3.4.2　数据建模 ……………………………………………………………… 52

3.4.3　功能建模 ……………………………………………………………… 55

3.4.4　行为建模 ……………………………………………………………… 67

3.5　本章小结 ……………………………………………………………………… 71

第四章　软件设计方法 ……………………………………………………………… 73

4.1　概述 …………………………………………………………………………… 73

4.2　软件体系结构设计 ………………………………………………………… 74

4.2.1　软件体系结构定义 …………………………………………………… 74

4.2.2　经典的体系结构风格 ………………………………………………… 76

4.3　数据库数据结构设计 ……………………………………………………… 84

4.3.1　数据结构规范化理论 ………………………………………………… 85

4.3.2　数据库数据结构设计 ………………………………………………… 86

4.4　结构化设计方法 …………………………………………………………… 88

4.4.1　结构化设计概述 ……………………………………………………… 89

4.4.2　结构化设计的依据 …………………………………………………… 90

4.4.3　结构化设计的标准工具和设计原则 ………………………………… 92

4.4.4　结构化设计的设计策略 ……………………………………………… 97

4.4.6　结构化设计实例 ……………………………………………………… 102

4.5　Jackson 软件开发方法 …………………………………………………… 103

4.5.1　概述 …………………………………………………………………… 103

4.5.2　Jackson 方法的相关概念 …………………………………………… 104

4.5.3　Jackson 方法的步骤 ………………………………………………… 105

4.6　过程设计 …………………………………………………………………… 107

4.7　设计说明书 ………………………………………………………………… 110

4.7.1　设计说明书格式 ……………………………………………………… 110

4.7.2　设计的复审 …………………………………………………………… 115

4.8　软件体系结构风格及软件体系结构实例 ················· 115

4.9　本章小结 ··· 117

第五章　面向对象开发方法 ······································ 119

5.1　概述 ··· 119

5.2　面向对象的基本概念 ····································· 124

5.3　对象模型技术 ··· 127

　　5.3.1　基本模型 ··· 129

　　5.3.2　对象模型技术方法的开发过程 ······················· 132

　　5.3.3　应用实例 ··· 134

5.4　Coad/Yourdon 方法 ······································ 136

　　5.4.1　面向对象分析 ····································· 136

　　5.4.2　面向对象设计 ····································· 138

5.5　Jacobson 方法 ·· 140

　　5.5.1　基本思想 ··· 140

　　5.5.2　基本概念 ··· 141

　　5.5.3　Jacobson 方法的步骤 ······························ 142

5.6　统一建模语言 ··· 144

　　5.6.1　概述 ··· 144

　　5.6.2　UML 内容 ··· 146

　　5.6.3　UML 应用 ··· 152

5.7　面向对象开发中的设计模式 ······························ 155

　　5.7.1　概述 ··· 155

　　5.7.2　设计模式 ··· 156

5.9　本章小结 ··· 164

第六章　软件测试与软件可靠性 ·································· 166

6.1　软件测试概述 ··· 166

　　6.1.1　单元测试的基本方法 ······························· 169

　　6.1.2　集成测试的基本方法 ······························· 171

　　6.1.3　确认测试的基本方法 ······························· 174

　　6.1.4　系统测试的基本方法 ······························· 175

6.2　黑盒测试 ··· 177

6.2.1 等价类划分 ·· 178

6.2.2 边界值分析 ·· 179

6.2.3 因果图 ·· 180

6.3 白盒测试 ·· 182

6.3.1 程序结构分析 ·· 182

6.3.2 逻辑覆盖 ·· 186

6.3.3 程序插装 ·· 194

6.3.4 其他白盒测试方法简介 ·· 196

6.4 软件测试工具 ··· 199

6.4.1 测试工具的分类 ·· 199

6.4.2 主流测试工具介绍 ·· 201

6.4.4 测试工具的选择 ·· 204

6.5 软件可靠性 ·· 205

6.5.1 影响软件可靠性的主要因素 ·· 206

6.5.2 软件可靠性模型及其分类 ·· 207

6.5.3 经典的软件可靠性模型介绍 ·· 211

6.6 基于体系结构的软件可靠性估计实例 ·· 217

6.6.1 基于软件体系结构的可靠性模型 ·· 218

6.6.2 软件构件的可靠性 ·· 220

6.6.3 VC++面向对象软件的框架结构 ·· 222

6.6.4 VC++集成环境下的测试工具 ·· 223

6.6.5 VC++集成环境下的软件可靠性估计 ·· 226

6.6.6 影响系统可靠性的因素分析 ·· 230

6.7 本章小结 ·· 231

第七章 软件项目管理 ·· 233

7.1 项目管理过程 ··· 233

7.2 软件项目计划管理 ··· 234

7.3 软件项目估算 ··· 236

7.3.1 软件项目分解 ·· 237

7.3.2 软件规模估算 ·· 238

7.3.3 软件工作量估算 ·· 244

      7.3.4　软件进度估算 ·· 251

  7.4　风险管理 ··· 257

  7.5　软件配置管理 ·· 261

      7.4.1　软件配置管理的概念 ·· 261

      7.4.2　软件配置管理的任务 ·· 261

      7.4.3　软件配置工具 ·· 267

  7.6　本章小结 ··· 269

第八章　综合应用实例 ·· 271

  8.1　民航机场信息系统的发展过程 ······································ 271

  8.2　Web 浏览器/服务器模式及其应用 ··································· 272

  8.3　基于软件体系结构的开发方法 ······································ 273

  8.4　民航机场领域的基本需求 ·· 274

  8.5　软件体系结构设计 ·· 279

      8.5.1　客户/服务器型软件体系结构风格 ································ 279

      8.5.2　民航机场信息系统软件体系结构模式 ···························· 280

      8.5.3　软件体系结构设计 ·· 282

      8.5.4　设计模式在民航机场信息系统软件体系结构中的应用 ··· 285

  8.6　构件库管理系统的设计 ·· 290

      8.6.1　构件库中构件的分类方法 ······································ 290

      8.6.2　构件库设计 ·· 291

      8.6.3　领域 COM 构件开发技术 ······································ 293

  8.7　程序说明 ··· 296

      8.7.1　构件实现的功能 ·· 296

      8.7.2　客户端程序功能说明 ·· 296

  8.8　民航机场信息系统的发展 ·· 302

  8.9　本章小结 ··· 303

附录 ·· 304

  附录 A ··· 304

  附录 B ··· 307

  附录 C ··· 310

参考文献 ·· 317

第一章　软件工程概述

伴随着电子商务、网络经济的发展,人类迈进了一个崭新的信息时代,计算机技术在各行各业的应用达到了前所未有的广度和深度,一种以计算机软件为主要产品的新兴工业——软件工业浮出水面并逐渐走向成熟。正如当初机器化大生产最终代替了手工作坊,软件工程化的浪潮正席卷全球,软件企业也将生产的重点从盲目追求数量和拼命缩短开发周期转移到提高产品质量及规范生产能力上。在机遇与挑战并存的今天,软件工程成了软件企业克敌制胜的法宝。

软件工程作为一门工程学科,是现代软件产业发展的指导思想和管理原则。软件工程的基本理念是"按工程的概念、原理、技术和方法开发与维护计算机软件"。在软件工程建立之前,软件开发过程主要是程序员个性化心理过程的组合,充满神秘性和不确定性。软件工程作为一门工程学科,为软件开发过程提供了基本的工程化、结构化框架,即在结构化细分软件开发过程的基础上,通过开发技术与管理技术的结合,对每一个开发阶段的工作进行控制和测评,从而使软件开发过程在整体上是可计划、可预期和可管理的。

1.1　软件及其发展

人们对软件的认识经历了一个由浅到深的过程。20世纪40年代,出现了世界上第一台计算机之后,就有了程序的概念。可以认为它是软件的前身,经历了几十年的发展,人们对软件有了更为深刻的认识。

软件的发展经历了三个不同的阶段。20世纪50—60年代为程序设计阶段,主要特征是硬件通用化,个性化的机器语言程序;20世纪60年代中期至70年代中期为程序系统阶段,主要特征是硬件的速度、容量、价格及性能的优化与程序开发能力的增长不能匹配,阻碍了计算机系统整体水平的提高,出现软件危机;20世纪70年代以后,为软件工程阶段,主要特征是硬件技术以摩尔定律飞速发展,硬件技术的生产进入高速、全球化、现代化生产方式,相比之下,软件技术仍然处在手工作坊方式,软件危机依然严重。

现在,被普遍接受的软件的定义是:软件是计算机系统中与硬件相互依存的另一部分,它是包括程序、数据及其相关文档的完整集合。其中,程序是按事先设计的功能和性能要求执行的指令序列;数据是使程序能正常操纵信息的数据结构;文档是与程序开发、维护和使用有关的图文材料。

软件同传统的工业产品相比,有其独特的特性,主要表现在以下 8 个方面:

(1) 软件是一种逻辑产品,具有抽象性。这个特点使它与其他工程对象有着明显的差异。人们通常看到的是它的载体,如记录它的纸张、内存和磁盘、光盘等,但却无法看到软件本身的形态,必须通过观察、分析、思考、判断,才能了解它的功能、性能等特性。

(2) 与传统的工业产品的生产不同,软件没有明显的制造过程。传统的工业产品在车间里生产,生产过程可见、可触摸,也容易衡量生产过程中的消耗和进展。可是软件的开发过程是在人的大脑里通过智力活动,把知识和技术转化成信息的一种产品,很难度量其进度。

工业产品的生产可以重复制造,在制造过程中进行质量控制。软件产品一旦研制开发成功,就可以大量复制同一内容的副本。所以对软件而言,必须在软件开发过程中进行质量控制。

(3) 软件在使用过程中,没有磨损、老化的问题。硬件存在机械磨损,老化问题。硬件的故障率曲线如图 1-1 所示。

软件在生存周期后期不会因为磨损而老化,但会为了适应硬件、环境以及需求的变化而进行修改。这些修改又不可避免地会引入错误,导致软件失效率升高,从而使得软件退化。当修改的成本高得难以接受时,软件就被抛弃。软件的实际故障率曲线如图 1-2 所示。

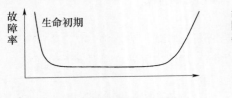

图 1-1　硬件的故障率曲线

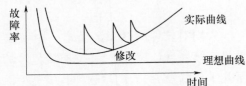

图 1-2　软件的实际故障率曲线

(4) 软件对硬件和环境有着不同程度的依赖性。软件的开发和运行常受到计算机系统的限制,这导致了软件移植的问题,这是衡量软件质量的因素之一。

(5) 软件的开发至今尚未完全摆脱手工作坊式的开发方式,生产效率低。软件产业是一个新型的特殊产业,它与许多传统的产业相比具有一些不同的特点,传统的产业常依赖于特定的原料资源,而软件产业最主要的资源是人,软件产业本质上又是一个劳力密集型产业。产业的规模常与人员规模联系在一起，这也从某种意义上限制了软件产业的高效益产出。我们不能单靠拼人海战术去拼效益，这将是非常局限和困难的。但我们也要看到软件产业又是一个知识型产业或智力密集型产业。

目前还不能像设计和建造楼房、汽车那样开发软件。软件开发远没有建筑工程、机械工程那样成熟和真正的工程化。尽管对软件复用技术、自动生成技术、软件开发工具或软件开发环境等软件技术新的开发方法进行了大量的研究，但采用的比率低。

（6）软件是复杂的，而且以后会更加复杂。软件是人类有史以来生产的复杂度最高的工业产品。软件涉及人类社会的各行各业、方方面面，软件开发常常涉及其他领域的专门知识，这对软件工程师提出了很高的要求。

（7）软件的成本相当昂贵。软件开发需要投入大量、高强度的脑力劳动，成本非常高，风险也大。现在软件的开销已大大超过了硬件的开销。

（8）软件工作牵涉到很多社会因素。许多软件的开发和运行涉及机构、体制和管理方式等问题，还设计到人们的观念和心理。这些人为的因素，常常成为软件开发的困难所在，直接影响到项目的成败。

1.2　软件危机

软件和硬件是计算机技术的两个相互联系而又密不可分的部分，然而相对硬件来说，软件却很不成熟，也很脆弱，由软件导致的灾难屡见不鲜。1996年欧洲航天局首次发射"阿丽亚纳"5号火箭失败，直接损失5亿美元，还使耗资已达80亿美元的开发计划推迟了近三年，事故的原因是火箭控制系统的软件故障。20世纪90年代后半期，"千年虫"问题震惊世界，各国投入了大量的人力和物力，耗资数千亿美元，"虫害"才基本上得到控制。F-18战斗机在海湾战争中，飞行控制软件共发生了500多次故障，"爱国者"导弹因软件问题误伤了28名美国士兵。

随着计算机应用日益普及和深化，计算机软件的数量以惊人的速度急剧膨胀，软件的规模之大，成本之高也超出了最初人们的想象。但是，软件生产的质量没有可靠的保证，软件开发的生产率也远远跟不上普及计算机应用的要求，软件已经成为制约计算机应用发展的"瓶颈"。手工作坊式的开发方式已经严重阻碍了计算机软件的发展，更为严重的是，用错误方法开发出来的许多大型软件几乎根本无法维护，只好提前报废，造成大量人力、物力的浪费。

如果将软件的成功开发定义为"规定的需求大部分得到满足，预算基本符合实际,基本按计划进行",那么能够称得上是成功的软件项目仅占所有开发项目的26%。项目组成员经常会听到用户的抱怨,与此同时,项目组也是怨声载道。

软件危机包括两个方面问题,一方面是如何开发软件,即研究软件开发方法,以满足对软件的日益增长需求;另一方面是如何维护数量不断增长的已有软件。直到今天,软件危机仍然存在。具体表现在以下方面:

(1)软件增长与硬件增长失衡,软件的增长能力远远跟不上硬件及网络技术的发展速度和水平,也远远跟不上计算机应用领域深度与广度的发展,成为制约 IT 产业发展的瓶颈。

(2)软件项目的开发成本与进度计划常常形同虚设,软件开发中遇到的各种情况,令软件开发过程难以保证按预定的计划实现,为了追赶进度或降低成本所作的快速努力又往往损害了软件的质量或性能,不得不返工或引起用户的不满。

(3)软件产品质量差。软件产品质量保证技术(审查、复审、测试)不能贯穿于开发全过程,软件产品的质量不但取决于开发人员的技术水平,还取决于开发人员的意志品质和团队精神,软件开发整体上仍然深受非智力的个性心理特征的制约。软件质量问题与其他商品的质量问题有着很多的不同。首先,软件开发仍为早期的个体化方式,其最大的特点是开发过程没有交互性,软件的规划、设计、测试和维护都只能由某一个人负责,对软件质量最具发言权的用户无法也无力参与到软件的质量管理当中;其次,很多软件设计带有太多的随意性,许多功能都是在灵机一动时添加进软件当中的。这是造成软件成本提高和不能令人满意的重要因素。

很多投入了巨资和人力的软件产品不能取得好的成绩,这在软件产业中是一个很普遍的现象,如何控制和管理软件产品的质量,是整个软件行业一开始就面临的问题。

(4)软件的可维护性、可移植性、可适应性差。软件是逻辑元件,不是一种实物。软件故障是由软件中的逻辑故障所造成的,不是硬件的"用旧"、"磨损"问题,软件维护不是更换某种设备,而是要纠正逻辑缺陷。

软件维护有三类工作:改正性维护、适应性维护和提高性维护。改正性维护约占20%,改正处理上的错误,性能方面、编制程序方面的错误。适应性维护约占25%,适应数据环境、硬件及操作系统,也包括移植工作。提高性维护约占50%,提高处理效率、性能或使用方便,增加及改善输出信息,以便于维护。

软件重复使用还是一个追求中的目标,人们不得不重复开发先前被开发过的软件。

（5）软件的文档管理无法满足项目管理人员、开发人员、测试人员、维护人员、用户的多方面的需要，文档管理不当造成开发过程沟通不充分，增加了软件的成本，降低了软件的品质和可维护性。

（6）软件在整个信息系统总成本中所占的比例不断上升。计算机发展的早期，大型的计算机系统主要用于军事领域，研制费用主要由国家财政提供，很少考虑研制代价问题。

随着计算机市场化产业的发展，代价和成本成为投资者考虑的最主要的问题之一。技术的进步，使得计算机硬件的成本持续降低，而软件成本不断增长，软件成本在计算机系统总成本中所占比例呈现日益扩大的趋势。美国在1985年软件成本已经占系统总成本的90%以上。

软件危机的原因，一方面与软件本身的特点有关；另一方面与软件开发和维护的方法不正确有关：软件开发和维护的不正确方法主要表现为忽视软件开发前期的需求分析；开发过程没有统一的、规范的方法论的指导，文档资料不齐全，忽视人与人的交流；忽视测试阶段的工作，提交用户的软件质量差；轻视软件的维护。这些大多数都是软件开发过程管理上的原因。

面对软件开发和维护过程中遇到的一系列严重问题，1968年，北大西洋公约组织的计算机科学家召开国际会议，第一次提出软件危机的概念，并且在60年代后期开始认真研究解决软件危机的方法，从而逐步形成了计算机科学技术领域中的一门新兴的学科——计算机软件工程学，通常简称为软件工程。

1.3　软　件　工　程

我们已经进入到了信息化时代，作为信息化世界基础的软件技术仍然发展得很不成熟，软件危机并没有成为过去。计算机技术发展到今天，软件仍然是最落后、最脆弱的领域。

最初，编制程序完全是一种技巧，主要依赖于程序员的素质。软件技术落后的原因来自两个方面：一是软件本身的复杂性，有人认为，软件是迄今为止人类设计的最复杂的东西；二是软件开发过程基本上是一种手工劳动，由于研制一个软件系统，特别是大型复杂的软件系统，同研制一台机器、一座楼房有许多共同之处。因此，可以参考机械工程、建筑工程一样来处理软件研制的全过程。

针对20世纪60年代出现的软件危机，北大西洋公约组织于1968年专门召开了一次学术会议，首次提出了"软件工程（Software Engineering）"这一概念并进行了讨论，这在软件技术发展史上是一件划时代的大事。自这一概念提出以来，围绕软件项目，开展了有关开发模型、方法以及支持工具的研究，各种有关软件的技术、思想、方法和概念不断被提出,软件工程逐渐发展成一个独立的学科,称为"软件工程方法学"或者"软件工程学"。

软件工程的定义有多种,如:

定义1:软件工程是指导计算机软件开发和维护的工程学科。采用工程的概念、原理、技术和方法来开发和维护软件,把经过时间考验而证明正确的管理技术和当前能够得到的最好的技术方法结合起来,这就是软件工程。

定义2:软件工程是研究和应用如何以系统性的、规范性的、可定量的方法去开发、操作和维护软件,即把工程应用到软件上。

定义3:将系统化的、规范的、可度量的方法应用于软件的开发、运行和维护的过程,即将工程化应用于软件中;对上述系统化的、规范的、可度量的方法的研究。

软件工程包括两方面内容:软件开发技术和软件项目管理。软件开发技术包括软件开发方法学、软件工具和软件工程环境。软件项目管理包括软件度量、项目估算、进度控制、人员组织、配置管理、项目计划等。软件工程知识体系如图1-3所示。

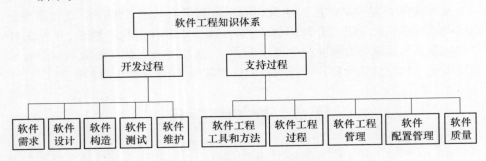

图1-3 软件工程知识体系

软件工程知识体系包括开发过程和支持过程。其中开发过程主要有软件需求、设计、构造、测试和维护5个阶段;软件支持过程有软件工程管理、软件工程过程、软件工程工具和方法、软件配置管理以及软件质量等过程。

软件工程包括三个要素:方法、工具和过程,支持软件工程的根基就在于对质量的关注。软件工程方法为软件开发提供了"如何做"的技术。它包括了多方面的任务,如项目计划与估算、软件系统需求分析、数据结构、系统总体结构的设计、算法的设计、编码、测试以及维护等。软件工具为软件工程方法提供了自动的或半自动的软件支撑环境。目前,已经开发出了许多软件工具,已经能够支持上述的软件工程方法。软件工程的过程则是将软件工程的方法和工具综合起来以达到合理、及时地进行计算机软件开发的目的过程,定义了方法使用的顺序、要求交付的文档资料、为保证质量和协调变化所需要的管理及软件开发各个阶段完成的里程碑。

自从 1968 年提出软件工程这一术语以来,研究软件工程的专家学者们陆续提出了 100 多条关于软件工程的准则或信条。美国著名的软件工程专家 Boehm 综合这些专家的意见,并总结了 TRW 公司多年的开发软件的经验,于 1983 年提出了软件工程的七条基本原理。这 7 条的基本原理是:

(1)用分阶段的生命周期计划严格管理。这一条是吸取前人的教训而提出来的。统计表明,50% 以上的失败项目是由于计划不周而造成的。在软件开发与维护的漫长生命周期中,需要完成许多性质各异的工作。这条原理意味着,应该把软件生命周期分成若干阶段,并相应制定出切实可行的计划,然后严格按照计划对软件的开发和维护进行管理。Boehm 认为,在整个软件生命周期中应指定并严格执行 6 类计划:项目概要计划、里程碑计划、项目控制计划、产品控制计划、验证计划、运行维护计划。

(2)坚持进行阶段评审。统计结果显示:大部分错误是在编码之前造成的,大约占 63%;错误发现得越晚,改正它要付出的代价就越大,要差 2 到 3 个数量级。因此,软件的质量保证工作不能等到编码结束之后再进行,应坚持进行严格的阶段评审,以便尽早发现错误。

(3)实行严格的产品控制。开发人员最痛恨的事情之一就是改动需求。但是实践告诉我们,需求的改动往往是不可避免的。这就要求我们要采用科学的产品控制技术来顺应这种要求。也就是要采用变动控制,又叫基准配置管理。当需求变动时,其他各个阶段的文档或代码随之相应变动,以保证软件的一致性。

(4)采纳现代程序设计技术。从六七十年代的结构化软件开发技术,到最近的面向对象技术,从第一、第二代语言,到第四代语言,人们已经充分认识到采用先进的技术既可以提高软件开发的效率,又可以减少软件维护的成本。

(5)结果应能清楚地审查。软件是一种看不见、摸不着的逻辑产品。软件开发小组的工作进展情况可见性差,难于评价和管理。为更好地进行管理,应根据软件开发的总目标及完成期限,尽量明确地规定开发小组的责任和产品标准,从而使所得到的标准能清楚地审查。

(6)开发小组的人员应少而精。开发人员的素质和数量是影响软件质量和开发效率的重要因素,应该少而精。这一条基于两点原因:高素质开发人员的效率比低素质开发人员的效率要高几倍到几十倍,开发工作中犯的错误也要少的多;当开发小组为 N 人时,可能的通信信道为 $N(N-1)/2$,可见随着人数 N 的增大,通信开销将急剧增大。

（7）承认不断改进软件工程实践的必要性。遵从上述 7 条基本原理，就能够较好地实现软件的工程化生产。但是，它们只是对现有的经验的总结和归纳，并不能保证赶上技术不断前进发展的步伐。因此，Boehm 提出应把承认不断改进软件工程实践的必要性作为软件工程的第七条原理。根据这条原理，不仅要积极采纳新的软件开发技术，还要注意不断总结经验，收集进度和消耗等数据，进行出错类型和问题报告统计。这些数据既可以用来评估新的软件技术的效果，也可以用来指明必须着重注意的问题和应该优先进行研究的工具和技术。

Boehm 认为，这 7 条原理是确保软件产品质量和开发效率的原理的最小集合。它们是相互独立的，是缺一不可的最小集合；同时，它们又是相当完备的。人们当然不能用数学方法严格证明它们是一个完备的集合，但是可以证明，在此之前已经提出的 100 多条软件工程准则都可以由这 7 条原理的任意组合蕴含或派生。

1.4 软 件 过 程

1.4.1 软件生存周期

在软件的开发和使用过程中，通常软件的维护费用要远远高出软件的开发费用，因而软件开发不能只考虑开发期间的费用，而应考虑软件生存周期的全部费用。因此，软件生存周期的概念就变得特别重要。考虑软件费用时，不仅要降低开发成本，更要降低整个软件生存周期的总成本。

（1）软件生存周期定义。任何事物都要经历产生、发展、成熟、消亡的过程，人们一般把这样一个过程称为生存周期，软件也有其自身的生存周期。软件生存周期是软件产品或系统一系列相关活动的全周期。从形成概念开始，经过研制，交付使用，在使用中不断增补修订，直到最后被淘汰，让位于新的软件产品的全过程，即软件生存周期是指软件产品从考虑其概念开始，到该软件产品不再能使用为止的整个时期。一般包括概念阶段、需求阶段、设计阶段、实现阶段、测试阶段、安装阶段以及交付使用阶段、运行阶段和维护阶段，有时还有退役阶段，这些阶段可以有重叠。

（2）软件开发生存周期。软件开发生存周期是指软件产品从考虑其概念开始到该软件产品交付使用为止的整个时期。一般包括概念阶段、需求阶段、设计阶段、实现阶段、测试阶段、安装阶段以及交付阶段。

（3）软件开发过程。把用户的要求转变成软件产品的过程叫做软件开发过程。此过程包括对用户的要求进行分析,并解释成软件需求,把需求变成设计,把设计用代码来实现,测试该代码及代码安装和把软件交付运行使用。通过进行一组有组织的活动,把用户的要求转化成软件产品。

经过不断实践和总结得出的一个结论是:按工程化的原则和方法组织软件开发工作是有效的,也是摆脱软件危机的一个主要出路。

（4）软件工程项目的基本目标。组织实施软件工程项目,最终希望得到项目的成功。所谓成功指的是达到以下几个主要的目标:付出较低的开发成本;达到要求的软件功能;取得较好的软件性能;开发的软件易于移植;需要较低的维护费用;能按时完成开发工作,及时交付使用。在具体项目的实际开发中,企图让以上几个目标都达到理想的程度往往是非常困难的。图1-4表明了软件工程目标之间存在的相互关系。

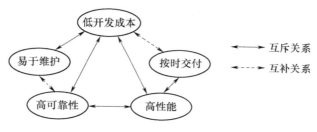

图1-4　软件工程目标之间的关系

其中有些目标之间是互补关系,例如,易于维护和高可靠性之间,低开发成本与按时交付之间。还有一些目标是彼此互斥的,例如,低开发成本与软件可靠性之间,提高软件性能与软件可移植性之间,就存在冲突。

（5）软件工程的原则。以上的软件工程基本目标适合于所有的软件工程项目。为达到这些目标,在软件开发过程中必须遵循下列软件工程原则。

① 抽象:抽取事物最基本的特性和行为,忽略非基本的细节。采用分层次抽象,自顶向下、逐层细化的办法控制软件开发过程的复杂性。

② 信息隐蔽:将模块设计成"黑箱",实现的细节隐藏在模块内部,不让模块的使用者直接访问。这就是信息封装,使用与实现分离的原则。使用者只能通过模块接口访问模块中封装的数据。

③ 模块化:模块是程序中逻辑上相对独立的成分,是独立的编程单位,应有良好的接口定义。如C语言程序中的函数过程,C++语言程序中的类。模块化有助于信息隐蔽和抽象,有助于表示复杂的系统。

④ 局部化:要求在一个物理模块内集中逻辑上相互关联的计算机资源,保证模块之间具有松散的耦合,模块内部具有较强的内聚。这有助于控制解的复

杂性。

　　⑤ 确定性:软件开发过程中所有概念的表达应是确定的、无歧义性的、规范的。这有助于人们之间在交流时不会产生误解、遗漏,保证整个开发工作协调一致。

　　⑥ 一致性:整个软件系统(包括程序、文档和数据)的各个模块应使用一致的概念、符号和术语。程序内部接口应保持一致。软件和硬件、操作系统的接口应保持一致。系统规格说明与系统行为应保持一致。用于形式化规格说明的公理系统应保持一致。

　　⑦ 完备性:软件系统不丢失任何重要成分,可以完全实现系统所要求功能的程度。为了保证系统的完备性,在软件开发和运行过程中需要严格的技术评审。

　　⑧ 可验证性:开发大型的软件系统需要对系统自顶向下、逐层分解。系统分解应遵循系统易于检查、测试、评审的原则,以确保系统的正确性。

　　使用一致性、完备性和可验证性的原则可以帮助人们实现一个正确的系统。

1.4.2　典型的软件过程模型

　　软件总是一个大系统的组成部分,要建立所有系统成分的需求,再将其中某个子集分配给软件。软件开发模型是指软件的开发过程、活动和任务的结构框架,是描述软件开发过程中各种活动如何执行的模型。软件开发模型又被称为软件过程模型或软件工程范型。

　　依据软件工程的一般原理,一个软件从计划到废弃不用被称为软件的生存周期,一般包括计划、开发和运行等时期。按照其原则,生存周期中的各个时期又可细分为若干更小的阶段,不同的阶段划分方法,就构成了不同的软件生存周期模型。

　　几十年来,软件开发模型的发展有了很大的变化,提出了一系列的模型以适应软件开发发展的需要。在软件工程的发展过程中,曾出现了不同类型的软件生存周期模型,如瀑布模型、快速原型模型和软件演进模型等。以下是几种主要的软件开发模型。

1. 编码修正模型

　　编码修正模型是从一个大致的想法开始工作,然后经过非正规的设计、编码、调试和测试方法,最后完成工作,如图1-5所示。

　　这种开发模型是一种类似作坊式的方式,其优点是:成本可能很低;只需要很少的专业知识,任何写过程序的人都可以完成;对于一些非常小的、开发完后就会很快丢弃的软件可以采用。

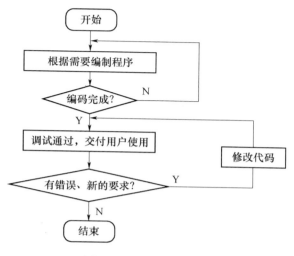

图 1-5　编码修正模型

它存在如下问题：首先，代码缺少统一规划，低估了设计的重要性，代码结构随着修改次数的增多变得越来越坏，以致错误越来越难改，甚至无法改；其次，即使有的软件设计得很好，但其结果往往并非用户所需要的，造成软件开发风险大，主要是因为没有重视需求而造成的；最后，对测试、维护修改方面考虑不周，使得代码的维护、修改困难。所以，当开发的软件规模不断扩大时，这种模型就会引起严重的后果，必须加以改进。

2. 瀑布模型

瀑布模型也称线性顺序模型、传统生命周期。瀑布模型提出了软件开发的系统化的、顺序的方法。

吸取软件开发早期的教训，人们开始把软件开发视为工程来管理。类似其他工程的管理，软件开发也有一定的工序。于是软件生命周期这一概念被真正提了出来，并划分成 6 个步骤，分别是制定计划、需求分析和定义、软件设计、程序编写、软件测试、运行和维护。在这一基础上，Winston Royce 在 1970 年提出了著名的瀑布模型，如图 1-6 所示。

瀑布模型规定了自上而下、相互衔接的固定次序，试图解决编码修正模型所带来的问题（需求、设计、测试及维护过程中的问题）。瀑布模型包括的 6 个工程活动如下：

（1）制定计划，确定总目标。给出功能、性能、可靠性及接口等要求；进行可行性分析，给出备选的方案和成本/效益分析；制定实施计划。

（2）详细需求定义：形成需求说明书。需求收集过程集中于软件，了解软件

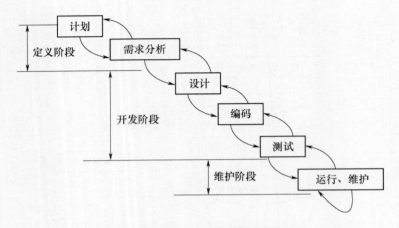

图 1-6　瀑布模型(支持带有反馈的循环)

的信息领域,确定软件的功能、行为、性能和接口。系统需求和软件需求都要文档化并与用户一起复审。

(3)软件设计:软件设计是软件开发的核心。它是一个多步骤的过程,集中于软件的 4 个完全不同的属性上,包括数据结构、软件体系结构、界面表示以及过程(算法)细节。设计过程把需求转换成软件表示,在编码之前可以评估其质量。

(4)代码生成:设计必须转换成机器可读的形式。如果设计表示得很详细,代码生成可以自动完成。

(5)测试:测试是保证软件质量的重要手段。测试过程集中于软件的内部逻辑(保证所有语句都测试到)以及外部功能(引导测试去发现错误),并保证定义好的输入能够产生与预期结果相同的输出。

(6)运行/维护:软件在交付给用户后,当遇到错误、当软件必须适应外部环境的变化(如新的 OS 或外设)以及当用户希望增强功能或性能时都不可避免地要进行修改。软件维护重复以前的各个阶段,不同之处在于它是针对已有的程序问题,而非新程序。

瀑布模型在每一项活动的结尾都要对该项活动实施的工作进行评审:如果确认,就继续实现下一项活动;否则,返回前项或更前项,要尽量减少多个阶段间的反复,以相对较小的费用来开发软件。

瀑布模型是一种严格线性的、按阶段顺序的、逐步细化的过程模型。瀑布模型的特点是:软件开发的阶段间具有顺序性和依赖性;推迟了程序的物理实现;采取了质量保证的手段,每个阶段必须完成规定的文档,每个阶段结束前完成文档审查,及早改正错误;由于预先制定了所有的计划,项目易于组织、易于管理。

瀑布模型适用的场合：

（1）当有一个稳定的产品定义和很容易被理解的技术解决方案时，纯瀑布模型特别合适。

（2）当对一个定义得很好的版本进行维护或将一个产品移植到一个新的平台上，瀑布模型也特别合适。

（3）对于那些容易理解但很复杂的项目，采用纯瀑布模型比较合适，因为可以用顺序方法处理问题。

（4）在质量需求高于成本需求和进度需求的时候，它尤为出色。

（5）当开发队伍的技术力量比较弱或者缺乏经验时，瀑布模型更为适合。

瀑布模型为软件开发和维护提供了一种有效的管理方式。通过制定开发计划、进行成本预算，来组织开发力量，以项目的阶段评审和文档控制为手段，对整个开发过程进行指导，来保证软件产品及时交付，达到预期的质量要求。

瀑布模型的缺陷：

（1）在项目开始的时候，用户常常难以清楚地给出所有需求；用户与开发人员对需求理解存在差异。

（2）实际的项目很少按照顺序模型进行。

（3）缺乏灵活性：因为瀑布模型确定了需求分析的绝对重要性，但是在实践中要想获得完善的需求说明是非常困难的，导致"阻塞状态"。反馈信息慢，开发周期长。

（4）虽然存在不少缺陷，瀑布模型经常被嘲笑为"旧式的"，但是在需求被很好地理解的情况下，仍然是一种合理的方法。

瀑布模型的这些缺陷，推动着人们继续探索新的模型。

V形模型是对瀑布模型的修正，强调了验证活动。V形模型中的过程从左到右，描述了基本的开发过程和测试行为。V形模型的价值在于它非常明确地标明了测试过程中存在的不同级别，并且清楚地描述了这些测试阶段和开发过程期间各阶段的对应关系。

如图 1-7 所示，在 V 形模型中，单元测试是基于代码的测试，最初由开发人员执行，以验证其可执行程序代码的各个部分是否已达到了预期的功能要求；集成测试验证了 2 个或多个单元之间的集成是否正确，并有针对性地对详细设计中所定义的各单元之间的接口进行检查；在所有单元测试和集成测试完成后，系统测试开始以客户环境模拟系统的运行，以验证系统是否达到了在概要设计中所定义的功能和性能；最后，当技术部门完成了所有测试工作后，由业务专家或用户进行验收测试，以确保产品能真正符合用户业务上的需要。

平行瀑布模型是对瀑布模型的改进。平行瀑布模型在各阶段之间转换时不

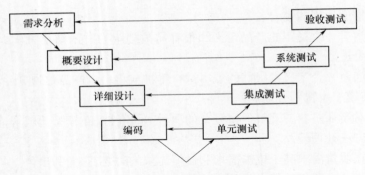

图 1-7　V 形模型示意图

一定要求完全按顺序进行,可适当并行开展各阶段的开发工作,即在上一阶段还未完全结束前,就可开始后一阶段的开发工作,是把阶段重叠起来的瀑布模型。例如:需求分析完成 60% 时,就可以进行这 60% 的已完成分析部分的设计工作,同时并行进行余留的 40% 的需求分析。

　　根据不同情况,平行瀑布模型可以有不同的并行度。在用户想法不稳定、要求不太清楚时,可以增加并行度。如果短期显示成果的压力大,可增加并行度。如果可靠性要求高、资源及预算严密,而且技术错误的后果严重时,需要减少并行度。一般,并行度对系统关系不大,但对于大型系统的开发,须根据实际情况,认真分析考虑,难以用一个固定衡量标准。

　　由于平行瀑布模型各阶段之间有重叠,因而里程碑不明确,很难有效地进行过程跟踪和控制。

3. 原型模型

　　在开发一个新的软件项目时,如果用户只能提出软件的一般性目标,而不能详细说明系统的输入、处理过程及输出需求;或者,开发者不能确定算法的有效性、操作系统的适应性或人机交互的形式等情况下,原型模型可能是最好的选择。原型模型如图 1-8 所示。

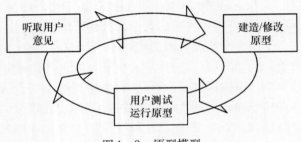

图 1-8　原型模型

原型模型从需求收集开始,开发者和用户一起定义软件的总体目标,标识出已知的需求,并指出需要进一步定义的内容。然后,进行原型系统快速设计,主要对软件中用户可见部分的表示(如输入方式和输出格式)的设计。在软件的快速设计的基础上,开发原型,构造出系统的原型。用户通过运行原型对其进行评估,并进一步精化待开发软件的需求。逐步调整原型使其满足客户的要求,同时也使开发者对将要做的事情有更好的理解,这个过程是迭代的。原型开发过程如图 1−9 所示。

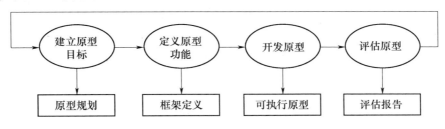

图 1−9　原型开发过程

理想上,原型可以作为标识软件需求的一种机制。如果建立了可运行原型,开发者就可以在此基础上利用已有的程序片断或使用工具(如报表生成器、窗口管理器等)来尽快生成工作程序。

在大多数项目中,建造的第一个系统很少是可用的。但用户和开发者确实都喜欢原型模型,因为用户能够感受到实际的系统,开发者能够很快地建造出一些东西;可以处理模糊需求,得到良好的需求定义。

原型模型是软件工程的一个有效范型。原型模型可以分成抛弃型原型和进化型原型 2 种。抛弃型原型是指建造原型仅是为了定义需求,之后,就该被抛弃(或至少部分抛弃),在充分考虑了质量和可维护性之后,才开发实际的软件。为此,可以结合瀑布模型,常在需求分析或设计阶段平行地进行几次快速原型,来消除风险和不确定性,如图 1−10 所示。进化型原型是指原型系统不断被开发和被修正,最终它变为一个真正的系统。

原型模型适用于用户驱动的系统,即需求模糊或随时间变化的系统,其优点是:从实践中学习;改善了与用户的通信;加强了用户的参与;使部分已知需求清晰化;能够展示对系统的描述是否一致和完整;提高系统的实用性、可维护性;节省开发的投入、缩短整个软件的开发周期。

原型模型存在的问题:用户有时误解了原型的角色,如他们可能误解原型应该和真实系统一样可靠。缺少项目标准,进化原型方法有点像编码修正。缺少控制,由于用户可能不断提出新要求,因而原型迭代的周期很难控制。额外的花

15

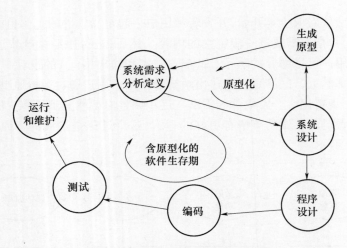

图 1 - 10　含原型化的软件生存周期

费:研究结果表明构造一个原型可能需要 10% 额外花费。为了尽快实现原型,采用了不合适的技术,运行效率可能会受影响。原型法要求开发者与用户密切接触,有时这是不可能的,例如外包软件。

4. 形式化方法模型

形式化方法模型的主要思想是用形式化的方法自动生成程序。形式化方法模型包含了一组活动,它们带来了用数学说明对计算机软件进行描述的方法。形式化方法模型的主要步骤:

(1) 采用形式化的规格说明书描述系统需求;

(2) 通过自动系统自动地把规格说明书变换成代码;

(3) 必要时对生成的代码进行优化,改进性能;

(4) 程序交付用户使用;

(5) 根据使用的经验,调整形式化的规格说明书,返回第一步重复整个过程。

形式化方法模型与瀑布模型的本质区别在于软件需求的描述是用数学符号表达的详细的形式化描述,软件设计、实现和测试等开发过程被一个转换的开发过程代替,在这个转换过程中,形式化描述经过一系列转换变成一个可执行程序,如图 1 - 11 所示。

形式化方法模型的优点:在软件开发中,形式化方法提供了一种机制,能够消除其他模型难以克服的很多问题,如通过采用形式化方法的数学分析,可以容易地发现与校正二义性、不完整性和不一致性等。在系统设计时,形式化方法可以作为程序验证的基础,能够发现和纠正错误。形式化方法模型提供了可以产生无缺陷软件的承诺,适用于对安全性、可靠性或保密性需求极高的系统。

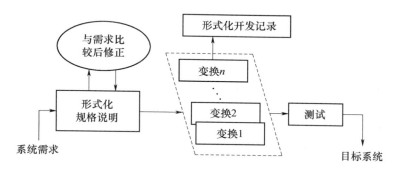

图 1-11　形式化方法模型

形式化方法模型的缺点:需要庞大的支持体系,自动转换系统中包含和维护的知识数量巨大,开发费时且昂贵。开发人员具有较少的使用形式化方法所需的背景知识,需进行多方面的培训。难以将该模型与用户进行交流。

5. 演进软件过程模型

在传统软件工程过程模型中都没有考虑软件的变化特征。在软件开发实践中,人们越来越认识到软件就像所有复杂系统一样要经过一段时间的演化。一方面,业务和产品的需求随着开发的发展常常发生改变,想找到最终产品的一条直线路径是不可能的;另一方面,紧迫的市场期限使得难以完成一个完善的软件产品,但可以先提交一个有限的版本以对付竞争或商业的压力。所以只要核心产品或系统需求能够很好地理解,产品或系统的细节部分可以进一步定义,即可以采用演进的方法完成整个系统的开发。

依靠演进方式进行开发的演进模型在克服瀑布模型的缺点,减少由于软件需求不正确而给工作带来风险方面有显著的效果。演化模型是利用一种迭代的思想方法,它的特点是使开发者渐进地开发出逐步完善的软件版本。但要注意的是,采用演进方式时不要把演进式模型执行成原始的编码修正模型。常用的有下述几种演进模型。

1)增量模型

增量模型融合了瀑布模型线性的基本成分(重复地应用)和原型实现的迭代特征。增量模型以功能递增的方式进行软件开发,最终形成一个完善的系统。在每一步递增中,都发布一个新的增量,其中,第一个增量是产品的核心功能,以后的每一个增量都是对系统功能的增强,每个增量的开发可以使用不同的过程。通过逐步发布增量,能够改善测试效果和降低软件开发总成本,如图 1-12 所示。

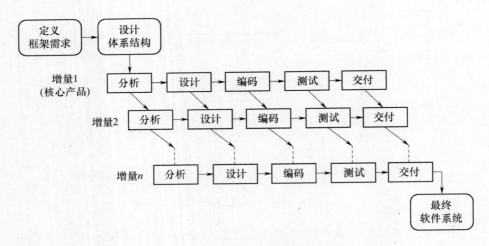

图 1 – 12　增量模型

当使用增量模型时,第一个增量往往是核心产品,实现了系统的基本需求。对核心产品使用或评估的结果成为下一个增量的开发计划,这个增量包括了对核心产品的修改(使其能更好地满足用户的需要),并发布一些新增的特点和功能。这个过程在每一个增量发布后不断重复,直到产生最终的完善产品。例如,可以采用增量模型来开发字处理软件:在开发过程的第一个增量中发布基本的文件管理功能、编辑功能和文档生成功能;在第二个增量中发布进一步完善的编辑和文档生成功能;第三个增量实现拼写和文法检查功能;第四个增量完成高级的页面排版功能。其中任何一个增量的处理流程都可以结合进原型模型。通过以上 4 个增量的发布,最终实现了一个功能完善的字处理软件。

增量过程模型像原型和其他演进方法一样具有迭代的特征,但与原型不一样,增量模型强调每一个增量都发布一个可使用的产品。早期的增量是最终产品的"可拆卸"版本,但它们确实提供了给用户服务的功能,并且提供了给用户评估的平台。

增量模型存在的问题:在使用增量模型时,增量应该相对较小,每个增量应该包含一定的系统功能;因此,如何把用户的需求映射到适当规模的增量上是使用增量模型进行开发的一个难点。另一方面,为方便系统各部分的使用,大多数系统都需要实现一组基本服务。但由于增量实现前,需求不能被详细定义,所以,明确所有增量都会用到的基本服务就比较困难。

2)螺旋模型

20 世纪 70 年代和 80 年代,硬件技术不断提高,软件系统也不断庞大。采用"瀑布模型"或"原型模型"都难以有效地完成一个复杂的大型软件系统的开发。1988 年 Barry Boehm 正式发表了软件系统开发的螺旋模型。

如图 1-13 所示,螺旋模型沿着螺旋旋转,在笛卡儿坐标四个象限上表达了 4 个方面的活动,这些活动包括制定计划、风险分析、实施工程和客户评估。制定计划是要确定软件目标,选定实施方案,弄清限制条件;风险分析要对所选方案进行分析,识别、消除风险;实施工程要实施软件开发;客户评估要对开发工作进行评价,提出修正建议。

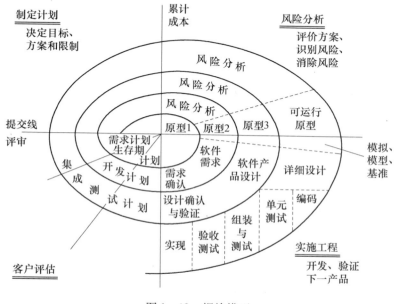

图 1-13 螺旋模型

在螺旋模型中,软件开发是一个迭代过程,发布一系列的增量。随着演进过程的开始,软件工程项目按顺时针方向沿螺旋移动,从核心开始。螺旋的第一圈可能产生产品的规格说明;再下面的螺旋可能用于开发一个原型;随后可能是软件的更完善的版本。每一圈螺旋中的计划区域用以实现对项目计划的调整,基于从用户评估得到的反馈,来调整费用和进度。此外,项目管理者可以调整完成软件所需的计划的迭代次数。与传统的过程模型不同,螺旋模型不是当软件交付使用时就结束了,而是能够适用于软件的整个生命周期。本质上,具有上述特征的螺旋是一直运转的,直到软件退役。有时这个过程处于睡眠状态,但任何时候出现了改变,过程都会从合适的入口点开始(如产品增强)。例如,在早期的迭代中,发布的增量是一个纸上的模型或原型;在以后的迭代中,逐步产生系统的更加完善的版本。

螺旋模型将原型的迭代特征和瀑布模型的控制和系统化特征结合起来,并强调了其他模型均忽略了的风险分析。软件风险是普遍存在于任何软件开发项目中的实际问题。由于在制定软件开发计划时,要回答项目的需求是什么、需要投入多少资源以及如何安排开发进度等一系列问题。而对这些问题给出准确无误的回答是不容易的,甚至是不可能的。因此,凭借以往的经验对这些问题进行估计就难免会带来一定的偏差和风险。实践表明:项目规模越大,问题越复杂,资源、成本、进度等因素的不确定性越大,完成项目所承担的风险越大。总之,风险是软件开发不可忽略的潜在不利因素,可能在不同程度上损害到软件开发过程或软件产品的质量。风险分析的目标是在造成危害之前,及时对风险进行识别、分析、采取对策,减少或消除风险的损害。

当对需求有了较好的理解或把握较大时,无需开发原型,采用普通的瀑布模型,即为单圈螺线。相反,对需求理解较差,则要开发原型,甚至多个原型。螺旋模型适合大型软件的开发,是最为实际的方法,吸收了"演进"的概念,使得开发人员和客户对每个演进层出现的风险有所了解,并做出应有的反应。在软件开发中使用螺旋模型需要丰富的风险评估经验和专门知识,如果项目风险较大,又未能及时发现,就会造成巨大的损失。

对于大型系统及软件的开发来说,螺旋模型是一个很现实的方法。因为软件随着过程的进展演进,开发者和用户能够更好地理解和对待每一个演进级别上的风险。螺旋模型使用原型作为降低风险的机制,但更重要的是,它使开发者在产品演进的任一阶段均可应用原型方法。它保持了传统生命周期模型中系统的、阶段性的方法,但将其并进了迭代框架,更加真实地反映了现实世界。螺旋模型要求在项目的所有阶段直接考虑技术风险,用风险分析推动软件设计向深一层扩展、求精,如果应用得当,能够在风险变成问题之前降低它的危害。强调持续地判断、确定和修改用户任务目标,并按成本、效益来分析候选的软件产品性质对任务目标的贡献。

在实际开发活动中,可以对螺旋模型中的框架活动进行不同的划分。Boehm 提出了螺旋模型的变种,将螺旋模型划分为 3 个 ~ 6 个任务区域,图 1 – 14 刻划了包含 6 个任务区域的螺旋模型。

其中,用户通信用于建立开发者和用户之间有效通信所需要的任务;制定计划是定义资源、进度及其他相关项目信息所需要的任务;风险分析是评估技术的及管理的风险所需要的任务;工程是建立应用的一个或多个表示所需要的任务;建造及发布是建造、测试、安装和提供用户支持(如文档及培训)所需要的任务;用户评估是基于在工程阶段产生的或在安装阶段实现的软件表示的评估,获得用户反馈所需要的任务。每一个区域均含有一系列适应待开发项目特点的工作

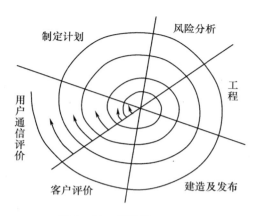

图 1 - 14 螺旋模型的变种

任务。对于较小的项目,工作任务的数目及其形式化程度均较低。对于较大的、关键的项目,每一个任务区域包含较多的工作任务,以得到较高级别的形式。

像其他开发模型一样,螺旋模型也存在不足。它可能难以使用户(尤其在合同情况下)相信演进方法是可控的;它需要相当的风险评估的专门技术,且其成功依赖于这种专门技术。如果一个大的风险未被发现和管理,毫无疑问会出现问题;最后,该模型本身相对比较新,不像线性顺序模型或原型模型那样被广泛应用。

6. 组件组装模型

组件组装模型是支持软件开发的演进的和迭代的方法,融合了螺旋模型的许多特征。同时,组件组装模型要利用预先包装好的软件组件(有时称为"类")来构造应用程序。基于组件的开发提供了一种自底向上的、基于预先定制包装好的软件组件来构造应用系统的途径。软件组件涉及整个软件生存周期,可以有分析组件、设计组件以及基于 COM、CORBA 和 EJB 等的二进制组件等。当前流行的组件技术包括 OMG 的 CORBA,微软公司 COM、COM + 、DCOM 与 . NET 以及 SUN 公司 JavaBean、EJB、J2EE 等。

如图 1 - 15 所示,开发活动从候选组件的标识开始。这一步通过检查将被应用程序操纵的数据及用于实现该操纵的算法来完成。相关的数据和算法封装成一个组件。以前的软件工程项目中创建的组件被存储在一个组件库中。一旦标识出候选组件,就可以搜索该组件库,确认这些组件是否已经存在。如果已经存在,就从组件库中提取出来复用。

如果一个候选组件在库中并不存在,就采用面向对象方法开发它。之后利用从库中提取出来的组件以及为了满足应用程序的特定要求而建造的新组件来

21

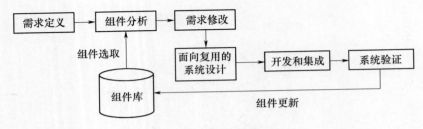

图 1－15　组件组装模型

构造待开发的应用系统。组件组装模型导致软件复用,可复用性大大提高了软件开发的效率。

7. 喷泉模型

喷泉模型是典型的面向对象生命周期模型。"喷泉"描述了面向对象软件开发过程的迭代和无缝特性。在喷泉模型中,代表开发过程不同阶段的圆圈之间互相交迭,而且各项开发活动之间是无缝过渡的。每个阶段内的向下箭头代表着阶段自身的迭代或求精,整个软件过程呈现一种开发阶段沿中轴向上,又在每一个阶段向下回流的喷泉形态,故称为喷泉模型,其结构图见图 1－16。

喷泉模型对软件复用和生存周期中多项开发活动的集成提供了支持,主

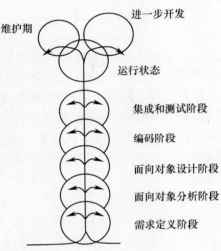

图 1－16　喷泉模型

要支持面向对象的开发方法。在面向对象的方法中,软件开发各阶段之间或一个阶段内的各个步骤之间都存在迭代的过程,这一点要比面向数据流或面向数据结构的方法更加常见。在分析、设计和编码等项开发活动之间并不存在明显的边界,不同阶段互相交迭,各项开发活动之间无缝过渡。模型具有增量开发特性,对分析好的部件,就可以进行设计、实现和测试,使相关功能随之加入到演化的系统中。

8. 第四代技术

自从第一台计算机研制成功后,就有了程序的概念。程序设计语言的发展过程如图 1－17 所示。

第一代语言是最早使用的机器语言,主要采用二进制的形式使用计算机;第二代语言是汇编语言,通过一些汇编指令,简化了对计算机的使用;第三代语言

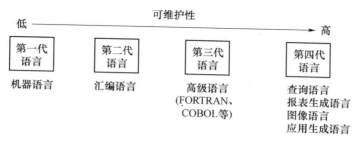

图 1 - 17　程序设计语言的发展

包括各类高级语言,如 FORTRAN、COBOL 等;第四代语言包括了对数据库查询的非过程语言、报表生成语言、图像语言以及应用生成语言等。

　　第四代技术(4GL)包含了一系列由第四代语言构成的软件工具,如数据库查询语言、报表生成器、图表生成器、人机交互的屏幕设计与代码生成系统等。上述的许多工具最初仅能用于特定应用领域,但今天,第四代技术环境已经扩展,能够满足大多数软件应用领域的需要。它们的一个共同特点是能使软件开发人员在较高层次上规约软件的某些特性,然后,根据开发者的规约自动生成源代码。毫无疑问,说明软件的级别越高,就能越快地建造出程序。软件工程的第四代技术模型的应用关键在于说明软件的能力。第四代技术采用一种特定的语言来说明待开发的软件,或者以一种用户可以理解的问题描述方法来描述待解决问题的图形表示。第四代技术模型如图 1 - 18 所示。

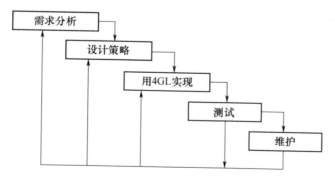

图 1 - 18　第四代技术模型

　　第四代技术模型从需求收集开始。由于用户不能准确地描述需求,或描述事实时可能存在二义性,或不愿意、乃至不能够采用一个第四代技术工具能够理解的形式来说明信息。因此,用户与开发者的通信方式在第四代技术方法中仍是一个必要的组成部分。

对于较小的应用软件,使用一个非过程的第四代语言就可能直接从需求收集过渡到实现。但对于较大的应用软件,就有必要制订一个系统的设计策略。对于较大项目,如果没有很好地设计,即使使用第四代技术也会产生不用任何方法来开发软件所遇到的同样的问题,如质量低、可维护性差,难以被用户接受。

当相关信息的数据结构已经存在,并且能够被第四代技术访问时,软件开发者可以应用第四代语言的生成功能自动生成代码来表示期望的输出。

为了将一个由第四代技术生成的功能变成最终产品,开发者必须进行测试,写出有意义的文档,并完成其他软件工程模型中同样要求的所有集成活动。此外,还必须考虑维护是否能够迅速实现。

第四代技术已经成为软件开发的一个重要方法,第四代技术的使用对很多的领域而言是一种可行的途径,对中小型应用,可以提高生产率,降低分析和设计的工作量。当与组件组装方法结合起来时,第四代技术范型可能成为软件开发的主流方法。

无论哪种软件过程模型,软件开发过程都要经历定义阶段、开发阶段和维护阶段三个典型阶段。定义阶段集中于“做什么”,完成系统分析、软件项目计划和需求分析三个基本任务。开发阶段集中于“如何做”,完成软件设计、程序编码和软件测试三个特定的任务。维护阶段主要关注于“变化”,包含改正型、适应型、增强型和预防型(软件再工程、逆工程)四种类型的修改。

软件开发方法是软件开发过程所遵循的方法和步骤。有以下几种典型的开发方法:模块化方法、结构化方法、面向数据结构方法以及面向对象方法等。

1.5 本章小结

(1)软件工程基本概念,包括软件、软件危机、软件工程、软件过程和软件过程模型等。这些概念为后续知识的学习奠定了基础。

(2)软件过程模型是从软件需求定义到软件废弃为止的系统开发、运行和维护的全部过程、活动和任务的结构框架。本章给出了一系列不同的软件过程模型,每一种软件开发过程都具有其优点和缺点,在具体应用中,要结合工程实际,选用适当的软件过程模型。

第二章 可行性研究

2.1 计算机系统

　　系统是一个有广泛意义的概念,可以理解为体系、体制、制度、方式等。它是由相互联系、相互作用的部分组成的具有一定结构和功能的有机整体。系统总是在一定的环境下存在的,系统的边界用于连接系统内部和外部。

　　系统往往是一个相对的概念,在系统内部还有系统。我们把系统内部的系统称为子系统。子系统和系统一样,有它的目的、元素和边界,子系统之间又存在相互连接和相互作用。把系统与环境的作用点,以及子系统之间的连接点称为接口。

　　基于计算机的系统是由某些系统元素构成的一个集合,这些系统元素组织起来能够实现某种方法、过程或控制。计算机系统的系统元素包括硬件、软件、人员、数据库、文档及过程等,如图 2－1 所示。

图 2－1　基于计算机系统的系统元素

　　硬件是提供计算能力的电子设备和外设;软件为计算机程序、数据结构和相关文档,用于实现所需的逻辑方法、规程或控制;人员包括硬件和软件的用户和操作者;数据库是通过软件访问的有组织的信息集合;文档包括手册、表格及其他描述性信息,说明系统的使用和操作。过程定义了每一种系统元素的特定的使用步骤。这些系统元素以各种方式进行组合,完成信息的转换。首先,在开始建立多数新系统时,期望的功能只是一个十分模糊的概念,系统分析员必须通过识别期望的功能和性能范围来"界定"系统。然后,把功能赋予一个或多个系统生成元素(即软件、硬件、人等),即一旦完成了系统分析和定义,就将功能分配给了相应的系统元素。

　　不论关注的应用领域是什么,计算机系统工程包含一组自顶向下和自底向上的方法导出的层次结构。计算机系统工程的过程包括:从"整体视图"出发,对完整的业务领域进行检查,保证能够建立适当的业务或技术语境;精化整体视图,更完全地关注特定的兴趣域,在特定的领域内,分析目标系统元素(如数据、软件、硬件、人员)的需要;最后,开始分析、设计和构造目标系统元素。在结构的顶层,建立了一个非常广的语境,而在底层,进行由相关工程方法(如软件工程)完成的详细技术活动。可以用稍微形式化的方式来描述计算机系统工程的过程:

　　(1) 整体视图(WV):一个计算机系统工程一般包含若干个领域(D_i),它们本身可以是一个系统或系统的系统。

$$WV = \{D_1, D_2, D_3, \cdots, D_n\}$$

　　(2) 领域视图(D_i):每个领域由特定的元素(E_j)构成,每个元素代表了这个领域的实体和目标。

$$D_i = \{E_1, E_2, E_3, \cdots, E_m\}$$

　　(3) 元素视图(E_j):对实现每个元素功能的技术构件进行描述。

$$E_j = \{C_1, C_2, C_3, \cdots, C_k\}$$

　　依据计算机系统工程的形式化描述,可以看到:当系统工程师沿描述的层次从上向下开展工作时,工作的关注区域越来越窄,越来越具体。例如,在系统工程中把功能和性能分配给了软件后,为了实现要求的功能和性能,软件工程师必须制作或获取一系列软件部件。这些软件部件包括计算机程序、可复用的程序构件、模块、类或对象。

　　软件工程是一门有关开发高质量的基于计算机系统的软件的学科。软件工程由定义阶段、开发阶段和维护阶段 3 个一般的阶段组成。定义阶段集中于"做什么"。即在定义过程中,软件开发人员试图弄清楚要处理什么信息,预期完成什么样的功能和性能,希望有什么样的系统行为,建立什么样的界面,有什么设计约束,以及定义一个成功系统的确认标准是什么,即定义系统和软件的关键需求。开发阶段集中于"如何做"。即在开发过程中,软件工程师试图定义数据如何结构化,功能如何转换为软件体系结构,过程细节如何实现,界面如何表示,设计如何转换成程序设计语言(或非过程语言),测试如何执行。维护阶段集中于"改变",用于纠正错误、随着软件环境的演化而要求的适应性修改以及由于用户需求的变化而带来的增强性修改。维护阶段重复定义和开发阶段的步骤,但却是在已有软件的基础上发生的。

2.2　可行性研究概述

2.2.1　可行性研究的任务

如果给定无限的资源和无限的时间,那么所有项目都是可行的。由于资源缺乏和交付时间限制,使得基于计算机系统的开发变得困难。及早发现将来在开发过程中遇到的问题并及早做出决定,可以避免大量的人力、财力和时间的浪费。

项目的可行性研究不是解决问题,而是确定项目是否可行或项目是否值得开发。可行性与风险分析密切相关。如果项目风险过大,生产高质量软件的可行性就会降低。可行性方案的评估可以从技术可行性、经济可行性、操作可行性和社会可行性等 4 个方面进行考虑。在系统开发过程中,可行性研究不要花过多精力,一般占总成本的 5% ~ 10% 。

2.2.2　可行性研究的步骤

依据可行性研究的任务,可行性分析可以采用以下 6 个步骤。

步骤 1:确认系统的目标和规模,明确限制和约束。分析用户所期望的功能和性能、可靠性和质量问题以及总的系统目标,以确定我们认为用户要的系统就是用户所要建立的系统,可以通过以下方式进行确认:访问关键人员;阅读和分析有关的材料;改正含糊或不确切的叙述;核查系统限制和约束。该阶段的成果是完成系统规模和目标报告书。

步骤 2:研究现有系统的工作流程。首先,解决现有系统存在的问题。通过分析现有系统,导出高层系统流程图,了解、确定系统的功能,而不管具体怎样实现这些功能,了解该系统与其他系统的接口。通过增加一些新的功能来解决该系统中存在的问题,如图 2 – 2 所示。

图 2 – 2　系统功能的扩展

然后,分析新系统的效益,以确定是否大于旧系统效益。新系统必须完成旧系统的基本功能,并改正旧系统存在的问题。与旧系统相比,新系统要能增加收入、减少支出。

步骤 3:导出新系统模型。根据步骤 1 获得的新系统的目标和规模,以及步骤 2 获得的现有系统的逻辑模型,通过改进,获得新系统的逻辑模型,如图 2 – 3 所示。

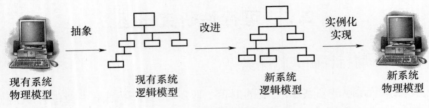

现有系统   现有系统   新系统   新系统
物理模型   逻辑模型   逻辑模型   物理模型

图 2 - 3　导出新系统的过程

其中,现有系统的物理模型描述现实系统是如何在物理上实现的;现有系统的逻辑模型描述重要的业务功能,不考虑具体的实现过程;新系统的逻辑模型描述新系统的主要业务功能和用户新的需求,不考虑具体的实现细节。新系统的物理模型描述新系统是如何实施的。逻辑模型的描述工具包括数据流图、数据字典以及用例图等。

步骤4:重新定义问题。分析员应和用户一起再次复查问题定义、工程规模和目标。根据步骤3获得的新系统逻辑模型,检查分析员对问题的理解是否存在误解,用户是否遗漏了某些内容,并及时进行纠正和补充。

前4个步骤构成一个循环,使我们能够对问题进行重新定义。需要注意的是,此时合同未签,应考虑成本,不宜反复太多次。

步骤5:导出和评价供选择的方案。从逻辑模型导出物理系统的实现方案时,由于考虑的角度不同,可以获得多个实现方案。从技术可行性、经济可行性以及操作可行性等方面分析各种可选方案,并为可行方案制定初步进度计划。

步骤6:推荐可行的方案。在该步骤中,要对前5个步骤的结果进行综合评估,目的是最后确定是否实施该项目。因此要将这些评估加以综合考虑,得出可行性研究结果,即是继续开发该项目还是终止该项目。如果是终止开发,要阐述终止的理由;如果是继续开发,要推荐最好的解决方案,从成本/效益分析的角度说明推荐的理由。

步骤7:草拟开发计划。为推荐方案确定开发计划,包括任务的分解、确定负责人和开发人员、硬件设备、软件工具、大致的进度安排、各阶段成本估计、风险分析及对策等。

步骤8:编写可行性研究报告、审查及存档。可行性研究报告包括了上述各步骤的结果、推荐方案以及开发计划等。可行性研究报告的内容和格式如表2 -1所列。

表 2 − 1　ISO 软件工程模板:可行性研究报告

1. 引言
　　1.1　编写目的
　　　　[编写本可行性研究报告的目的,指出预期的读者。]
　　1.2　背景
　　　　a.[所建议开发的软件系统的名称;]
　　　　b.[本项目的任务提出者、开发者、用户及实现该软件的计算站或计算机网络;]
　　　　c.[该软件系统同其他系统或其他机构的基本的相互来往关系。]
　　1.3　定义
　　　　[列出本文件中用到的专门术语的定义和外文首字母组词的原词组。]
　　1.4　参考资料
　　　　[列出用得着的参考资料。]
2. 可行性研究的前提
　　　　[说明对所建议开发的软件的项目进行可行性研究的前提。]
　　2.1　要求
　　　　[说明对所建议开发的软件的基本要求。]
　　2.2　目标
　　　　[说明所建议系统的主要开发目标。]
　　2.3　条件、假定和限制
　　　　[说明对这项开发中给出的条件、假定和所受到期的限制。]
　　2.4　进行可行性研究的方法
　　　　[说明这项可行性研究将是如何进行的,所建议的系统将是如何评价的,摘要说明所使用的基本方法和策略。]
　　2.5　评价尺度
　　　　[说明对系统进行评价时所使用的主要尺度。]
3. 对现有系统的分析
　　　　[这里的现有系统是指当前实际使用的系统,这个系统可能是计算机系统,也可能是一个机械系统甚至是一个人工系统。][分析现有系统的目的是为了进一步阐明建议中的开发新系统或修改现有系统的必要性。]
　　3.1　处理流程和数据流程
　　　　[说明现有系统的基本的处理流程和数据流程。此流程可用图表即流程图的形式表示,并加以叙述。]
　　3.2　工作负荷
　　　　[列出现有系统所承担的工作及工作量。]
　　3.3　费用开支
　　　　[列出由于运行现有系统所引起的费用开支。]
　　3.4　人员
　　　　[列出为了现有系统的运行和维护所需要的人员的专业技术类别和数量。]

（续）

3.5 设备
[列出现有系统所使用的各种设备。]

3.6 局限性
[列出本系统的主要局限性。]

4. 所建议的系统

4.1 对所建议系统的说明
[概括地说明所建议系统，并说明在第 2 条中列出的那些要求将如何得到满足，说明所使用的基本方法及理论根据。]

4.2 处理流程和数据流程
[给出所建议系统的处理流程式和数据流程。]

4.3 改进之处
[按 2.2 条中列出的目标，逐项说明所建议系统相对于现存系统具有的改进。]

4.4 影响
[说明新提出的设备要求及对现存系统中尚可使用的设备必须做出的修改。]

4.4.1 对设备的影响
[说明新提出的设备要求及对现存系统中尚可使用的设备必须做出的修改。]

4.4.2 对软件的影响
[说明为了使现存的应用软件和支持软件能够同所建议系统相适应，而需要对这些软件所进行的修改和补充。]

4.4.3 对用户单位机构的影响
[说明为了建立和运行所建议系统，对用户单位机构、人员的数量和技术水平等方面的全部要求。]

4.4.4 对系统运行过程的影响
[说明所建议系统对运行过程的影响。]

4.4.5 对开发的影响
[说明对开发的影响。]

4.4.6 对地点和设施的影响
[说明对建筑物改造的要求及对环境设施的要求。]

4.4.7 对经费开支的影响
[扼要说明为了所建议系统的开发，统计和维持运行而需要的各项经费开支。]

4.5 技术条件方面的可能性
[本节应说明技术条件方面的可能性。]

5. 可选择的其他系统方案
[扼要说明曾考虑过的每一种可选择的系统方案，包括需开发的和可从国内国外直接购买的，如果没有供选择的系统方案可考虑，则说明这一点。]

5.1 可选择的系统方案 1
[说明可选择的系统方案 1，并说明它未被选中的理由。]

5.2 可选择的系统方案 2
[按类似 5.1 条的方式说明第 2 个乃至第 n 个可选择的系统方案。]

(续)

6. 投资及效益分析

　6.1　支出

　　　[对于所选择的方案,说明所需的费用,如果已有一个现存系统,则包括该系统继续运行期间所需的费用。]

　　6.1.1　基本建设投资

　　　[包括采购、开发和安装所需的费用。]

　　6.1.2　其他一次性支出

　　6.1.3　非一次性支出

　　　[列出在该系统生命期内按月或按季或按年支出的用于运行和维护的费用。]

　6.2　收益

　　　[对于所选择的方案,说明能够带来的收益,这里所说的收益,表现为开支费用的减少或避免、差错的减少、灵活性的增加、动作速度的提高和管理计划方面的改进等,包括:

　　6.2.1　一次性收益

　　　[说明能够用人民币数目表示的一次性收益,可按数据处理、用户、管理和支持等项分类叙述。]

　　6.2.2　非一次性收益

　　　[说明在整个系统生命期内由于运行所建议系统而导致的按月的、按年的能用人民币数目表示的收益,包括开支的减少和避免。]

　　6.2.3　不可定量的收益

　　　[逐项列出无法直用人民币表示的收益。]

　6.3　收益/投资比

　　　[求出整个系统生命期的收益/投资比值。]

　6.4　投资回收周期

　　　[求出收益的累计数开始超过支出的累计数的时间。]

　6.5　敏感性分析

　　　[是指一些关键性因素与这些不同类型之间的合理搭配、处理速度要求、设备和软件的配置等变化时,对开支和收益的影响最灵敏的范围的估计。]

7. 社会因素方面的可能性

　7.1　[法律方面的可行性]

　7.2　[使用方面的可行性]

8. 结论

　　　[在进行可行性研究报告的编制时,必须有一个研究的结论。]

2.2.3　可行性研究的内容

　　开发任何一个基于计算机的系统都会受到时间和资源的限制。在系统开发之前,必须根据客户提供的时间和资源等条件进行可行性研究。可行性研究在初步的需求定义之后进行,其主要任务是要用最小的代价在最短的时间内确定该项目是否值得去解决,是否存在可行的解决方案,即在系统层面上论证系统开发的可行性。可行性研究的内容包括技术可行性、经济可行性、操作可行性和社会可行性(如法律、合同、政治等方面)等几个方面。

1. 技术可行性

技术可行性用于度量一个特定技术用于信息系统解决方案时的实用性及技术资源的可用性。要考虑的问题包括开发风险分析、资源分析和相关技术的发展,如现有技术能否实现新系统,技术难点、建议采用技术的先进性等。

技术方案的选择要考虑的制约条件包括需求制约、资源制约和环境制约。需求制约包括现存的需求结构及需求结构可能的变化;资源制约包括资金、人力资源、自然资源以及其他要素的制约;环境制约包括经济技术环境、社会文化环境、自然环境的制约。

技术方案的选择原则有经济性原则、发展原则、兼容性原则和相关效果原则。经济性原则指以最小的投入取得最好的效果;发展原则指发展的前景及适应发展的能力;兼容性原则包括与原有经济、技术、环境、社会的兼容性;相关效果原则包括相关的经济、技术、环境、社会效果等。

2. 经济可行性

经济可行性用于度量系统解决方案的性能价格比。采用成本—效益分析,可以从经济角度评价一个新项目是否可行。成本/效益又分为有形成本、有形效益和无形成本、无形效益。有形效益的度量方法包括货币的时间价值、投资回收期、纯收入等指标质量。无形效益是指从性质上、心理上进行衡量,而难以直接进行量化的效益。系统的经济效益等于因使用新系统增加的收入加上使用新系统可以节省的运行费用之和。

1)货币的时间价值

成本估算的目的是要对项目投资。由于投资在前,取得效益在后,故要考虑货币的时间价值。设年利率为 i,已存入 P 元,则 n 年后可得钱数:

$$F = P(1 + i)^n$$

即 P 元钱在 n 年后的价值。若 n 年后能收入 F 元,则它现在的价值为:

$$P = F/(1 + i)^n$$

2)投资回收期

投资回收期是使累计的经济效益等于最初的投资所需要的时间。投资回收期越短,就能越快获得利润,因此,也就越值得投资。

3)纯收入

纯收入是在整个生存周期之内系统的累计经济效应(折合成现在值)与投资之差。如果纯收入为0,则工程的预期效益与在银行存款一样,加上开发一个软件项目存在风险,故这项工程不值得投资。

对系统的成本效益进行分析一般采用下述步骤:

首先,估算系统开发成本。系统开发成本包括系统硬件、通信设备、软件开发工具、OS 等的购置费用以及开发费用等,在系统安装完成后,用以运行系统,维护系统的费用。

其次,从定性分析开始估算系统的效益。系统的效益包括减少了损失的机会、提高了资金的效用、提高了生产计划精确度以及保证了订货的及时性等。

最后,将系统的效益定量化,计算出详细的收益额。根据效益和成本,计算出详细的收益额或投资回报率等指标。上级主管部门就可以决策,在经济上是否值得开发这个系统。通过花费时间去评估可行性,减少了在系统项目后期阶段的极端困窘的机会。对建议取消的项目,花费在可行性分析上的工作量并不是浪费。

成本估计可以采用以下技术进行估算:

(1)代码行技术:这是一种简单的定量估算方法。根据经验和历史数据,估计实现一个功能需要的源代码行数,软件的成本 = 每行代码的平均成本 × 源代码行数。

(2)任务分解技术:将软件分解为若干个相对独立的任务,分别估计出每个单独开发任务的成本:单个任务的成本 = 人力(人月) × 工资,然后加起来得出软件的总成本。

(3)经验公式及软件。常用的经验公式如:$Cost = (a + bS^c) \cdot m(\bar{x})$。其中:$Cost$ 为软件成本,S 为系统的规模,a、b、c 为由经验估计的常数,$\bar{x} = (x_1, x_2, \cdots, x_n)^T$ 为成本因素,m 为调整乘法因子。

分解技术和经验估算模型可以采用软件实现,成为自动估算工具,使得管理和计划人员能够估算待开发软件项目的成本和工作量,可以对人员配置和交付日期等进行估计。软件项目估算方法的系统介绍详见 7.3 节。

3. 操作可行性

操作可行性包括用户使用可能性、时间进度可行性以及组织管理的可行性等。用户使用可能性用于识别用户是否对新系统具有抵触情绪,从而可能使操作不可行的情况。时间进度可行性用于估计项目完成所需的时间,评估项目的时间是否足够。组织管理的可行性用于确定系统是否能够真正解决问题,确定是否系统一旦安装后,有足够的人力资源来运行系统。

4. 社会可行性

社会可行性涉及以下几个方面:开发项目是否会在社会上或政治上引起侵

权、破坏或其他责任问题,即是否满足所有项目涉及者的利益,是否满足法律或合同的要求。市场又分为未成熟的市场、成熟的市场和将要消亡的市场。涉足未成熟的市场要冒很大的风险,要尽可能准确地估计潜在的市场有多大,自己能占多少份额,多长时间能实现,政策对软件公司的生存与发展影响非常大。

2.2.4 成本/效益估计实例分析

假设某软件生命周期为 6 年。现在投资 20 万元,平均年利率 3%,从第一年起,每年收入 4.2 万元,如图 2-4 所示。该项目是否值得投资?

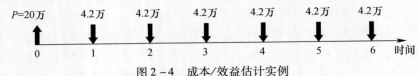

图 2-4 成本/效益估计实例

依据衡量工程价值的经济指标纯收入和投资回收期的计算公式,分别进行计算。货币的时间价值如表 2-2 所列。

表 2-2 货币的时间价值

年份	将来值(F)	$(1+i)^n$	现在值(P)	累计的现在值
1	4.2	1.03	4.0777	4.0777
2	4.2	1.0609	3.9589	8.0366
3	4.2	1.0927	3.8437	11.8803
4	4.2	1.1255	3.7317	15.6120
5	4.2	1.1593	3.6229	19.2349
6	4.2	1.1941	3.5174	22.7523

依据表 2-2,该软件在生存周期内累计的收入 = 22.7523 万元,因此,纯收入 = 22.7523 - 20 = 2.7523 万元。又该软件投入运行 5 年时的收入为 19.2349 万元,比最初的投资还少 0.7651 万元,但第 6 年可以收入 3.5174 万元。因此,投资回收期是:5 + 0.7651/3.5174 = 5.22 年。

可见,该软件的投入使用并没有带来明显的经济效益,因此,项目是否值得投资还需要进一步考察软件的投入运行是否带来了其他方面的无形效益。经过衡量后,给出该项目是否可行的建议。

2.3 本 章 小 结

(1)可行性研究的任务就是要决定"做还是不做和值不值得做"。可行性研究的内容包括技术可行性、经济可行性、操作可行性和社会可行性(如法律、合同、政治等方面)等 4 个方面。

（2）可行性研究的步骤包括：复查确认系统目标、规模；研究正使用系统工作流程；导出新系统高层逻辑模型；重新定义问题；导出和评价供选择的方案；推荐可行的方案；草拟开发计划；编写可行性研究报告，送审计归档。

第三章　需求分析

3.1　需求分析概述

　　软件需求是指用户对目标软件系统在功能、行为、性能、设计约束等方面的期望。通过对问题及其环境的理解和分析,为问题涉及的信息、功能及系统行为建立模型,将用户需求精确化、完全化,最终形成需求规格说明,这一系列的活动即构成软件开发生命周期的需求分析阶段。

　　需求分析是介于系统分析和软件设计阶段之间的桥梁,如图 3-1 所示。一方面,需求分析以系统规格说明和项目规划作为分析活动的基本出发点,并从软件角度对它们进行检查与调整;另一方面,需求规格说明又是软件设计、实现、测试直至维护的主要基础。良好的分析活动

图 3-1　需求分析的桥梁作用

有助于避免或尽早剔除早期错误,从而提高软件生产率,降低开发成本,改进软件质量。

　　需求分析是随着计算机的发展而发展的,在计算机发展的初期,软件规模不大,软件开发所关注的是代码编写,需求分析很少受到重视。后来软件开发引入了生命周期的概念,需求分析成为其第一阶段。随着软件系统规模的扩大,需求分析与定义在整个软件开发与维护过程中越来越重要,直接关系到软件的成功与否。人们逐渐认识到了需求分析活动不再只限于软件开发的最初阶段,它贯穿于系统开发的整个生命周期。

　　需求分析的主要目的是给待开发系统提供一个清晰的、一致的、精确的并且无二义的模型,通常以"需求规格说明书"的形式来定义待开发的所有外部特征。

　　需求分析是一个不断反复的需求定义、文档记录、需求演进的过程,并最终在验证的基础上冻结需求。可以把需求分析的活动划分为以下 5 个独立的阶段。需求获取:积极与用户交流,捕捉、分析和修订用户对目标系统的需求,并提炼出符合问题解决领域的用户需求。需求建模:根据需求分析,对已获取的需求

进行抽象描述,为目标系统建立一个概念模型。需求规格说明:对需求模型进行精确的、形式化的描述,为计算机系统的实现提供基础。需求验证:以需求规格说明为基础输入,通过符号执行、模拟或快速原型等方法,分析和验证需求规格说明的正确性和可行性。需求管理:跟踪和管理需求变化,支持系统的需求演进。

软件开发成功的至关重要的因素是要完全理解软件需求,需求规约为开发者和客户提供了软件完成后进行质量评估的依据。

3.2　需求分析的内容

需求分析是应用已证实有效的技术和方法来确定客户需求,帮助分析人员理解问题并定义目标系统的所有外部特征的一门学科。它通过合适的工具和记号系统地描述待开发系统及其行为特征和相关约束,形成需求文档,并对用户不断变化的需求演进给予支持。

软件需求分析是一门分析并记录软件需求的学科,它把系统需求分解成一些主要的子系统和任务并分配给软件,通过一系列重复的分析、设计、比较研究、原型开发过程把这些系统需求转换成软件的需求描述和一些性能参数。

软件需求包括 3 个不同的层次:业务需求、用户需求以及功能需求和非功能需求,如图 3 – 2 所示。业务需求说明了提供给客户和产品开发商的新系统的最初利益,反映了组织机构或客户对系统、产品高层次的目标要求,它们在项目视图和范围文档中予以说明;用户需求文档描述了用户使用产品必须要完成的任务,这在使用文档或方案脚本说明中予以说明;功能需求定义了开发人员必须实

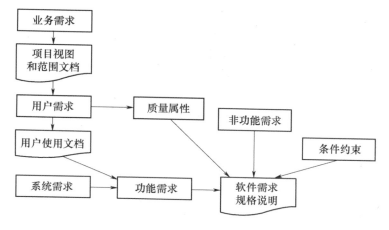

图 3 – 2　软件需求各组成部分关系

现的软件功能,使得用户能完成他们的任务,同时,还要定义软件的性能等非功能性需求,从而使软件系统满足业务需求。

软件需求分析要实现以下几个目标:首先,给出软件系统的数据领域、功能领域和行为领域的模型;其次,提出详细的功能说明,确定设计约束条件,规定性能要求;最后,密切与用户的联系,使用户明确自己的任务,以便实现上述两项目标。

需求分析过程如图3-3所示。

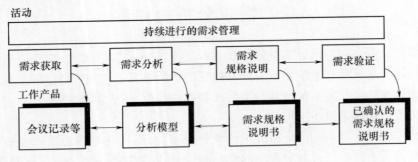

图3-3　需求分析过程

第一,需求获取。首先,分析人员研究系统规约和软件项目计划,了解软件在系统中的作用。其次,与用户建立通信关系,了解用户提出的功能和性能要求。其目标是弄清用户理解的基本问题元素。

第二,需求分析。分析人员必须获得数据的流程和数据结构,评价优缺点;结合用户要求,修改现行的系统,提出新系统的功能,加以细化;提出软件的约束条件、响应时间、存储条件等。使用文本、图形等表示形式的组合描述软件系统的数据、功能和行为的需求。需求分析同时也是评审的焦点,以及设计的基础。

第三,需求规格说明。软件需求规约包含软件功能、性能、接口、有效性和逻辑模型的描述。为了证实软件能否被成功实现,就要规定相应的检验标准,这些标准在软件开发期间将作为测试的依据。

第四,需求验证。通过评审和验证发现需求规格说明书中存在的错误和缺陷,并及时进行纠正和弥补。

3.2.1　需求获取

需求获取是需求分析的主体。对于待开发的软件系统,获取需求是一个确定和理解不同用户类的需要和限制的过程。业务需求决定用户需求,它描述了用户利用系统需要完成的任务。从这些任务中,分析者能获得用于描述系统活动的特定的软件功能需求。制定软件的需求规格说明不只是软件开发人员的事,用户起着至关重要的作用。用户必须对软件功能和性能提出初步的要求,并澄清一些模糊概念。要求软件开发人员和用户要保持紧密的工作协作关系。

需求获取是在问题及其最终解决方案之间架设桥梁的第一步。获取需求的一个必不可少的结果是对项目中描述的客户需求的普遍理解。一旦理解了需求,分析者、开发者和客户就能探索出描述这些需求的多种解决方案。需求获取的参与者在他们理解了问题之后才能开始设计系统,否则,对需求定义的任何改进,都将严重影响系统的设计。

需求获取可能是软件开发中最困难、最关键、最易出错及最需要交流的方面。需求获取只有通过有效的客户与开发者的合作才能成功。分析者必须建立一个对问题进行彻底探讨的环境,而这些问题与产品有关。对需求问题的全面考察需要一种技术,利用这种技术不但考虑了问题的功能需求方面,还可讨论项目的非功能需求。对于想到的需求必须集中处理并设定优先级,以避免一个不能带来任何益处的无限大的项目。

需求获取是一个需要高度合作的活动,而并不是客户所说的需求的简单誊本。作为一个分析者,必须透过客户所提出的表面需求理解他们的真正需求。想象你自己在学习用户的工作,你需要完成什么任务? 有什么问题? 从这一角度来指导需求的开发和利用。还有,探讨例外的情况:什么会妨碍用户顺利完成任务? 对系统错误情况的反映,用户是如何想的? 记下每一个需求的来源,这样向下跟踪直到发现特定的客户。通过询问一些可扩展的问题来更好地理解用户目前的业务过程并且知道新系统如何帮助或改进他们的工作。调查用户任务可能存在的各种变更,以及用户使用系统的其他可能的方式。

一个研究表明:比起不成功的项目,一个成功的项目在开发者和客户之间采用了更多的交流方式。需求获取利用了所有可用的信息来源,这些信息描述了问题域或在软件解决方案中合理的特性。尽量理解用户用于表述他们需求的思维过程。充分研究用户执行任务时做出决策的过程,并提取出潜在的逻辑关系。流程图和决策树是描述这些逻辑决策途径的好方法。

在需求获取的过程中,可能会发现对项目范围的定义存在误差,不是太大就是太小。如果范围太大,就要收集比真正需要更多的需求,此时获取过程将会拖延。如果项目范围太小,那么客户提出的一些重要需求可能会在当前产品范围之外。由于当前的范围太小,以致不能提供一个令人满意的产品。需求的获取将导致修改项目的范围和任务,但做出这样具有深远影响的改变,一定要小心谨慎。

需求主要是关于系统做什么,而解决方案如何实现是属于设计的范围。需

39

求的获取应该把重点放在"做什么"上,但在分析和设计之间还是存在一定的距离。可以使用假设"怎么做"来分类并改善对用户需求的理解。在需求的获取过程中,分析模型、屏幕图形和原型可以使概念表达得更加清楚,并提供了一个寻找错误和遗漏的办法。把在需求开发阶段所形成的模型和屏幕效果看成是方便高效交流的概念性建议,而不应该看成是对设计者选择的一种限制。

没有一个简单、清楚的信号暗示什么时候已经完成需求获取。客户和开发者总会不断提出他们对潜在产品产生的新构思。你不可能全面收集需求,但是下列的提示将会暗示你在需求获取的过程中的返回点。

(1) 如果用户不能想出更多的使用实例,也许你就完成了收集需求的工作。用户总是按其重要性的顺序来确定使用实例的。

(2) 如果用户提出新的使用实例,但可以从其他使用实例的相关功能需求中获得这些新的使用实例,这时也许就完成了收集需求的工作。这些新的使用实例可能是已获取的其他使用实例的可选过程。

(3) 如果用户开始重复原先讨论过的问题,此时,也许就完成了收集需求的工作。

(4) 如果所提出的新需求比已确定的需求的优先级都低时,也许就完成了收集需求的工作。

(5) 如果用户提出对将来产品的要求,而不是现在我们讨论的特定产品,也许就完成了收集需求的工作。

调查研究是需求获取的基础工作之一,包括对应用系统的理解、与用户的交流和材料的收集等。虽然最终必须要编成基于计算机解决方案的描述,但到目前为止,我们关注的焦点的文档仍在相应的应用领域,没有计算机方面的行话。如果是编写一个会计软件,那么一位会计师都应该清楚地理解程序员写的会计方面的问题说明书。在对客户或相应人员了解问题时,一定要有记笔记的习惯,谈上几个小时,很多细节是记不住的。

调查研究从以下几个方面进行。首先,了解系统需求。软件开发是系统开发的一部分,仔细研究系统分析的文档资料,以了解系统需求中对软件的需求。其次,市场调查。了解市场上的需求形势,掌握相关软件的技术和价格数据,有利于决定开发的方针策略。再次,访问用户和领域专家。用户提出的要求应视为重要的原始资料,领域专家提供的信息有助于软件开发人员对用户需求的理解。最后,考察现场。直接掌握第一手材料,从专业角度考察待开发系统的操作环境和操作要求。

调查的方式可以有以下几种:

(1) 调查提纲和调查表:调查的对象包括各个层次用户、预见的隐用户。

（2）小型调查会议：根据用户的层次结构，召开小型调查会议，了解业务范围、工作内容、业务特点及对开发系统的想法、建议。

（3）个别访问：对熟悉用户领域业务和信息流的专家进行专门的访问，了解该领域的专门知识和领域需求。

（4）现场调查：对现场进行考察以及召开现场会议的形式了解系统需求。

（5）资料：查阅各种系统资料。

（6）调查工具：如事务工程分析图或事务流程图等。

3.2.2 需求分析

需求分析包括产生需求规格说明书的过程，又称作需求定义。

1. 需求分析

需求分析是从用户最初的非形式化需求到满足用户要求的软件产品的需求规格说明的映射过程，是对用户意图不断揭示和判断的过程，目的在于细化、精华软件的作用范围，确定拟开发软件的功能和性能、约束、环境等。

用户需求分为功能性需求和非功能性需求。功能性需求主要说明系统各功能部件与环境之间相互作用的本质，即拟开发软件在职能上要做到什么，是用户的主要需求，包括系统输入、系统能完成的功能、系统输出以及备选功能的定义和识别等。非功能性需求反映软件系统质量和特性的需求，又称约束，主要从各个角度对所考虑的可能的解决方案起约束和限制作用。任何一个软件的非功能性需求都可能不同，由软件类型和工作环境等决定，如软件具有生死存亡意义，可靠性就至关重要，对于一个实时系统，可靠性、效率和可用性等起决定作用。非功能性需求有以下几类，如图3-4所示。

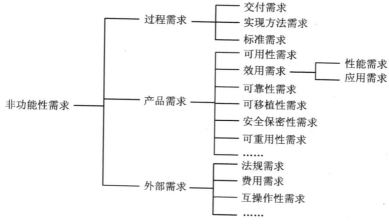

图3-4 非功能性需求的分类

41

可移植性是软件在不同的操作环境下能够运行的程度。无法定量说明可移植性。一种定义是"移植到系统 x 上所需要的最大时间"、"软件移植到系统 x 后,功能和性能如何"等。另一种定义是依据源程序代码、操作系统和选择的编译器来标识系统的可移植性。可靠性是在一定的环境中,以用户能够接受的方式运行时所表现出来的始终如一的能力。可靠性与系统的硬件和软件两方面的因素有关。硬件方面如系统的平均无故障时间(MTTF)、系统平均故障间隔时间、失效率等。软件方面如出错保障能力、健壮性、内部信息的一致性、错误识别能力、错误处理能力及系统对噪声的敏感性等。

效率(或性能)是对软件效率方面的需求,系统的最大客户容量,运行的峰值速率、平均速率、峰值延迟、是否存在服务降级问题、充分运行时最少需要多少内存、同步问题等。软件的效率体现在下述方面,如容量,定义有多少用户、多少终端,是否为网络中的节点等;性能,对于许多需求表现,要指明将提供多少容量及系统将实现什么样的功能,并且,指出系统负荷超过容量时,系统会有什么样的表现;内存,说明内存限制条件时,最大需要使用多少数量的内存;定时,时间限制条件定义了软件或软件环境的相应时间要求。

可用性包括人机界面友好、使用舒适、可理解性好、可修改性好等。安全保密性是指用户的访问权限、操作权限、系统的抗攻击性能等。网络环境中,系统的安全保密问题尤为重要。随着软件复杂性的提高,软件开发规模越来越大,软件的可重用性需求成为开发人员追求的目标。

功能性需求构成待开发软件的基本功能部件,非功能性需求同样是软件满足用户需求的重要内容,它涉及的面多而广。

2. 需求分析方法

在很多情形下,分析用户需求是与获取用户需求并行的,主要通过建立模型的方式来描述用户的需求,为客户、用户、开发方等不同参与方提供一个交流的渠道。这些模型是对需求的抽象,以可视化的方式提供一个易于沟通的桥梁。用户需求的分析与获取用户需求有着相似的步骤,区别在于分析用户需求时使用模型来描述,以获取用户更明确的需求。

模型化或模型方法是通过抽象、概括和一般化,把研究的对象或问题转化为本质相同的另一对象或问题,从而加以解决的方法。模型化方法要求所建立的模型能真实反映所研究对象的整体结构、关系或某一过程、某一局部、某一侧面的本质特征和变化规律。通过建模过程,可以更好地了解现有系统的功能,通过抽象降低系统的复杂性,获得现有系统的模型,并依据对新系统的目标要求,进一步建立新系统的模型。借助于模型的帮助,分析人员能够更好地理解系统的信息、功能和行为,使分析任务更容易、更系统,模型成为评审的焦点,用以确定规约的完整性、一致性和精确性,模型是设计的基础。模型有助于开发小组之间以及与用户的交流,并为系统的维护提供文档。

需求分析的方法大致分为面向过程、面向数据和面向对象等方法。面向过程的分析方法主要研究系统输入输出的转化方式,对数据本身及控制方面并不很重视。传统的结构化分析方法属于这一类。面向数据的方法强调以数据结构的方式描述和分析系统状态,Jackson 系统开发方法和实体关系(ER)模型都属此类。面向对象的方法把分析建立在系统对象以及对象间交互的基础上,从对象模型、动态模型和功能模型 3 个方面对问题进行描述。面向对象的方法正在成为需求分析中的一个热点并展现出良好的应用前景。Yourdan 和 Coad 的 OOA 方法、Booch 方法、Jacobson 的 OOSE 方法、Rumbaugh 的 OMT 方法等都是这一方法的典型流派。

因此,用于需求建模的方法有很多种,最常用的包括数据流图(DFD)、实体关系图(ERD)和用例图(Use Case)3 种方式。DFD 作为结构化系统分析与设计的主要方法,已经得到了广泛的应用,DFD 尤其适用于 MIS 系统的表述。DFD 使用过程、实体、数据流和数据存储等四种基本元素来描述系统的行为。DFD 方法直观易懂,使用者可以方便地得到系统的逻辑模型和物理模型,但是从 DFD 图中无法判断活动的时序关系。ERD 方法用于描述系统实体间的对应关系,需求分析阶段使用 ERD 描述系统中实体的逻辑关系,在设计阶段则使用 ERD 描述物理表之间的关系。需求分析阶段使用 ERD 来描述现实世界中的对象。ERD 只关注系统中数据间的关系,而缺乏对系统功能的描述。如果将 ERD 与 DFD 两种方法相结合,则可以更准确地描述系统的需求。在面向对象分析的方法中通常使用 Use Case 来获取软件的需求。Use Case 通过描述"系统"和"活动者"之间的交互来描述系统的行为。通过分解系统目标,Use Case 描述活动者为了实现这些目标而执行的所有步骤。Use Case 方法最主要的优点在于它是用户导向的,用户可以根据自己所对应的 Use Case 来不断细化自己的需求。此外,使用 Use Case 还可以方便地得到系统功能的测试用例。

3.2.3 需求规格说明

需求文档可以使用自然语言或形式化语言来描述,还可以添加图形的表述方式和模型表征的方式。需求文档应该包括用户的所有需求(功能性需求和非功能性需求)。

目前,没有一个需求分析方法能充分描述系统的所有需求,可能需要多种规格说明语言,如面向数据流方法不足以反映控制方面的需求;形式化语言不能表达非功能性的需求。因此最现实的方法是采用自然语言 + 规格说明技术,即在自然语言不能精确地陈述的时候,附加精确的模型或形式化注释。

需求分析的成果是得到软件需求规格说明书(Software Requirement Specification,SRS)。SRS 作为系统开发各方达成的共识,是对系统进行设计、实现、测试和验收的基本依据。需求规格说明书的格式如表 3－1 所列。

表 3－1　需求规格说明书(ISO 标准版)

---

1. 引言
  1.1　编写的目的
    [说明编写这份需求说明书的目的,指出预期的读者。]
  1.2　背景
    a. 待开发的系统的名称;
    b. 本项目的任务提出者、开发者、用户;
    c. 该系统同其他系统或其他机构的基本的相互来往关系。
  1.3　定义
    [列出本文件中用到的专门术语的定义和外文首字母组词的原词组。]
  1.4　参考资料
    [列出用得着的参考资料。]
2. 任务概述
  2.1　目标
    [叙述该系统开发的意图、应用目标、作用范围以及其他应向读者说明的有关该系统开发的背景材料。解释被开发系统与其他有关系统之间的关系。]
  2.2　用户的特点
    [列出本系统的最终用户的特点,充分说明操作人员、维护人员的教育水平和技术专长,以及本系统的预期使用频度。]
  2.3　假定和约束
    [列出进行本系统开发工作的假定和约束。]
3. 需求规定
  3.1　对功能的规定
    [用列表的方式,逐项定量和定性地叙述对系统所提出的功能要求,说明输入什么量、经怎样的处理、得到什么输出,说明系统的容量,包括系统应支持的终端数和应支持的并行操作的用户数等指标。]
  3.2　对性能的规定
    3.2.1　精度
    [说明对该系统的输入、输出数据精度的要求,可能包括传输过程中的精度。]
    3.2.2　时间特性要求
    [说明对于该系统的时间特性要求。]
    3.2.3　灵活性
    [说明对该系统的灵活性的要求,即当需求发生某些变化时,该系统对这些变化的适应能力。]

3.3　输入输出要求

[解释各输入输出数据类型,并逐项说明其媒体、格式、数值范围、精度等。对系统的数据输出及必须标明的控制输出量进行解释并举例。]

3.4　数据管理能力要求(针对软件系统)

[说明需要管理的文卷和记录的个数、表和文卷的大小规模,要按可预见的增长对数据及其分量的存储要求做出估算。]

3.5　故障处理要求

[列出可能的软件、硬件故障以及对各项性能而言所产生的后果和对故障处理的要求。]

3.6　其他专门要求

[如用户单位对安全保密的要求,对使用方便的要求,对可维护性、可补充性、易读性、可靠性、运行环境可转换性的特殊要求等。]

4. 运行环境规定

4.1　设备

[列出运行该软件所需要的硬设备。说明其中的新型设备及其专门功能,包括:

a. 处理器型号及内存容量;

b. 外存容量、联机或脱机、媒体及其存储格式、设备的型号及数量;

c. 输入及输出设备的型号和数量,联机或脱机;

d. 数据通信设备的型号和数量;

e. 功能键及其他专用硬件。]

4.2　支持软件

[列出支持软件,包括要用到的操作系统、编译程序、测试支持软件等。]

4.3　接口

[说明该系统同其他系统之间的接口、数据通信协议等。]

4.4　控制

[说明控制该系统的运行的方法和控制信号,并说明这些控制信号的来源。]

3.2.4　验证

在将需求规格说明书提交给设计阶段之前必须进行需求评审。如果在评审过程中,发现了存在的错误和缺陷,应及时进行纠正和弥补,并重新进行相应部分的需求分析,完成后,再进行评审。

一般的评审分为用户评审和同行评审两类。用户和开发方对于软件项目内容的描述以需求规格说明书作为基础。用户验收的标准要依据需求规格说明书中的内容来制订,所以评审需求文档时用户的意见是第一位的。同行评审的目的是在软件项目初期发现那些潜在的缺陷或错误,避免这些错误和缺陷遗漏到项目的后续阶段。

一个完善的 SRS 应该具有正确性、无二义性、完整性、可验证性、一致性、可修改性、可跟踪性以及能够增加适当的注释。正确性是最基本的要求之一,指 SRS 中系统的功能、行为、性能的描述与用户对目标软件产品的期望相吻合。无二义性是指 SRS 中陈述的任何事情只有一种解释,通过使用标准化术语,并对术语的语义进行显式的、统一的说明等措施来实现。完整性指 SRS 中包含软件要做的全部事情;指明系统对有效和无效输入的反应;不要遗留任何有待解决的问题。可验证性,因为任何二义性均会导致不可验证性。一致性是指没有冲突术语、冲突特性,具有定时关系。可理解性是指非计算机人员能理解。可修改性是指它的格式和组织方式能够保证后续的修改容易完全、协调的进行。可跟踪性是指 SRS 中的需求可以在系统需求中找到其依据(称后向需求可跟踪性),并且,SRS 中的每一项需求都应该在设计和实现中得以完成(称前向需求可跟踪性),如图 3 – 5 所示。在 SRS 中要有注释,给开发人员和开户一些提示。

图 3 – 5　SRS 的可跟踪性

需求获取、分析、编写需求规格说明和验证这几个过程并不遵循线性的顺序,这些活动是相互隔开、递进和反复的。当与客户交流时,分析员会提出一些问题并且取得客户所提供的信息(即需求获取)。同时,分析员将对这些信息进行处理以理解它们,并把它们分成不同的类别,还要把客户需求同可能的软件需求相联系(即需求分析)。然后,分析员可以使客户信息结构化,并编写成文档和示意图(软件规格说明)。之后,就可以让客户代表评审文档并纠正存在的错误(即验证)。这 4 个过程贯穿着需求分析的整个阶段。

3.3　需求分析的快速原型方法

3.3.1　概述

快速原型方法是迅速地根据软件系统的需求产生出软件系统的一个原型的过程。该原型要表达出目标系统的功能和行为特性,但不一定符合其全部的实现需求。采用快速原型方法可尽早获得更完整、更正确的需求和设计,可以通过改进原型得到目标系统,而不必从头做起。快速原型法通常采用演示原型的方法来启示、判断和揭示系统的需求。

快速原型的总体效果是使软件开发生命期的总效益得到改善。利用原型,软件的设计者可以得到系统可用性的反馈信息,系统的用户也可以得到宝贵的早期经验。在用户与软件系统交互作用之前,不易发现软件需求中的缺陷。有了原型,用户就可以与原型进行交互,能尽早发现需求的缺陷,进而能得到正确而完整的需求。一般而言,在软件开发人员得到一个系统的可执行版本之前,常常不易发现软件设计中的缺陷。设计人员与原型交互作用,就可以很快检查出设计的可行性,而不必再把力量花在开发一个有问题的目标系统上了。在进行目标系统的详细设计前,也可以比较容易地改正原型设计中全局特性方面的问题。这样,在最终系统中只会有少量的需求和设计问题,所以,目标系统的编码及测试时间也将大大减少。

快速原型方法影响着系统的目标版本产生的方式。我们可以不再直接从系统设计得到目标版本的编码,而是可以更方便地把原型作为一个模型来变换出目标系统。

采用快速原型法的软件生存周期中,原型开发过程处于核心。原型方法可以在生存周期的任何阶段引入,也可合并若干阶段,用原型开发过程替代。如图3－6(a)所示,可以采用原型方法分别进行需求分析、软件设计,也可以用原型方法进行需求分析和软件设计,或用原型方法代替需求分析、软件设计以及程序编码这3个阶段,还可以完全替代从需求分析、软件设计、程序编码到软件测试各个阶段。

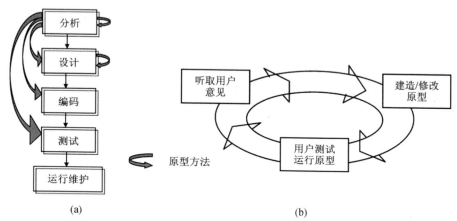

(a)　　　　　　　　　　　　　　　(b)

图3－6　采用快速原型法的软件生存周期

3.3.2　快速原型方法

快速原型法采用交互的方式迅速地建立一个模型软件,动员用户共同参加软件研制过程,同时允许不断地进行交互和修改原型系统,以适应系统发展的变化与需要,并使原型逐步逼近所要求的软件系统,从而以较小的代价、较快的速度生成系统模型或示例。快速原型方法可以看成由需求收集、原型构造、原型评估及原型调整等4个阶段组成,如图3-6(b)所示。快速原型方法特别强调用户可用部分的表示,并按原型目标设计原型结构。建造原型,使之达到第一次需求的主要目标。用户评价原型是将最初的版本演示给用户,征求并分析用户的意见。对原型的求精是根据用户的意见修改,如果改动较大就开始新一轮迭代,即快速设计 — 再建原型 — 用户评价 — 直至原型认可。

原型的功能范围与最终产品的功能范围是有区别的,主要有三种形式。第一,最终产品要提供所实现的全部功能,而原型只包含所选择的一部分功能(又称垂直原型)。第二,在原型中所实现的功能是概括的,一般是为了进行演示,在原型中可以忽略或模拟一部分功能,而在最终产品中则要详细地、全面地实现(又称水平原型)所有功能。第三,原型反映了各种可选择的方案。如果利用原型辅助或代替分析阶段,则软件开发在整体上是采用传统的模式,即是从可行性分析结果出发,使用原型化方法补充和完善需求说明;如果利用原型辅助设计阶段,即在设计阶段引入原型,得到完善的设计规格说明;如果利用原型代替分析和设计阶段,即将原型应用到开发的整个过程,可以得到良好的需求规格说明和设计规格说明;如果利用原型代替分析、设计和实现阶段,即在软件开发环境的支持下,通过原型生存周期的反复迭代,直到得到软件的程序系统,交系统测试;如果利用原型代替全部定义和开发阶段,则可以直接得到最终的软件产品。

原型的构造是指形成原型所需做的工作。工作量要比开发一个最终产品所需的工作量小。通过采用适当的功能选择以及构造原型的适当技术和工具来构造原型。在构造一个原型时,应着眼于预期的评估,而非正规的长期使用。

评估在原型方法中起决定性作用,通过评估来决定进一步的开发过程。要确定明确的评估原则,明确地说明系统执行的工作步骤,并将此编写成一个文件。评估从以下两方面进行,一是系统工作的单用户级,强调人机界面有关的认识问题;二是几个用户间或其他人员之间的合作问题,要考虑人与人之间的通信问题。

原型有多种可能的使用途径。可以把原型作为学习或讨论的工具,然后,丢弃之;也可以把全部或部分原型作为目标系统的一个组成部分,继续使用。作为学习或讨论的工具时,设计原型的过程中应考虑以下4个特点。第一,早期的可使用性。为开发人员、顾客和用户提供充分的益处,又称快速原型。第二,演示评估及修改。原型必须以能向用户演示作为主要工作方式,这种演示应当对用户的工作过程有实质意义,包含权威性的、有适当难度的问题,这时评估才有合适的地位。评估时,若需要修改现有的特征或增加新的特征,还要对原型进行修改。第三,教育与训练。评估及修改后,一个成功的原型可作为一个教育环境来训练有关用户,为将来在目标系统上工作做好准备。第四,承诺。如果一个原型经过演示、评估,则原型对目标系统所做出的承诺就非常肯定了。在最终产品的实现期间,没有得到用户的明确意见,不要对原型的某些特征做出本质的改变。

3.3.3　快速原型的实现途径

首先要确定系统是否适合原型方法。当用户的需求不明确或易变,或用户希望在很短的时间内要看到系统的样式时,快速原型方法是一个好的选择。实现快速原型的途径包括研究探索原型、实验性原型以及演进性原型等三类。

研究探索原型用来澄清目标系统的需求及所要求的特征,也讨论其他实现方案。研究探索原型强化了需求及功能分析阶段,把原型看成确定目标系统所提供特征的辅助手段,促进开发人员与用户的交流。这些工作应整理在系统规格说明书中。当构造原型的工具所需要的工作量较小,系统预期的生命周期长或系统需要高质量的需求时,采用研究探索原型。

实验性原型方法最接近原型方法的本意。根据策略不同,可分为5种类型。第一,全功能模拟。在用户正常使用时,可以显示目标系统的全部功能,可以采用较易实现和较易修改的技术,而不考虑结果系统的效率。第二,人机接口模拟。代表用户与系统的人机接口部分的交互作用。第三,框架程序设计。使用户了解系统的整体结构,但只涉及很少的系统功能。要设计出整个系统,而大大缩减系统所实现的功能范围。第四,基本系统构造。介于研究探索性与实验性原型之间。实现用户可以利用的一些基本功能,并附加上把这些基本功能与用户在评估时所需要的高级功能组合在一起构成的系统。在几个用户集团的需求不一致时,采用本原型十分有益。第五,部分功能模拟。用来测试系统的一些假设。其中,全功能模拟和人机接口模拟适用于开发人员与用户的交流;框架程序设计、基本系统构造和部分功能模拟适用于在开发小组中交流。在软件开发的分析阶段,初始规格说明书完成后,实验性原型方法适用于任一阶段。在正式进行目标系统的大规模实现工作之前,通过建立实验性原型来确定所提出的解决办法是否恰当。通常是根据用户的问题,提出某种方案,做出原型,供实验评估。

演进性原型使系统能够适应需求的变化。往往在早期不能可靠地确定需求时采用。该方法打破了开发阶段的线性次序,变成逐次的开发循环。按循环发生的程度,区分为增式系统开发和演进式系统开发两种开发形式。增式系统开发也称作“缓慢增长系统”,通过对基本系统的逐步扩充,来获得复杂问题的解决。增式开发系统与分阶段软件开发模型是相吻合的。演进式系统开发在总体上把开发看成为一系列的循环,即重新设计、重新实现、重新评估,把所有阶段都影射到逐次的开发循环。在一个动态的、变化的环境中构造软件,我们不可能事先掌握一套完整的需求,而是要适应一系列甚至事先不可预料的变化来构造系统。

根据不同情况,可以安排不同的循环次数来表示偏离分析阶段开发模型的程度。例如:分析阶段做一次或二次研究探索性原型;设计阶段做一次或多次研究实验性原型;实现阶段采用增式系统开发。

原型方法可以是封闭结束的,也可以是开放结束的。封闭结束的方法经常称为丢弃型原型方法,仅仅粗略展示需求,然后,原型就被丢弃,再使用不同的软件开发模型来开发软件。开放结束的方法称为演化型原型方法,原型作为继续进行设计和构造的分析活动的第一部分,软件的原型是最终系统的第一次演化。

3.3.4　原型方法的技术与工具

原型方法并非完全依赖于新的技术和工具,只要恰当地使用现有的技术和工具,就可以在很大程度上取得成功。与原型方法有关的最重要技术是模块设计、人机接口界面设计以及模拟技术。

模块设计的目的是要把原型归入目标系统中。模块化有利于用目标系统单元替换原型单元,该技术可应用于人机接口模拟、框架程序设计及增式系统开发等原型策略中。

采用人机接口界面设计技术使得用户接口变得透明而灵活。要求能够命名、讨论和变更各种详细程度上的人机接口界面特性,包括界面的整体结构、系统命名选择、屏幕设计、出错及特殊情况处理等,增加交互式应用系统设计的灵活性。

在原型方法中,对于目标系统在实际评估中不能完全忽略、又没有在演示时用其最终形式实现的部分,采用模拟技术。如系统使用的文件管理可以用内存数据结构来模拟,目标系统的响应时间可以利用简单的循环来模拟。

实现原型不必重新建立一套专门的工具,可以采用现有的方法,如高级语言、数据库管理系统、人机界面定义系统、解释性规划语言及符号执行系统、应用生成系统、程序生成系统及一组复用软件等。

3.4　需求分析的结构化分析方法

3.4.1　概述

随着软件复杂度的提高,出现了复杂问题分解为简单问题的一种思路:函数、模块。在 20 世纪 70 年代初,软件危机出现之后,随着软件工程思想的确立,从模块化思想逐渐发展出了一个软件开发规范体系:结构化方法。结构化方法采用基于瀑布模型的软件生命周期以及相关的工具、语言,成为了第一个软件工程方法。结构化分析方法给出一组帮助系统分析人员产生功能规约的原理与技术。它一般利用图形表达用户需求,使用的手段主要有数据流图、数据字典、结构化语言、判定表以及判定树等。

　　结构化需求分析是面向数据流进行需求分析的方法,大多使用自顶向下、逐层分解的系统分析方法来定义系统的需求。在结构化分析的基础之上,可以做出系统的规格说明,由此建立系统的一个自顶向下的任务分析模型。

　　分析模型实际上是一组模型,是系统的第一个技术表示。分析模型必须达到 3 个主要目标:描述客户的需要;建立创建软件设计的基础;定义在软件完成后可以被确认的一组需求。为了达到这些目标,在结构化分析中导出的分析模型采用图 3 - 7 所描述的形式。

图 3 - 7　结构化分析模型的结构

　　在模型的核心是数据字典(Data Pictionary,DD),是分析模型中所有被命名的图形元素的定义的集合。围绕着这个核心有 3 种图。第一种图是实体—关系图(Entity Relationship Diagraph,ERD)。实体—关系图描述数据对象间的关系,是用来进行数据建模活动的记号,在实体—关系图中出现的每个数据对象的属性可以使用"数据对象描述"来描述。第二种图是数据流图(Data Flow Diagram,DFD)。数据流图服务于两个目的,即指明数据在系统中移动时如何被变换;描述对数据流进行变换的功能和子功能。数据流图提供了附加的信息,它们可以被用于信息域的分析,并作为功能建模的基础。在数据流图中出现的每个功能的描述包含在"加工规约"中。第三种图是状态—变迁图。状态—变迁图指明作为外部事件的结果,系统将如何动作,为此,状态—变迁图表示了系统的各种行为模式(称为"状态")以及在状态间进行变迁的方式,状态—变迁图是行为建模的基础。关于软件控制方面的附加信息包含在"控制规约"中。

　　分析模型包含了图 3 - 7 中提到的各种图、规约、描述和字典。描述系统需求时可以从系统的功能、行为和信息 3 个方面进行,侧重点可以不一样。结构化分析方法采用的功能分析工具是数据流图、数据字典、结构化语言、判定表和判定树;行为分析工具是状态—迁移图、Petri 网等;数据分析工具是实体—关系图。结构化分析方法主要针对数据处理领域,因此,系统分析的侧重点在于功能分析和数据分析,而行为分析使用得较少。以下各节将对分析模型中的这些元素进行更加详细的讨论。

图3-8给出了结构化分析的工作流程。结构化分析大体上要经历以下5个步骤:①通过对用户的调查,以软件的需求为线索,获得当前系统的物理模型;②去掉具体模型中非本质因素,抽象出当前系统的逻辑模型;③根据计算机的特点分析当前系统与目标系统的差别,建立目标系统的逻辑模型;④完善目标系统并补充细节,获得目标系统的物理模型,写出目标系统的软件需求规格说明;⑤对软件需求规格说明进行评审,直到确认它完全符合用户对软件的需求。

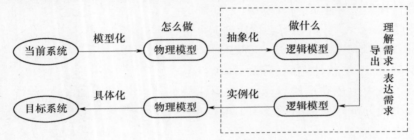

图3-8 结构化分析的工作流程

3.4.2 数据建模

数据建模要回答与任何数据处理应用相关的一组特定问题,如系统处理哪些主要的数据对象,每个数据对象的组成如何,哪些属性描述了这些对象,这些对象当前位于何处,每个对象与其他对象有哪些关系,对象和变换它们的处理之间有哪些关系?

为回答这些问题,数据建模使用实体—关系图,采用图形符号来标识数据对象及它们之间的关系。在结构化分析的语境中,实体—关系图定义了应用中输入、存储、变换和产生的所有数据。

实体—关系图只是关注于数据,表示了存在于给定系统中的"数据网络"。实体—关系图对于数据及其之间的关系比较复杂的应用特别有用。数据流图用来表示数据如何被变换,与数据流图不同,数据建模独立于变换数据的处理来考察数据。

1. 数据对象、属性和关系

数据模型包含3种互相关联的信息:数据对象、描述数据对象的属性和数据对象相互连接的关系。

数据对象是几乎任何必须被软件理解的复合信息的表示。复合信息是指具有若干不同的特征或属性的事物。因此,"宽度"(单个的值)不是一个有效的数据对象,但坐标系(包括高度、宽度和深度)可以被定义为一个对象。数据对象可以是一个外部实体(如生产或消费信息的任何事物)、一个事物(如报告或显示)、一次行为(如一个电话呼叫)或事件(如一个警报)、一个角色(如销售人员)、一个组织单元(如统计部门)、一个地点(如仓库)或一个结构(如文件)。例如,人或车可以被认为是数据对象,因为它们可以用一组属性来定义。

数据对象描述包含了数据对象及其所有属性。数据对象只封装了数据,在数据对象中没有指向作用于数据的操作的引用。因此,数据对象可以表示为一个表,表头反映了对象的属性。属性定义了数据对象的性质,它可以用来为数据对象的实例命名、描述这个实例以及建立对另一个表中的另一个实例的引用。另外,一个或多个属性应被定义为"标识符",在实例的查询中,标识符属性成为一个"关键性属性",在有些情况下,标识符的值是唯一的。对于一个教师数据对象可以通过姓名、性别、职称、教师编号及联系电话等属性来定义,如表3-2所列。

表3-2 数据对象教师

姓名	性别	职称	ID	Phone No.
Mary Meade	Female	Professor	T640827001	65342101
Chuck Hamill	Male	Assistant Professor	T841013099	65342109

表格中的实体表示了数据对象的特定实例,例如,Mary Meade 是数据对象教师的一个实例,ID#可以是一个合理的标识符。

数据对象是相互关联的,可以以多种不同的方式互相连接。例如:数据对象"书"和"书店",我们可以定义一组"对象—关系对"来定义有关的关系,如书店订购书、书店销售书等,关系"订购"、"销售"定义了书和书店间的相关连接。关系总是由被分析的问题的语境定义的。对象—关系对是双向的,即它们可以在两个方向进行关联:书店订购书或书被书店订购。

2. 实体—关系图

对象—关系对是数据模型的基础,用"实体—关系图"以图形的方式来表示。ERD 标识了一组基本的构成成分,如数据对象、属性、关系和各种类型指示符。ERD 的主要目的是表示数据对象及其关系。图3-9表示了一个教师与其所教课程之间的关系。图中有教师和课程两个数据对象,教师的属性包括教师编号、姓名、职称和联系电话,课程的

图3-9 数据对象、属性和关系示例

属性有课程号、课程名和学时数。教师和课程之间的关系是:一个教师可以教授零门或多门课程。

ERD 的基本符号有:带标记的矩形表示数据对象,连接对象的带标记的线表示关系,在 ERD 的某些变种中,连接线包含一个标记关系的菱形。数据对象的连接和关系使用各种表示基数和形态的特殊符号来建立,如图 3-10 所示。

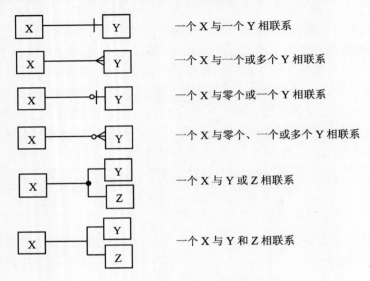

图 3-10 实体—关系表示符号

实例:在教学管理中,学校开设若干门课程,一个教师可以教授其中的零门、一门或多门课程,每位学生也需要学习其中的几门课程。

在本例中涉及的对象包括学生、教师和课程。描述学生的属性有学号、姓名、专业、年龄以及性别,课程的属性有分数、课程名、课程号、学分、学时,教师的属性包括教师编号、姓名、职称和联系电话。3 个数据对象及其之间的关系用 ERD 进行描述,如图 3-11 所示。

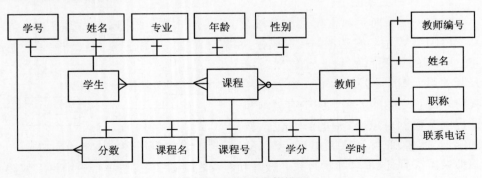

图 3-11 教学实体模型

数据建模和实体—关系图向分析员提供了一种简明的符号体系,从而可以方便对数据的考察。在多数情况下,数据建模方法用来创建部分分析模型,也可以用于数据库设计,并支持任何其他的需求分析方法。

3.4.3　功能建模

1. 结构化分析方法的相关概念

结构化分析方法是由美国 Yourdon 公司在 20 世纪 70 年代末提出,以结构化的方式定义系统的一种分析方法,适用于分析大型的数据处理系统。结构化分析方法的特点是利用数据流图来帮助人们理解问题,对问题进行分析,用图形工具来模拟数据处理过程。结构化分析方法的实质是采用一组分层数据流图及相应的数据字典作为系统的模型。由于结构化分析方法主要针对数据处理领域,因此,系统分析的侧重点在于功能分析和数据分析,而行为分析使用得较少。

对系统功能进行分析的结构化分析工具有数据流图、数据字典以及结构化语言、判定表及判定树。

数据流图用来描述系统的数据流,指明数据在系统中移动时如何被变换,描述对数据流进行变换的功能,DFD 中每个功能的描述包含在加工规约中,数据流图用于功能建模。数据流图用来表示信息流程和信息变换过程的图解方法,是结构化分析的核心部分。分析模型中包含了对数据对象、功能和控制的表示。在每种表示中,数据对象和/或控制项都扮演一定的角色,因此,有必要提供一种有组织的方式来表示每个数据对象和控制项的特性,这是由数据字典来完成的。数据字典是所有与系统相关的数据元素的精确定义的一个有组织的列表,使得用户和系统分析员对于输入、输出、存储成分和中间计算有共同的理解。数据字典几乎总是作为 CASE"结构化分析与设计工具"的一部分。对于大型的基于计算机的系统,数据字典的规模和复杂性迅速地增长,事实上,手工地维护数据字典是非常困难的,这就是使用 CASE 工具的原因。结构化语言、判定表和判定树用于具体描述数据流图中的基本功能,即用于对数据处理过程进行描述。

结构化分析方法的实质就是采用一组分层数据流图及相应的数据字典作为系统的模型。结构化分析方法的基本步骤如下:

步骤 1:画出现有系统的 DFD。指明系统的输入输出数据流,描述数据在系统中的流动,对数据操作的处理过程。

步骤 2:画出相对于现有系统的等价的逻辑 DFD。如现实的文档文件用员工薪水文件来代替,送往经理办公室这类的加工处理采用报表清单替代。

步骤 3:构造新系统的 DFD。构造新系统的 DFD 没有通用的规则,由于新系统还不存在,因此什么是数据流,什么是要处理的过程,都需要分析员基于经验和对系统的看法来判断。新系统的 DFD 只对现存系统 DFD 中属于需改变范围以内的部分进行改进。

步骤4:完成人—机界线。指出在新系统的 DFD 中哪些被自动化完成,哪些仍将由手工完成。

其中,步骤1和步骤2描述的是当前系统的模型,步骤3和步骤4描述的是新系统的模型。

2. 控制系统复杂性的基本思想

对于大型、复杂系统来说,最困难的事情是如何处理复杂性。在软件工程中控制复杂性的主要手段是"分解"与"抽象",在结构化分析中通过对不同层次的细节和指标的抽象,来处理一个复杂的系统。

逐层分解的方法是:顶层抽象地表达整个系统,低层具体地画出系统的每一个细节,中间层是从抽象到具体的过渡。所以,无论系统多么复杂,分析工作总可以有条不紊地进行。无论系统规模有多大,分析工作的复杂程度不会随之增大,而只是多分解几层而已。因此,结构化分析方法能有效地控制分析工作的复杂性,可以很好地处理大型复杂系统的需求分析工作并形成系统的需求说明书。

3. 结构化分析的工具

1)数据流图

数据流图指明数据在系统中移动时如何被变换,描述对数据流进行变换的功能,DFD 中每个功能的描述包含在加工规约中。数据流图中采用 4 种基本符号代表不同的数据因素,如图 3 – 12 所示。

图 3 – 12　数据流图符号

数据流箭头的始点和终点分别代表数据流的源和目标,数据流描绘 DFD 中各成分的接口,数据流具有方向。数据源(源点、终点)用矩形表示,代表外部实体,如系统之外的人、物或组织,提供系统和外界环境之间关系的注释性说明。数据加工是把输入数据变成输出数据流的一种变换,是对数据执行某种操作或变换,用圆圈表示,每一个加工有一个名字和编号。数据的存储可以表示文件、文件的一部分、数据库或记录的一部分。DFD 记号的简单性是结构化分析技术被最广泛地使用的原因之一。

数据流是一组成分已知的信息包,信息包中可以有一个或多个已知的信息。两个加工之间可以有好几个数据流,若数据流之间毫无关系,也不是同时流出

（或同时到达）时,应用多个数据流表示。数据流应有良好的命名,数据的标识,有利于深化对系统的认识。同一数据流可以流向不同的加工,不同加工可以流出相同的流（合并与分解）。流入/流出存储的数据流不需要命名,因为数据存储名已有足够的信息来表示数据流的意义。数据流不代表控制流,数据流反映了处理的对象;控制流是一种选择或用来加工的性质,而不是对它进行加工的对象。

画 DFD 的一种方法是首先识别出主要输入和输出,然后从输入向输出推进,找出通道上的主要变换。大多数情况下,原则上是由外向里、自顶向下去模拟问题的处理过程,通过一系列的分解步骤,逐步求精地表达出整个系统功能的内部关系。

画数据流图采用的步骤:

步骤 1:在图的边缘标出系统的输入、输出数据流,决定研究的内容和系统的范围。

步骤 2:画出数据流图的内部:将系统的输入、输出用一系列的处理连接起来,可以从输入数据流画向输出数据流,或从中间画出去。

步骤 3:仔细为数据流命名。

步骤 4:根据加工的输入输出内容,为加工命名,"动词 + 宾语"。

步骤 5:不考虑初始化和终点,暂不考虑出错路径等细节,不画控制流和控制信息。

步骤 6:反复与检查,人类的思维过程是一种迭代的过程。

为了有效地控制复杂度,可以在产生数据流图时,采用分层技术,提供一系列的分层 DFD 图,来逐级地降低数据流图的复杂性。分层的结构起到了对信息进行抽象和隐蔽的作用:高层次的数据流图是其相应的低层的抽象表示,而低层次的数据流图表现了它相应的高层次图中的有关数据处理的细节。

一个系统的分层数据流图划分为顶层数据流图、中间层数据流图和低层数据流图三种。顶层数据流图结构简单,描述了整个系统的作用范围,对系统的总体功能、输入和输出进行了抽象,反映了系统和环境的关系。在软件系统中,只存在一张顶层数据流图,称内外关系图(Context Diagram)。中间层数据流图通过分解高层数据流和数据加工得到。一张中间层的数据流图具有几个可分解的加工,就存在几张低层次数据流图。这种分解可以不断重复,直到新的数据流图中每个数据加工的功能明确,相关的数据流被严格定义为止,分层数据流图如图 3 - 13 所示。

建立分层的数据流图时,应遵守下述分层原则:父图和子图关系,编号,平衡规则,文件的局部性和分解程度。

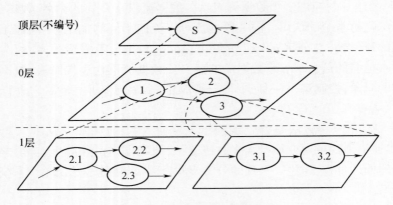

图 3 - 13   分层数据流图示意图

父图和子图关系:对任一层数据流图而言,称其上层图为它的父图,其下层图为它的子图。如果父图有 5 个加工,就有可能存在 ≤5 个子图。子图代表了父图中某个加工的细节,父图表示了子图间的接口,二者代表了同一个东西。

编号:为了使数据流图便于查阅,在进行层次分解时对图进行编号。在顶层图中的加工使用的编号为 0;低层图的编号为它的高层图中相应加工的编号,子加工的编号是图号加上"·",加上加工在本图中的局部编号;每个加工的编号所含的小数点的数目就是该图所属的层次数;有时为了简化图上的加工编号,可在加工上只标出局部号,实际编号可以由图号和局部号组成。

平衡规则:每次细化时,细化部分的输入和输出必须保持一致,即保持信息流连续性。进入子图的数据流与父图上相应加工的数据流本质上是同一的,故子图的输入输出数据流和父图上的相应加工上的输入输出数据流必须一致,称"平衡规则",如图 3 - 14 所示。

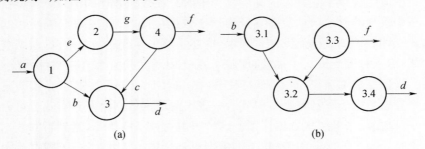

图 3 - 14   平衡规则
(a) 父图;(b) 子图(不平衡,输入缺 c,输出多 f)。

文件的局部性:在文件第一次出现时,对它的所有加工的定义就已确定,称为文件的局部性,文件只在 DFD 中某一级中作为两个或多个加工之间的接口关系时才开始在该级及以下级的图上表示出来,如图 3-15 所示。

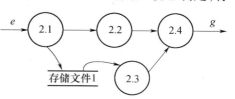

图 3-15　文件的局部性

分解程度:每个过程的每次细化一般控制在 3 个~4 个分过程,总的原则是便于理解。经验表明:分解力求自然,不强求一个固定数;分解后,各界面清晰,意义明确;在不影响可读性时,多一些加工,使图纸容易理解。何时分解停止可以有多种判断方法:DeMarco 认为一个底层加工的小说明能在一页纸上写下时,层次的细化可以停止。Jackson 认为加工的输入/输出关系为一对一或多对一关系时,可以停止分解。

2)数据字典

数据字典是关于数据信息的集合,是数据流图中所有元素(数据流、数据流的组成、文件加工小说明及其他应进入字典的一切数据)严格定义的场所。数据字典中的条目按一定次序排列,应提供查阅各数据元素的检索手段。结构化分析阶段产生的数据量很大,容易达到 5000 条以上。数据流图和数据字典一起构成系统的逻辑模型,数据字典最重要的用途是作为分析阶段的工具,在数据字典中建立严密一致的定义有助于改进分析员和用户之间的通信,避免误解,有助于改进不同的开发人员或开发小组之间的通信。

数据流图中表现的是对系统的功能和数据流的分解。数据字典中对数据的定义也表现为对数据的自顶向下的分解,当数据被分解到不需要进一步解释说明,大家都清楚其含义时,就完成了数据的定义。数据字典中组成条目的方式有顺序、选择和重复 3 种基本类型。顺序类型以确定的次序连接两个或多个成分;选择类型从两个或多个成分中选取一个;重复类型把特定的成分重复零次或多次。在数据字典中,使用一套特定的逻辑运算符对数据进行精确而简洁的描述,如表 3-3 所列。

表 3-3　数据字典中对数据的逻辑操作符

操作符	含　义
=	由……组成(定义为……)
+	和(顺序结构)
{…}	重复,使用上限和下限进一步注释重复的次数(循环结构)
[…|…]	或(选择结构)
(…)	可选(也可不选)
…,	注释符

数据字典中条目的种类由下述四类元素的定义组成:数据流、加工、数据存储及数据项(即数据流及数据存储的组成部分),每个条目的内容可以包括数据元素的名称、别名、内容描述、数据结构、数据类型、使用特点(取值范围、使用频率、使用方式等)、控制信息(来源、用户、引用它的程序、读写权限)等,其中:

数据流条目给出 DFD 中某个数据流的定义,通常包括数据流标识、数据流来源、数据流去向、数据流的数据组成以及流动属性描述(如频率、数据量)等。数据存储条目是对某个文件的定义,包括文件名、描述、数据结构、数据存储方式、关键码、存取频率和数据量以及安全性要求等。数据项条目是组成数据流和数据存储的最小元素,是不可再分解的数据单位,包括名称、描述、数据类型、长度(精度)、取值范围及默认值、计量单位、相关数据元素及数据结构等。加工条目用于对数据处理进行描述,也称为加工小说明。加工条目描述实现加工的策略,即实现加工的处理逻辑而非实现加工的细节,描述如何把输入数据流变换为输出数据流的加工规则。

数据字典的特点包括:通过名字能方便地查阅数据定义;没有冗余;尽量不重复在规格说明的其他部分中已出现的信息;容易修改和更新;能单独处理描述每个数据元素的信息;定义的书写方法简便而严格;具有交叉参照表,错误检测和一致性校验等功能。

数据字典的实现方法有全人工过程、全自动过程(依赖数据字典处理软件)以及混合过程(利用已有的实用程序来辅助人工过程)。用程序实现时,数据字典应具备的功能包括规定数据字典的条目格式;接受按规定格式输入的字典的条目;错误检查机制,报告非法输入(如语法错误、重定义等);编辑功能,对字典条目进行插入、修改、删除等操作;顺序输出字典条目清单;生成各种查询报告。

尽管各种工具中字典的形式各不相同,但都包含以下信息:名称是数据或控制项、数据存储或外部实体的主要名称;别名是第一项的其他名字;何处使用/如何使用说明使用数据或控制项的加工列表,以及如何使用(如加工的输入、加工的输出、作为存储、作为外部实体);内容描述为表示内容的符号;补充信息是关于数据类型、预设值、限制或局限等的其他信息。一旦数据对象或控制项的名称和别名被输入了数据字典,就要保持命名的一致性。通过 CASE 工具可以及时发现数据字典中的重名问题,从而改进了分析模型的一致性,有助于减少错误。

3) 加工小说明的定义方法

在数据流图中,每一个加工框中只简单地写上一个加工名,这显然不能表达加工的全部内容。加工小说明用来定义底层数据流图中的加工,应精确地描述一个加工做什么,包括加工的激发条件、加工逻辑、优先级别、执行频率、出错处理等细节。数据流图中加工的描述通常采用自然语言表达,此外还有结构化语言、判定表和判定树等。软件规模小时,一般采用自然语言表达需求;当需求变得复杂时,要按一定的书面规格来说明需求。一般,对于顺序执行和循环执行的动作,用结构化语言描述。对于存在多个条件复杂组合的判断问题,用判定表和判定树。

结构化语言的结构分为内外两层。外层的语法比较严格,用来描述控制结构,采用顺序、选择和重复三种基本结构;内层的语法比较灵活,使用规定的语法和词汇。在结构化语言中主要使用祈使句、使用数据流图中定义过的名词及动词,不用形容词和副词;也允许使用某些运算符和关系符;连接词必须取自 3 种语法结构的保留字,如 IF、WHILE、UNTIL。

结构化语言的优点是无确定的语法、可分层、可嵌套、接近自然语言、易学、易理解。使用结构化语言的原则是尽可能精确,避免二义性。

实例:用结构化语言对某民航旅客订票系统的"核实订票处理"加工加上小说明。

加工名:核实订票处理

编号:4.2

激活条件:收到取订票信息

处理逻辑:1 读订票旅客信息文件

2 搜索此文件中是否有与输入信息中姓名及身份证号相符的项

IF 输入的姓名及身份证号与订票旅客信息文件中有相符的项

THEN 判断余项是否与文件中信息相符

IF 余项与文件中信息相符 THEN 输出已订票信息

ELSE 输出未订票信息

ELSE　输出未订票信息

执行频率:实时

判定表是描述多条件、多目标动作的形式化工具,可以把复杂的逻辑关系和多种条件组合既明确又具体地表达出来。在某些数据处理问题中,其数据流图的处理需要多个逻辑条件的取值,这些取值的组合可能构成多种不同情况,相应须执行不同的动作。这类问题用结构化语言来描述很不方便,可用判定表(或判定树)作为表示加工小说明的工具。

判定表的组成部分包括基本条件、基本动作、条件项以及动作项。基本条件列出了各种可能的条件;基本动作列出了所有可能采取的动作;条件项对各种条件给出的多种取值;动作项指出在条件项的各组取值下应采取的动作规则,即任何一个条件项的特定取值。判定表的规则是任何一个条件项的特定取值及其相应要执行的动作,如表 3 – 4 所列。

判定表的最大优点在于它能把复杂的情况按各种可能的情况逐一列举出来,简明而且易于理解,也可以避免遗漏。目前已有自动工具用于建立判定表。它的不足之处在于无法表达重复执行的动作,如循环结构等。

实例:计算某民航售票系统的机票折扣率,如表 3－5 所列。在 7 月—9 月及 12 月,当一次订票量小于等于 20 张时,折扣率为 5%,大于 20 张时,折扣率为15%;在 1 月—6 月及 10 月和 11 月,当一次订票量小于等于 20 张时,折扣率为20%,大于 20 张时,折扣率为 30%。

表 3－4   判定表的规则

规则号	规则 1	规则 2
基本条件	条件	组合
基本动作	动作	组合

表 3－5   判定表实例

旅游时间	7 月—9 月,12 月		1 月—6 月,10 月,11 月	
订票量	≤20	>20	≤20	>20
折扣量	5%	15%	20%	30%

判定树是判定表的变种,用判定表能表达的问题都能用判定树来表达。判定树的分枝表示不同的条件。判定树的叶子给出应完成的动作。

实例:对上例中的某民航售票系统的机票折扣率计算采用判定树,如图3－16所示。

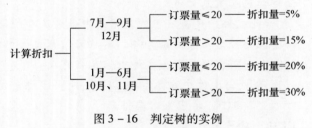

图 3－16   判定树的实例

规则表达式用来对符号字符串的结构作正式的说明。可用于说明输入数据、指令顺序以及消息内容等。规则表达式常用于编译生成识别符号和标识。

规则表达式基本成分包括原子、合成、替换以及闭包。原子是语言字母表的基本符号;合成由两个规则表达式连接而成$(r_1 r_2)$;替换表示也/或的关系(r_1/r_2);闭包表示一个规则表达式的复合出现次数,用(r) * 表示,"*"含义是符号 * 前的字符串被用于连接 0 次或多次。在实际应用中许多数据流能用这些基本成分定义,使用抽象名称能构成层次性的规格说明。

实例:包含学生记录的文件。每个学生记录包含姓名、身份证号码、已选取的系列课程。

Record – file = (Name IDN Courses) *

Name = (last first)

Last，first ＝（A|B ···|Z）(a|b ···|z) *

IDN ＝ digit digit digit digit digit digit digit digit digit digit digit digit digit digit digit digit

Digit ＝（0|1 ···|9）

Courses ＝（C_number）*

在表达一个基本加工逻辑时，结构化语言、判定表和判定树常交叉使用，互相补充。加工逻辑说明是结构化分析方法的一个组成部分，对每一个加工都要说明。

4）审查

在构造了系统的 DFD 及相关数据字典后，要对其正确性进行检验。实际应用中往往采用人工的方式进行检验，可能发现的问题包括：未标记的数据流；丢失数据流，得不到某处理过程需要的数据信息；纯记录性的数据流，处理过程中的某些数据未加以利用；在改进过程中未保持数据一致性；遗失处理过程；包含的控制信息等。

从数据流图的角度，根据语法、语义，结合数据字典，对正确性和可理解性进行下述检查：通过检查数据守恒、文件使用、文字图平衡等进行正确性检验。简化加工之间的联系、均匀地进行分解、适当地命名可提高可理解性。使用重新组合与分解来改进数据流图。

5）实例分析

下面用实例说明数据流图的具体建模方法。

实例：高校工资管理系统。

某高校由于职工人数增加，每月发工资前几天会计工作量增大，要抽调其他部门的人员帮忙，花一个星期才能把职工的工资表做出来。为此，学校决定开发工资管理系统来提高工作效率。该校有若干职能部门，工资发放涉及人事处、财务处和各部门职工。财务处每月接收每个职工当月的水电用量记录，依据人事处提供的人事数据，编制出当月职工的工资报表，并将当月工资发到职工手中。

数据流图的具体建模方法如下：

第一步：初步确定基本元素，数据源点和终点、数据流，如图 3 - 17 所示。

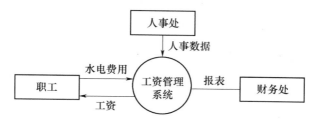

图 3 - 17 高校工资管理系统顶层数据流图

第二步:分解,用加工代替高校工资管理系统,数据流中增加一个数据存储,对数据存储和加工进行编号,如图 3 - 18 所示。

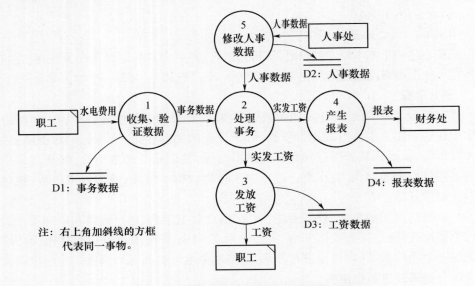

图 3 - 18 高校工资管理系统 0 层数据流图

第三步:对"事务处理"进一步分解,如图 3 - 19 所示。当一个功能的继续分解涉及到具体实现时,不必继续分解。

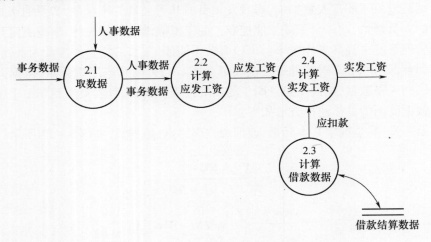

图 3 - 19 高校工资管理系统"事务处理"第一层数据流图

4．其他具有结构化思想的需求分析方法

1）层次方框图

层次方框图用树形结构的一系列多层次的矩形框描绘系统的层次结构。树形结构的顶层是一个单独的矩形框，它代表完整的系统结构；下面的各层矩形框代表这个系统的子集；最底层的各个框代表组成这个信息系统的实际元素（不能再分割的元素）。

例如，描绘一家计算机公司全部产品的结构可以用图 3 - 20 所示的层次方框图表示。

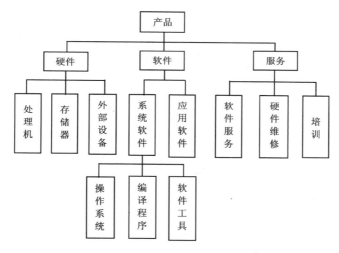

图 3 - 20　层次方框图的一个例子

这家公司的产品由硬件、软件和服务 3 类组成，软件产品又分为系统软件和应用软件，系统软件又进一步分为操作系统、编译程序和软件工具等。

随着结构的精细化，层次方框图对信息结构也描绘得越来越详细，这种模式非常适合需要平行地进行分析的需求。系统分析员从顶层信息分类开始，沿图中每条路径反复细化，直到确定了系统的全部细节为止。

2）Warnier 图

法国计算机科学家 Warnier 提出了表示信息层次结构的另外一种图形工具。与层次方框图类似，Warnier 图也用树形结构描绘信息，但是这种图形工具比层次方框图提供了更丰富的描绘手段。用 Warnier 图可以表示信息的逻辑组织，也就是说，它可以指出一类信息或一个信息量是重复出现的。也可以表示特定信息在某一类信息中是有条件地出现的。因为重复和条件约束是说明软件处理过程的基础，所以很容易把 Warnier 图转变成软件设计的工具。

图 3-21 是用 Warnier 图描绘一类软件产品的例子,它说明了这种图形工具的用法。

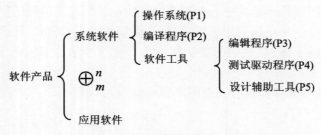

图 3-21 用 Warnier 图描绘一类软件产品

图中大括号用来区分数据结构的层次,在一个大括号内所有名字都属于同一类信息;异或符号表明一类信息或一个数据元素在一定条件下出现,而且在这个符号的上、下方的两个名字所代表的数据只能出现一个;在一个名字下(或右边)的圆括号中的符号指明了这个名字代表的信息类(或元素)在这个数据结构中重复出现的次数。根据上述符号约定,图中的 Warnier 图表示一种软件产品要么是系统软件,要么是应用软件。系统软件中有 P1 种操作系统,P2 种编译程序,此外还有软件工具。软件工具是系统软件的一种,它又可以进一步细分为编辑程序、测试驱动程序和设计辅助工具。图中标出了每种软件工具的数量。

3)IPO 图

IPO 图是输入/处理/输出图的简称,它是美国 IBM 公司发展完善起来的一种图形工具,能够方便地描绘输入数据、对数据的处理以及输出数据之间的关系。IPO 图使用的基本符号既少又简单,因此很容易学会使用这种图形工具。

IPO 图的基本形式是在左边的框中列出有关的输入数据;在中间的框内列出主要的处理;在右边的框内列出产生的输出数据。处理框中列出的处理次序显示了执行的顺序,但是用这些基本符号还不足以精确描述执行处理的详细情况。

图 3-22 是一个工资管理系统主控模块 IPO 图的例子,通过这个例子不难了解 IPO 图的用法。

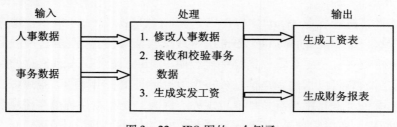

图 3-22 IPO 图的一个例子

实际中较常使用的是一种改进的 IPO 图,这种图包含某些附加的信息,在软件设计过程中将比原始的 IPO 图更有用,如图 3 - 23 所示。

改进的 IPO 图中包含的附加信息主要有:系统名称、图的作者、完成的日期、本图描述的模块的名字、模块在层次图中的编号、调用本模块的模块、本模块调用的模块的清单、注释以及本模块使用的局部数据元素等。

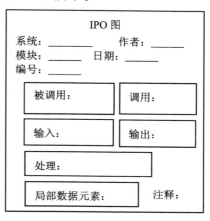

图 3 - 23　改进的 IPO 图

在需求分析阶段可以使用 IPO 图简略地描述系统的主要算法(即数据流图中各个处理的基本算法)。当然,在需求分析阶段,IPO 图中的许多附加信息暂时还不具备,但是在软件设计阶段可以进一步修正这些图,作为设计阶段的文档,这正是在需求分析阶段用 IPO 图作为描述算法的工具的重要优点。

3.4.4　行为建模

任何方法或软件工程技术的全部成就,可以说最关键的是描述方法。通过描述方法能把对事物的认识、理解及我们的目标描述出来。当然,如果只有一个人单独工作,即使描述不清,有了模模糊糊的直观感觉,也可决定自己的行动,但是,当需要与人交流,与用户交流,群组一起工作时,就需要互相理解,就要把个人的认识表达出来。所以说,基础是描述方法。在描述方法所建立的结果上,才可能进行分析和进行其他研究或开发工作。

当应用进入到控制领域时,要用不同的机制来描述。在上述的结构化技术中,描述的对象方面强调的是数据的组织与有关的操作(处理),这代表了早期的计算机应用(功能的开发)。当应用进入到控制领域时,将涉及实时性问题和分布、共享、协同(调节问题)、通信等行为的性能方面的问题。此时,系统的状态对系统的行为有很大影响。在系统处于不同状态时,系统就可能有不同的表现。因此,应反映控制与状态对系统行为的影响。控制流与数据流很不一样。数据流是数据加工的原材料(输入数据流)或产品(输出数据流)。控制流仅仅影响系统的行为和状态,不是直接产品。所以控制流要用不同的机制来描述。

对不同系统来说,控制流和数据流(信息流)的重要性是不一样的。在某些系统中,功能要求是在满足控制条件下才有意义,因此,在这样的系统中,除了有功能及数据方面的特性外,控制方面的特性也很重要。建立模型必须考虑系统的本质,对于控制领域中的系统只具备功能模型就不够了,必须对控制类的问题进行建模。

1. 有限状态机

有限状态机(Finite Status Machine, FSM)是一以描述控制方面的特性为主的建模方法,应用非常广泛,可用于从系统定义到设计(开发生存周期)的所有阶段。有限状态机是具有离散输入和输出的系统的一种数学模型。表现为有限个不同状态,在不同的输入作用下,系统将从一个状态迁徙到另一个状态。

有限状态机是一个五元组 $M = (Q, \sum, \delta, q_0, F)$,其中:

(1) $Q = \{q_0, q_1, \cdots, q_n\}$ 是有限状态集合。在任一确定的时刻,有限状态机只能处于一个确定的状态 q_i。

(2) $\sum = \{\sigma_1, \sigma_2, \cdots, \sigma_n\}$ 是有限输入字符集合,在任一确定的时刻,有限状态机只能接收一个确定的输入 σ_j。

(3) $\delta: Q \times \sum \rightarrow Q$ 是状态转移函数,如果在某一确定的时刻,有限状态机处于某一状态 $q_i \in Q$,并接收一个输入字符 $\sigma_j \in \sum$,那么下一时刻将处于一个确定的状态 $q' = \delta(q_i, \sigma_j) \in Q$。在这里规定 $q = \delta(q, e)$,即对任何状态 q,当读入空字符 e 时,有限状态机不会发生任何状态转移。

(4) $q_0 \in Q$ 是初始状态,有限状态机由此状态开始接收输入。

(5) $F \in Q$ 是终结状态集合,有限状态机在达到终端后不再接收输入。

图 3 – 24 显示了一个简单的有限状态机。

从图中可以看出,该 FSM 有五个状态 q_0、q_1、q_2、q_3、q_4,输入集有 3 个元素 a、b、c。各个状态之间的转换关系可以从图中清晰地得到。

根据控制要求的不同,可以利用有限状态机的方法建立不同复杂性的控制系统的模型。有限状态机的特点可以归纳如下:

(1) 简单易用。状态之间的关系能够直观

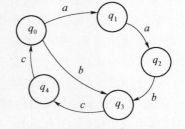

图 3 – 24　有限状态机

地捕捉到,这样用眼睛就能看出是否所有可能的状态迁移都已纳入图中,是否存在不必要的状态等。由于有限状态机的单纯性,所以能够机械地分析许多情况,可以很容易地建立分析工具。

(2) 有限状态机只能描述有限个状态,因此它的计算能力有限。为了解决计算能力有限的问题,可以对 FSM 进行变种,在转移状态时加上相应的条件。在某些情况下,需要根据有限状态机产生输出信号的可能性来扩充有限状态机

模型。在这种情况下,转换函数 δ 将被变为:

$$\delta:Q\times I\to Q\times O$$

其中,O 是输出符号的有限状态集合。在状态图中,当且仅当 $\delta(q_1,i)=<q_2,O>$,那么,标号 $<i/O>$ 标记一条连接 q_1 到 q_2 的弧。

(3)有限状态机的复杂性以乘法增长。若系统有 n 个部件,第 k 个部件的状态数目为 k_i,则系统总的状态数目为 $k_1\times k_2\times\cdots\times k_i\times\cdots\times k_n$。可见,若系统的部件较多,则复杂性的增长是让人无法承受的。实际上,一般复杂的系统的部件都不会很少,因此,有限状态机的复杂性的增长会较快。

(4)任何时刻系统只能有一个状态,只能接收一种输入,无法实现并行性,不能描述异步并发的系统。对于一个复杂的应用系统,很难通过有限状态机来建立系统的模型。

为了解决 FSM 的这些缺点,人们又开发出许多新的方法来描述系统控制方面的需求。下面将给出另外一种面向控制的需求分析和规格说明技术——Petri网,它与有限状态机相比有更强的建模能力,并能描述系统的并发、异步、同步等特性,是一种很好的系统建模方法。

2. Petri 网

Petri 网起源于 1962 年联邦德国 Carl Adan1 Petri 的博士论文。Petri 网易于描述系统的并发、竞争、同步等特征,然后进行分析,得到许多有关结构和动态行为的重要信息,由此评价和改进系统。后来,Peterson 详细定义描述了 Petri 网。20 世纪 70 年代以后,该理论得到了迅速发展,尤其是近些年来越来越引起了人们的关注。Petri 网理论在包括硬件、软件和社会领域等许多领域中都得到了广泛的应用,已经大量地应用于各种系统的模型化。

类似有限状态机,Petri 网也是通过一些定义好的状态来描述事物的抽象的虚拟机。但与有限状态机比较,Petri 网不仅能描述同步模型,更适合于相互独立、协同操作的处理系统。这两种技术主要在设计中应用,但在系统定义期间也可以使用,因为两者都提供了系统的形式化表示和系统特征性的分析工具,并且在制定功能规格说明过程中作用更加明显。

Petri 网的定义如下:三元组 $N=(P,T;F)$ 称为网,其中 P 是有限的库所集合,用圆圈代表,表示系统的状态;T 是有限的变迁集合,用空心矩形代表,表示系统中的事件;F 为有向弧集,表示资源的流动,并且满足下列条件:

(1)$P\cup T\neq\varnothing$;

(2)$P\cap T=\varnothing$;

(3)$F\subseteq(P\times T)\cup(T\times P)$;

(4)$\mathrm{dom}(F)\cup\mathrm{cod}(F)=P\cup T$;

$\mathrm{dom}(F) = \{x \mid y : (x,y) \in F\}$ 为 F 的定义域

$\mathrm{cod}(F) = \{y \mid x : (x,y) \in F\}$ 为 F 的值域

在 Petri 网模型中,系统的动态特性使用令牌(token)来标识,令牌表示为包含在库所节点中的圆点,它们在库所中的动态的变化表示系统的不同状态。如果一个库所描述一个条件,它能包含一个或不包含令牌,当一个令牌表现在这个库所中时,条件为真,否则条件为假。一个变迁(事件)有一定数量的输入和输出库所,分别代表事件的前置和后置条件。当某个变迁的所有前置条件为真时,这个变迁就会把它的所有前置条件里的令牌消耗掉,其所有的后置条件就会置成真,而前置条件则不成立。

Petri 网中,改变网络状态的变迁的触发规则可归结为:①变迁 t 被使能:变迁 t 的每个输入库所 P 中都至少含有一个令牌;②变迁 t 可触发:如果一个变迁被触发,则该变迁的每个输入库所中消耗一个令牌,并在该变迁的每个输出库所中生成一个令牌。

图 3-25 显示了模拟一台机器工作流程的 Petri 网模型。该机器存在空闲和忙两种状态,并依次转换。

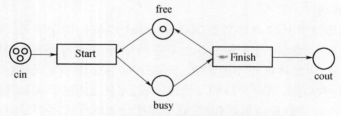

图 3-25　一台机器工作流程的 Petri 网模型

图中的模型包含两个变迁(Start 和 Finish),四个库所(cin、free、busy 和 cout),以及 4 个令牌。等待机器处理的工作的个数由 cin 中的令牌数表示;free 中有令牌说明机器空闲,可以接收一项工作。当 Start 的输入端 cin 和 free 中都含有令牌时,Start 变迁处于使能状态。当 Start 变迁触发时分别消耗掉 cin 和 free 中一个令牌,并在 busy 中产生一个令牌,表示机器正在忙于处理,不响应其他的处理请求,并使 Finish 处于使能状态。Finish 触发后,在 free 和 cout 中各产生一个令牌,机器重新准备处理下一个请求。因为初始状态下,free 中仅存在一个令牌,因此该机器一次只能处理一项工作,不能并发工作。

图 3-26 为描述一个普遍存在于网站功能中的用户信息在线维护系统的 Petri 网模型。用户信息维护系统在用户登录后,依据用户的不同身份,进入不同的操作界面,执行不同的操作。普通用户只能浏览信息,高级用户可以执行修改删除等个人信息维护操作,最后退出系统。

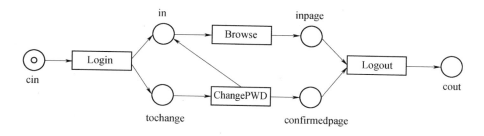

图 3 – 26　用户信息在线维护系统的 Petri 网模型

3.5　本章小结

（1）需求分析的主要目的是给待开发系统提供一个清晰的、一致的、精确的并且无二义的模型,通常以"需求规格说明书"的形式来定义待开发的所有外部特征。

（2）需求分析的任务是需求获取、需求分析、建立需求规格说明以及评审。

① 调查研究是需求获取的基础工作之一,包括对应用系统的理解,与用户的交流和材料的收集等。调查的方式可以有以下几种:调查提纲和调查表、小型调查会议、个别访问、现场调查、查阅资料以及使用调查工具进行调查等。

② 需求分析是从用户最初的非形式化需求到满足用户要求的软件产品的需求规格说明的映射过程,是对用户意图不断揭示和判断的过程,目的在于细化、精华软件的作用范围,确定拟开发软件的功能和性能、约束、环境等。

③ 需求分析的成果是得到软件需求规格说明书。软件需求规格说明书作为系统开发各方达成的共识,是对系统进行设计、实现、测试和验收的基本依据。

④ 在将需求规格说明书提交给设计阶段之前必须进行需求评审。如果在评审过程中,发现了存在的错误和缺陷,应及时进行纠正和弥补,并重新进行相应部分的需求分析,完成后,再进行评审。

（3）快速原型方法根据软件系统的需求迅速地产生出软件系统的一个原型的过程。该原型要表达出目标系统的功能和行为特性,但不一定符合其全部的实现需求。采用快速原型方法可尽早获得更完整、更正确的需求和设计,可以通过改进原型得到目标系统,而不必从头做起。

（4）软件工程的分析阶段,从一系列的建模任务开始,建立软件的完整的需求规约和全面的设计表示。分析模型实际上是一组模型,是系统的第一个技术表示。在结构化分析方法中导出的分析模型要从系统的功能、行为和信息 3 个方面全面地描述系统的需求。结构化分析方法采用的功能分析工具是数据流图、数据字典、结构化语言、判定表和判定树;行为分析工具是状态—迁移图、Petri 网等;数据分析工具是实体—关系图。结构化分析方法主要针对数据处理领域,因此,系统分析的侧重点在于功能分析和数据分析,而行为分析使用得较少。

第四章　软件设计方法

4.1　概　述

　　在各种工程中,设计意味着用一种有规律的方法来获得某种问题的解。设计是将问题转化成解决方案的创造性过程;对解决方案的描述也称为设计。与各种工程设计一样,软件设计阶段的任务就是处理"如何做"的问题。设计是一种有目的地解决问题的过程,是开发活动的第一步。由于用户要求的复杂性,软件开发面临巨大的风险。设计的好坏,将影响后续的开发活动。在软件设计阶段要求用可供审查的方式提供未来系统解决方案的概要以及系统的一个清楚和相对简单的内部结构和逻辑,提供一条从需求到实现的路径。设计的成果应能做到满足需求指定的功能规格说明,符合明确或隐含的性能、资源等非功能性需求,符合明确或隐含的设计条件的限制以及满足设计过程的限制,如经费、时间及工具等。

　　对于任何一个软件项目,软件分析阶段的主要工作是理解问题,确定系统"做什么"。软件设计阶段则要解决"如何做"的问题。确定了软件需求之后,项目就进入了开发阶段。开发阶段由设计、实现(编码)和测试3个互相关联的步骤组成。每一个步骤都按某种方式进行信息变换,最后得到计算机软件。

　　软件设计是一个把软件需求变换成软件表示的过程,如图4-1所示,设计阶段产生体系结构设计、接口设计、数据设计和过程设计。最初,软件设计是描

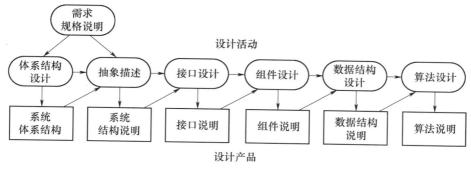

图4-1　软件设计过程

73

绘软件的总框架;然后,进一步细化,在框架中填入细节,加工成接近于源程序的软件表示。从工程管理角度,软件设计分为概要设计和详细设计两步。概要设计把软件需求转化为软件的系统结构和数据结构,详细设计是通过过程设计对结构表示进行细化,得到软件的详细数据结构和方法。

4.2 软件体系结构设计

在软件设计过程中,选择一个好的整体结构和构造规则是成功的关键。随着软件系统的规模和复杂性的增加,除了考虑软件系统的功能,还要解决更难处理的非功能性要求,如性能、可适应性、可靠性、可复用性等。从 20 世纪 80 年代开始,人们要求软件系统能适应不断发生的变化,这不仅涉及每个功能模块的算法和数据结构的设计和实现,还涉及系统的整体性能,即软件系统的体系结构的设计。体系结构的选择往往会成为一个系统设计成败的关键。

软件体系结构(Software Architecture,SA)是指软件的整体结构和这种结构提供给系统在概念上的整体性的方式。以最简单的形式为例,体系结构是程序构件(模块)的层次结构、构件间交互的方式以及构件使用的数据的结构。然而,在更广泛的意义上讲,构件可以被推广来代表主要的系统元素和它们的相互交互。软件设计的一个目标是导出系统的体系结构表示,这个表示作为一个框架,指导更详细的设计活动,一组体系结构模式使得软件工程师能够复用设计层的内容。

系统的体系结构主要包含相对独立的模块,这些模块接口之间的交互机制以及一系列组织管理这些模块的规则。不同类型的系统需要不同的体系结构,甚至一个系统的不同子系统也需要不同的体系结构。

4.2.1 软件体系结构定义

虽然软件体系结构已经在软件工程领域中有着广泛的应用,但迄今为止还没有一个被大家所公认的定义。目前,关于软件体系结构的定义有 60 多种,许多专家学者从不同角度和不同侧面对软件体系结构进行了刻画,有的定义是从构造的角度来审视软件体系结构,有的侧重于从体系结构风格、模式和规则等角度来考虑,较为典型的定义有以下几种:

(1) Dewayne Perry 和 A1ex Wo1 对软件体系结构的定义是:

SA = {elements, form, rational}

其中:SA 代表软件体系结构,elements 为一组体系结构元素,form 为软件体系结构的形式,rational 为选择体系结构的一组准则。软件体系结构是由具有一定形式的一组体系结构元素组成,这些元素分为处理元素、数据元素和连接元素3 类。处理元素负责对数据进行加工,数据元素是被加工的信息,连接元素把体系结构的不同部分连接起来。这一定义注重区分处理元素、数据元素和连接元素,这一方法在其他的定义和方法中基本上得到保持。软件体系结构形式由专有特性和关系组成,专有特性用于限制软件体系结构元素的选择,关系用于限制软件体系结构元素组合的拓扑结构。而在多个体系结构方案中选择合适的体系结构方案往往基于一组准则。

(2) Mary Shaw 和 David Garlan 在 *Software Architecture*:*Perspectives on an Emerging Discipline* 一书中,认为软件体系结构是设计过程的一个层次,它处理那些超越算法和数据结构的设计,研究系统整体结构设计和描述方法,包括总体组织和全局控制结构、通信协议、同步和数据存取、设计元素的功能定义、物理分布和合成以及设计方案的选择、评估和实现等,即:

SA = {components, connectors, constrains}

其中,构件(component)可以是一组代码,如程序模块,也可以是一个独立的程序,如数据库的 SQL 服务器。连接器(connector)表示构件之间的相互作用,它可以是过程调用、管道、远程过程调用等。一个软件体系结构还包括某些限制(constrain)。该模型视角是程序设计语言,构件主要是代码模块。

(3) Kruchten 指出,软件体系结构有四个角度,它们从不同方面对系统进行描述:概念角度描述系统的主要构件及它们之间的关系;模块角度包含功能分解与层次结构;运行角度描述了一个系统的动态结构;代码角度描述了各种代码和库函数在开发环境中的组织。

(4) Hayes Roth 则认为软件体系结构是一个抽象的系统规范,主要包括用其行为来描述的功能构件和构件之间的相互连接、接口和关系。

(5) Barry Boehm 和他的学生提出,一个软件体系结构包括一个软件和系统构件,互联及约束的集合,一个系统需求说明的集合,一个基本原理用以说明这一构件,互联和约束能够满足系统需求,即:

SA = {components, connections, constraints, stakeholders' needs, rationale}

软件体系结构包含系统构件、连接件、约束的集合,反应不同人员需求的集合以及能够展示由构件、连接件和约束所定义的系统在实现时如何满足系统不同人员需求的原理的集合。

(6) 1997 年,Bass,Ctements 和 Kazman 在 *Software Architecture in Practice* 一书中给出如下的定义:一个程序或计算机系统的软件体系结构包括一个或一组软件构件、软件构件的外部的可见特性及其相互关系。软件体系结构是系统的抽象,定义了构件以及它们如何交互,隐藏了纯粹的属于局部的信息。其中,软件外部的可见特性是指软件构件提供的服务、需要的服务、具备的性能、特性、容错能力、共享资源的使用等。

由上述软件体系结构的定义可知：软件体系结构最基本的组成元素是构件、连接件和约束，如图 4 - 2 所示。构件是组成软件体系结构的基本计算单元或数据存储单元，用于实施计算和保存状态。连接件用于表达构件之间的关系，是对构件之间的交互、

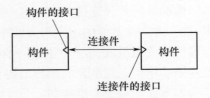

图 4 - 2　软件体系结构的基本元素

指导这些交互的规则等内容进行建模的软件体系结构元素；简单交互有过程调用、共享变量访问等，复杂和语义丰富的交互有客户/服务器协议、数据库访问协议、异步事件广播以及管道数据流等。约束定义了构件和连接件之间的匹配，描述体系结构配置和拓扑的要求，确定体系结构的构件和连接件的关系。体系结构的拓扑是构件和连接件的连接图，描述了系统结构的适当连接、并发和分布特性、符合设计规则和风格规则。

软件体系结构是一个程序或系统的构件的组织结构、它们之间的关联关系以及支配系统设计和演变的原则和方针。一般地，一个系统的软件体系结构描述了该系统中的所有计算构件，构件之间的交互、连接件以及如何将构件和连接件结合在一起的约束。

4.2.2　经典的体系结构风格

体系结构风格是软件体系结构研究的一个重要方向，软件体系结构风格是指众多系统中共同的结构和语义特性。软件体系结构风格指导如何把各模块和系统组织成一个完整的系统，软件体系结构的风格包括数据流风格、调用/返回风格、数据中心风格、虚拟机风格和独立部件风格等。软件体系结构的风格化是比软件体系结构抽象级别更高的概念，它们的共同点是都要考虑如何将构件组织成整个系统，不同点是软件体系结构要具体描述构件之间的连接，软件体系结构风格仅给出构件间连接的一些约束。

体系结构风格包含完成系统所需功能的一组构件，构件间通信协调和合作的一组连接子，定义构件如何被集成以形成所需系统的约束以及使得设计者通过分析构件的已知性质而理解系统整体性质的语义模型。下面分别介绍一些经典的软件体系结构分类。

1. 数据流风格

对于数据流风格的体系结构，我们可以在系统中找到非常明显的数据流，处理过程通常在数据流的路线上"自顶向下、逐步求精"，并且，处理过程依赖于执

行过程,而不是数据到来的顺序。比较有代表性的是批处理序列风格、管道/过滤器风格。

在管道/过滤器风格的软件体系结构中(图4-3),每个部件都有一组输入和输出,部件读输入的数据流,经过内部处理,然后产生输出数据流。这个过程通常通过对输入流的变换及增量计算来完成,所以在输入被完全消费之前,输出便产生了。因此,这里的部件被称为过滤器,这种风格的连接器就像是数据流传输的管道,将一个过滤器的输出传到另一过滤器的输入。此风格特别重要的过滤器必须是独立的实体,它不能与其他的过滤器共享数据,而且一个过滤器不知道它上游和下游的标识。一个管道/过滤器网络输出的正确性并不依赖于过滤器进行增量计算过程的顺序。

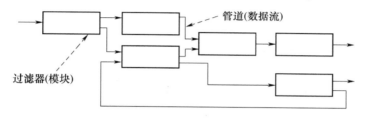

图4-3　管道和过滤器风格

编译器系统就是具备典型的管道系统风格的体系结构。在该系统中,一个阶段(包括词法分析、语法分析、语义分析和代码生成)的输出是另一个阶段的输入。

管道/过滤器风格的软件体系结构具有许多特点:使得软组件具有良好的隐蔽性和高内聚、低耦合的特点;允许设计者将整个系统的输入/输出行为看成是多个过滤器的行为的简单合成;支持软件复用;系统维护和增强系统性能简单,新的过滤器可以添加到现有系统中来,旧的可以被改进的过滤器替换掉;允许对一些性能,如吞吐量、死锁等进行分析;支持并行执行,每个过滤器是作为一个单独的任务完成,因此可与其他任务并行执行。

这种系统结构的弱点是:通常导致进程成为批处理的结构,这是因为虽然过滤器可增量式地处理数据,但它们是独立的,所以设计者必须将每个过滤器看成一个完整的从输入到输出的转换;不适合处理交互的应用,当需要增量地显示改变时,这个问题尤为严重;因为在数据传输上没有通用的标准,每个过滤器都增加了解析和合成数据的工作,这样就导致了系统性能的下降,并增加了编写过滤器的复杂性。

2. 调用—返回风格

调用—返回风格的体系结构在过去的30年之间占有重要的地位,是大型软

77

件开发中的主流风格的体系结构。这类系统中呈现出比较明显的调用—返回的关系,调用—返回体系结构的目标是实现系统的可更改性和可扩展性,又分为主—子程序风格、面向对象概念中的对象体系结构风格以及层次型系统风格 3 种子风格。

1)主—子程序风格

主—子程序风格的体系结构是一种经典的编程范型,主要应用在结构化程序设计当中,如图 4 - 4 所示。这种风格的主要目的是将程序划分为若干个小片段(子部分),从而使程序的可更改性大大提高。主—子程序体系结构风格有一定的层次性,主程序位于顶层,下面可以再划分一级子程序,二级子程序甚至更多。主—子程序体系结构风格是单线程控制的,同一时刻只

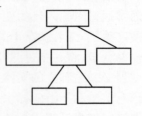

图 4 - 4 主—子程序
风格的体系结构

有一个子结点的子程序可以得到父结点的控制,如远程过程调用系统就是一种典型的主—子程序体系结构风格的例子。

主—子程序体系结构风格特点:由于单线程控制,计算的顺序得以保障,并且有用的计算结果在同一时刻只会产生一个;单线程的控制可以直接由程序设计语言来支持;子程序的正确性与它调用的子程序的正确性有关。

2)面向对象概念中的对象体系结构风格

对象风格的体系结构如图 4 - 5 所示。抽象数据类型概念对软件系统有着重要作用,目前软件界已普遍转向使用面向对象系统。这种风格建立在数据抽象和面向对象的基础上,数据的表示方法和它们的相应操作封装在一个抽象数据类型或对象中。这种风格的组件是对象,或者说是抽象数据类型的实例。对象是通过函数和过程调用来交互的。

对象风格的体系结构具有以下的特点:对象抽象使得组件和组件之间的操作以黑箱的方式进行。封装性使得细节内容对外部环境得以良好的隐藏;对象之间的访问是通过方法调用来实现的。考虑操作和属性的关联性,封装完成了相关功能和属性的包装,并由对象来对它们进行管理。使用某个对象提供的服务并不需要知道服务内部是如何实现的。

数据抽象和面向对象风格的体系结构在现代的软件开发中广泛应用。但是,面向对象体系结构也存在着某些问题:对象之间的耦合度比较高,为了使一个对象和另一个对象通过过程调用等进行交互,必须知道对象的标识;只要一个对象的标识改变了,就必须修改所有其他明确调用它的对象。

3)分层风格的体系结构

分层风格的体系结构是将系统组织成一个层次结构,每一层为上层提供服

务,并作为下层的客户端,如图 4-6 所示。在分层风格的体系结构中,一般内部的层只对相邻的层可见。层之间的连接器通过决定层之间如何交互的协议来定义。这种风格支持基于可增加抽象层的设计,允许将一个复杂问题分解成一个增量步骤序列的实现。由于每一层最多只影响两层,同时只要给相邻层提供相同的接口,允许每层用不同的方法实现,同样为软件复用提供了强大的支持。

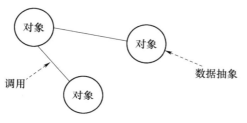
图 4-5 对象风格的体系结构

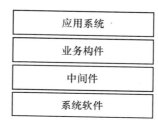
图 4-6 分层风格的体系结构

分层风格的体系结构有许多可取的属性:支持基于抽象程度递增的系统设计,使设计者可以把一个复杂系统按递增的步骤进行分解;支持功能增强,因为每一层至多和相邻的上下层交互,因此功能的改变最多影响相邻的上下层;支持复用,只要提供的服务接口定义不变,同一层的不同实现可以交换使用,故可以定义一组标准的接口,并允许各种不同的实现方法。但是,分层风格的体系结构也有其不足之处:并不是每个系统都可以很容易地划分为分层风格的体系结构,甚至即使一个系统的逻辑结构是层次化的,出于对系统性能的考虑,系统设计师不得不把一些低级或高级的功能综合起来。很难找到一个合适的、正确的层次抽象方法。

调用—返回风格的软件体系结构中的部件就是各种不同的操作单元(如子程序、对象、层次),而连接器则是这些对象之间的调用关系(如主—子程序调用,或者对象的方法以及层次体系结构中的协议)。调用—返回结构的优点在于,容易将大的架构分解为一种层次模型,在较高的层次,隐藏那些比较具体的细节,而在较低的层次,又能够表现出实现细节。在这类体系结构中,调用者和被调用者之间的关系往往比较紧密。在这样的情况下,架构的扩充通常需要被调用者和所有调用者都进行适当的修改。

3. 以数据为中心的体系结构

该体系结构的目标是实现数据的可集成性,共享数据可以是数据仓库或是黑板。以数据为中心的体系结构如图 4-7 所示。

在此体系结构中,有两不同的软件系统部件,分别是表示当前状态的中心数据结构和一组相互独立的处理中心数据的部件。不同的中心数据结构与外部部

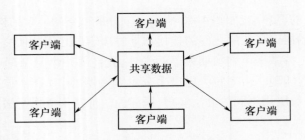

图 4 - 7　以数据为中心的体系结构

件有不同的交互方式,控制方法的选择决定了中心数据结构的类别。如果由输入数据流事务处理的类型来决定执行哪个处理过程,则中心数据结构就是传统的数据库系统。如果由当前中心数据结构来选择执行进程,这种系统称为黑板系统。

黑板系统主要由知识源、黑板数据结构和控制 3 个部分组成,如图 4 - 8 所示。知识源是独立、分离的与应用程序相关的知识,知识源之间的交互只通过黑板来完成。黑板数据结构是按照与应用程序相关的层次来组织的解决问题的数据,知识源不断地改变黑板来解决问题。控制是由黑板的状态驱动的,黑板状态的改变决定使用特定的知识。

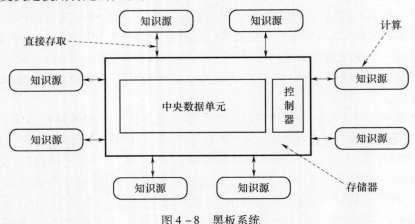

图 4 - 8　黑板系统

黑板系统的应用领域很多,传统的应用是信号处理领域,如语音和模式识别。也可应用于编程开发环境,常被认为是一组工具和一个共享知识库,知识库由程序和程序片段组成。

4. 虚拟机风格的体系结构

在虚拟机结构中,部件是被模拟的机器和实际的机器,而连接器则是一组转换规则,这组转换规则能够在保持被模拟的机器中的虚拟状态和逻辑不变的前提下,将操作转换为实际的机器中能够被理解的操作。虚拟机风格的体系结构设计的初衷主要是考虑体系结构的可移植性,这种体系结构力图模拟运行于其上的软件或者硬件的功能。虚拟机风格的体系结构在很多场合都有用途,可以用于模拟或测试尚未构建成的软硬件系统,还可以模拟在现实生活中存在较大风险的系统的测试,如飞行模拟器以及与安全有关的系统等。

虚拟机的例子有解释器、基于规则的系统以及通用语言处理程序等。以解释器作为一个例子,虚拟机中解释器的解释步骤如下:解释引擎从被解释的模块中选择一条指令;基于这条指令,引擎更新虚拟机内部的状态;根据解释器的状态和输入的信息,分析代码的结构和语义,按照语义的要求完成相应的动作;上述过程反复执行。解释器风格见图 4 - 9。

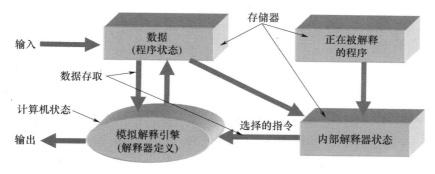

图 4 - 9　解释器风格

虚拟机风格的体系结构的突出特点是:在虚拟机器环境中运行的代码不必了解虚拟机的具体细节;一旦运行环境发生变化,只需要重写虚拟机本身,而不是整个系统;通常虚拟机会限制在其中运行的软件的行为,特别是以实现跨平台为目的的虚拟机,如 Java 虚拟机等,这类虚拟机往往希望虚拟机器的代码完全不了解虚拟机以外的现实世界,这是在灵活性、效率与软件跨平台性之间进行的一种折中;能够使系统的结构更具层次性,使用虚拟机提供的设施编写的代码,可以不考虑虚拟机以外的实际环境,而能在正确地实现了这种虚拟机的环境中执行。

虚拟机架构的缺点是灵活性略显不足,无法最大限度地发挥操作系统和硬件的性能,在虚拟机中运行的应用程序并不了解实际的硬件和操作系统的特性。

5. 独立部件风格的体系结构

独立部件风格的体系结构由很多独立的通过消息交互的过程或者对象组成,独立部件间的通信机制包括进程通信和事件系统等,如图 4 - 10 所示。

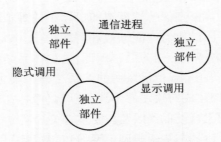

图 4 – 10　独立部件间的通信机制

　　独立部件风格的体系结构把整个系统的计算分解成多个独立设计和运行的部件,消息机制为建立松散耦合的系统提供了可用的通信机制。消息可能传递给指定的参与项（交互过程风格）,也可能传递给未指定的参与项(事件风格)。独立部件风格可分为事件系统风格、通信处理风格等子风格。

　　1）事件系统风格

　　事件系统风格是独立部件风格的一个子风格,如图 4 – 11 所示。其中的每一个独立部件在它们的相关环境中声明它们希望共享的数据,这个环境便是未指定的参与项。事件系统会充分利用消息管理器在消息传递到消息管理器的时候来管理部件之间的交互和调用部件。部件会注册它们希望提供或者希望收到的信息的类型,随后它们会发送这个注册的类型给消息管理器。

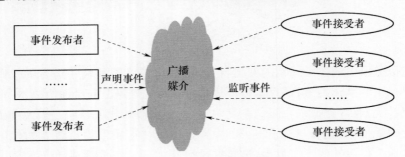

图 4 – 11　基于事件的风格

　　2）通信处理风格

　　通信处理风格也是独立组件风格的一个子风格,是一个多处理机系统。客户端—服务器风格是一个非常著名的风格,如图 4 – 12 所示。服务器用于向一个或者多个客户端提供数据服务,这个环境经常与网络连接一起出现。客户端向服务器发出一个请求,服务器同步地或者异步地执行客户端的请求。如果工作是同步的,服务器将返回给客户端数据和客户端控制权,如果是异步的,服务器只返回给客户端数据,因为这个时候服务器有自己的控制线程。

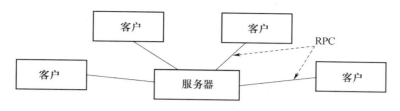

图4-12　客户—服务器风格

　　独立部件架构的特点是:系统由松耦合的一些独立运行的计算单元构成,这些单元之间通过消息传递信息;一般情况下,这些独立的计算单元能够自主地完成一些计算任务。消息的发出者通常并不知道谁会接收并处理这些消息,更不了解这些消息是如何被处理的。由于系统基于消息,因此有较好的并发性、容错性和可伸缩性。独立部件系统中通常不存在比较明显的主—从结构,通常只有一个比较弱的服务器,甚至没有服务器。

6. 特定领域的软件体系结构

　　特定领域的软件体系结构(Domain - Specific Software Architecture, DSSA)是为特定领域开发的参考体系结构,它提供了针对特定领域的组织结构,是对领域分析模型中的需求给出的解决方案。它不是单个系统的表示,而是能够适应领域中多个系统需求的一个高层次的设计。事实上,根据该结构的描述可以自动或半自动地生成一个可执行系统。特定领域的软件体系结构决定了最终产品的质量,如性能、可修改性、可移植性、组织结构和管理模式。

　　特定领域的体系结构是将体系结构理论应用到具体领域的过程。在领域工程中,DSSA作为开发可复用构件和组织可复用构件库的基础。DSSA说明了功能如何分配其实现构件,并说明了对接口的需求,因此,该领域中的可复用构件应依据DSSA来开发。DSSA中的构件形成了对领域中可复用构件进行分类的基础,这样组织构件库有利于构件的检索和复用。在应用工程中,经剪裁和实例化形成特定应用的体系结构。由于领域分析模型中的领域需求具有一定的变化性,DSSA也要相应地具有变化性,并提供内在的机制在具体应用中实例化这些变化性。DSSA在变化性方面提出了更高的要求。具体应用之间的差异可能表现在行为、质量—属性、运行平台、网络、物理配置、中间件、规模等诸多方面。例如,一个应用可能要求高度安全,处理速度较慢;而另一个应用要求速度快,安全性较低。体系结构必须具有足够的灵活性同时支持这两个应用。图4-13是DSSA在软件产品生产线中的应用。依据领域的参考需求,应用工程师通过对具体应用的分析和提炼,获取该应用的实际需求。依据领域的参考体系结构和应用需求,由系统生成器生成具体的应用系统。系统生成器包括构件生成器和构件组装器。

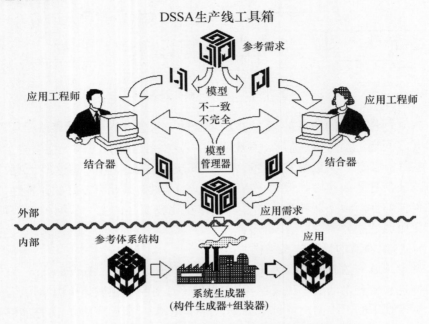

图 4 – 13   DSSA 在软件产品生产线中的应用

软件体系结构风格为系统级别的软件复用提供了可能。然而,对于应用体系结构风格来说,由于视角的不同,系统设计师有很大的选择空间。要为系统选择或设计某一个体系结构风格,必须根据特定项目的具体特点,进行分析比较后再确定,体系结构风格的使用几乎完全是特化的。不同的结构有不同的处理能力的强项和弱点,一个系统的体系结构应该根据实际需要进行选择,以解决实际问题。

4.3   数据库数据结构设计

随着计算机技术的发展,计算机的主要应用已从传统的科学计算转变为事务数据处理。在事务处理过程中,并不需要复杂的科学计算,而是需要进行大量数据的存储、查找、统计等工作,如教学管理、人事管理、财务管理等。这需要对大量数据进行管理,数据库技术就是目前最先进的数据管理技术。

数据结构是刻画数据库数据模型最重要的方面。数据库这一概念提出后,先后出现了几种数据模型。其中基本的数据模型有 3 种:层次模型系统、网络模型系统和关系模型系统。20 世纪 60 年代末期提出的关系模型具有数据结构简单灵活、易学、易懂且具有雄厚的数学基础等特点,从 70 年代开始流行,发展到现在已成为数据库的标准。

4.3.1　数据结构规范化理论

数据库设计规范化理论是研究如何将一个不好的关系模式转化为好的关系模式的理论,规范化理论是围绕范式而建立的。规范化理论认为,一个关系数据库中所有的关系,都应满足一定的规范(约束条件)。规范化理论把关系应满足的规范要求分为几级,满足最低要求的一级叫做第一范式(1NF),在第一范式的基础上提出了第二范式((2NF),在第二范式的基础上又提出了第三范式(3NF),以后又提出了 BCNF 范式、4NF、5NF。范式的等级越高,应满足的约束集条件也越严格。规范的每一级别都依赖于它的前一级别。

第一范式(1NF):第一数据结构规范化形式是指满足关系的最基本要求,每个分量必须是不可分的数据项,即一个数据结构中没有重复出现的数据项或数据项组,这样的数据结构就是一个符合第一范式的数据结构。

第二范式(2NF):第二数据结构规范化形式是指一个符合第一范式的数据结构中的非关键字数据项都完全函数依赖于整个关键字。即一个数据结构中没有重复出现的数据项或数据项组,且非关键字数据项的取值都与整个关键字有联系,它就是一个符合第二范式的数据结构。因此,对于只有一个关键字数据项的数据结构,如果它满足第一范式的要求,那么也一定满足第二范式的要求。

第三范式(3NF):第三数据结构规范化形式是指一个符合第二范式的数据结构中的非关键字数据项间既不部分依赖于关键字,也不传递依赖于关键字,彼此独立,即非关键字数据项的取值不存在函数依赖关系。

数据库设计规范化理论为数据文件或数据库结构设计提供了理论基础。虽然这个理论以关系数据模型为背景,但对一般的数据结构设计同样具有重要指导意义。数据结构规范化理论仍然处在发展之中,但从实用角度看,符合第三范式的数据结构就是一个合理的数据结构。

把一个数据结构不合理形式转化为一个数据结构合理的形式,一般要经过下列几个步骤:

(1) 把含有重复数据项的数据结构,通过在重复数据项中指定新的关键字方法,转化为符合第一范式的数据结构。

(2) 如果数据结构中包含两个以上的关键字,通过分解数据结构的方法,将"大的数据结构"转化为"小的数据结构",使"小的数据结构"中的非关键字数据元素都完全函数依赖于整个关键字,成为一个符合第二范式的数据结构。

（3）如果数据结构中非关键字数据元素间存在函数依赖,则通过消除存在函数依赖关系数据元素的方法,使非关键字数据元素间不存在函数依赖,成为一个符合第三范式的数据结构。

4.3.2 数据库数据结构设计

1. 数据库系统的数据描述

对信息的组织和处理常用以下术语描述:

实体(Entity):实体是现实存在的对象,是要记录和加工的信息对象。

属性(Attribtrte):实体具有各种各样的属性,每个属性均表明实体在某一方面的特征,如材料的品名、规格等都是属性。

关键字(key):实体与实体之间可能存在着联系,为了引用一个实体,需要用一个属性来识别实体。这里将可以被计算机用来识别某个记录的一个或一组属性称为关键字。

关系模型:关系模型把数据看成一个二维表,这个表就叫关系。它由"关系框架"和若干"元组"构成。关系框架相当于记录类型,元组相当于记录值。每个元组由一个或多个属性组成,每个关系构成一个同质实体。关系模型就是若干关系框架组成的集合。

2. 数据库结构设计

数据库的结构设计共分 3 个步骤: 概念结构设计、逻辑结构设计和物理结构设计。概念结构设计是根据收集到的用户对数据和功能方面的要求,设计充分反映用户需求的概念模式,用语义层模型描述,如 E-R 模型。逻辑结构设计是把概念模式转换成数据库管理系统可用的关系式数据模型,即完成概念结构向网状、层状或关系模型的转换, 用结构层模型描述,如基本表、视图等。物理结构设计是对逻辑结构设计选定的数据模型取一个最适合应用要求的物理结构, 用文件级术语描述,如数据库文件或目录、索引等。

步骤 1:概念结构设计

概念结构设计是数据库设计的关键,它的目标是产生反映组织信息需求的数据库概念模式,即概念结构。概念结构设计是在需求分析的基础上,设计出能够满足客户需求的各种实体以及它们之间相互关系的概念结构设计模型。独立于数据库逻辑结构,也独立于某个特定的数据库管理系统,它是完全在实体数据调查分析的基础上进行设计的。概念结构设计常用 E-R 关系模型(Entity-Relationship Model)来描述管理对象的模型。数据建模的详细内容参见第三章 3.4.2 节。

步骤2:逻辑结构设计

逻辑结构设计的目的是把概念结构转换成选定的数据库模式,即把概念结构的实体关系模型转换为选用的数据库所支持的数据模型,对关系式数据库而言,逻辑结构设计就是确定整个数据库由哪些关系模式组成,每个关系模式由哪些属性组成,哪些属性组成关键字。

无论是实体类型,还是实体间的联系,逻辑结构设计中都用一个规范化的二维表结构来表示,每个表都是由一系列行/列交点组成的矩阵。将设计好的E－R关系转为关系模型,需要遵循如下规则:

（1）一个实体转换为一个关系模式。实体的属性就是关系的属性,实体的关键字就是关系的候选关键字。

（2）一个一对一联系可以转换为一个独立的关系模式,也可以与任意一端实体对应的关系模式合并。如果转换为一个独立的关系模式,与该联系相连的各实体的关键字以及联系本身的属性均转换为关系的属性,每个实体的关键字均是该关系的候选关键字。如果与某一端实体对应的关系模式合并,则需要在该关系模式的属性中加入另一个关系模式的关键字和联系本身的属性。

（3）一个一对多联系可以转换为一个独立的关系模式,也可以与多端实体对应的关系模式合并,如果转换为一个独立的关系模式,与该联系相连的各实体的关键字以及联系本身的属性均转换为关系的属性,多端实体的关键字是该关系的候选关键字。如果与多端实体以的关系模式合并,则需要在该关系模式的属性中加入另一个关系模式的关键字和联系本身的属性。

（4）一个多对多联系转换为一个关系模式。与该联系相连的各实体的关键字以及联系本身的属性均转换为关系的属性,该关系的候选关键字是各实体关键字的组合。

（5）3个或3个以上实体间的一个多元联系可以转换为一个关系模式。与该多元联系相连的各实体的关键字以及联系本身的属性均转换为关系的属性,该关系的候选关键字是各实体关键字的组合。

（6）具有相同关键字的关系模式可以合并。

为了进一步提高性能,要以规范化理论为指导,适当地修改、调整数据模型的结构,即数据模型的优化:确定数据依赖、消除冗余的联系、确定各关系模式分别属于第几范式以及确定是否要对它们进行合并或分解。一般来说将关系分解为3NF的标准。

实例:对第3章3.4.2节中教学管理系统中的实体和联系建立关系模型。

首先,把3个实体写成关系模型的形式:

学生(学号#,姓名,专业,年龄,性别)

课程(课程号#,课程名,学分,学时,分数)

教师(教师编号#,姓名,职称,联系电话)

然后,把两个实体中的联系转换成关系模型:

选课(学号#,课程号#,教师编号#,成绩)

讲授(教师号#,课程号#)

步骤3:物理结构设计

物理结构设计是指数据库的存储结构和存储方法,数据库管理系统会根据具体的应用任务选定最合适的物理存储结构(包括文件类型、索引结构和数据的存放次序与位逻辑等)、存取方法和存取路径等。数据库物理设计是在计算机系统的软、硬件条件下,设计出具有尽可能高运行效率的物理结构。

4.4　结构化设计方法

结构化方法是基础性的方法和使用最广泛的方法,在宇航、国防以及诸多的民用领域均取得了许多成功经验。结构化方法学认为,驾驭复杂的最佳方法,就是将软件设计人员的视野限制在较小的范围之内。结构化方法的基本思想是基于功能分解来设计系统结构,通过把复杂的问题逐层分解来简化问题(即自顶向下,逐层细化),将整个程序结构划分成若干个功能相对独立的子模块直至最简,并且每个模块最终都可使用顺序、选择、循环3种基本结构来实现,它是从系统内部功能上模拟客观世界。结构化方法成功地为处理复杂问题提供了一种有力工具。

结构化分析为结构化设计奠定了基础。分析模型的每一个元素均提供了创建设计模型所需的信息。软件设计中的信息流表示在图4-14中,由数据、功能和行为模型展示的软件需求被传送给设计阶段,通过使用任意一种设计方法,在设计阶段将产生数据设计、体系结构设计、接口设计和过程设计。

数据设计将分析时创建的数据模型变换成实现软件所需的数据结构。实体—关系图中定义的数据对象和关系以及数据字典中描述的详细数据内容为数据设计活动奠定了基础。体系结构设计定义了程序的主要结构元素之间的关系,描述了软件的模块框架;体系结构设计可以从功能模型提供的分层数据流图以及各在分析模型中定义的子系统的交互导出。接口设计描述了软件内部、软件和协作系统之间以及软件同人之间如何通信,数据流图提供了接口设计所需的信息。过程设计将软件体系结构的结构元素变换为对软件构件的过程性描述;从加工规约、控制规约和状态变迁图获得的信息是过程设计的基础。

在设计时做出的决策最终将会影响软件构造是否成功,更重要的是会决

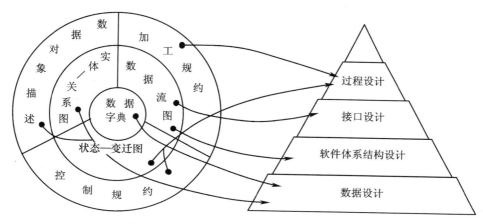

图 4-14　将结构化分析模型转换为软件设计

定软件维护的难易程度,因此,软件设计的质量至关重要。设计是在软件开发中形成质量的地方,提供了用于质量评估的软件表示,是将用户需求准确地转化为完整的软件产品或系统的唯一方法,是所有软件工程和软件维护步骤的基础。

结构化开发方法是现有的软件开发方法中最成熟,应用最广泛的方法,主要特点是快速、自然和方便。软件结构化设计方法考虑的是如何建立一个结构良好的程序系统,由结构化分析方法、结构化设计方法及结构化程序设计方法构成。结构化设计方法是结构化开发方法的核心,与结构化分析方法、结构化程序设计方法密切联系,主要完成软件系统的总体结构设计。结构化设计方法又称为面向数据流的设计方法。结构化设计方法的基本思想是将系统设计成由相对独立、功能单一的模块组成的结构,是基于模块化、自顶向下逐层细化及结构化程序设计等程序设计技术基础上发展起来的。

4.4.1　结构化设计概述

结构化开发方法是由 E. Yourdon 和 L. L. Constantine 在 20 世纪 70 年代中期提出的一种面向数据流的设计方法,重点是确定软件的结构,其目的是提出满足软件需求的最佳软件结构,是 20 世纪 80 年代使用最广泛的软件开发方法。结构化开发方法也可称为面向功能的软件开发方法或面向数据流的软件开发方法。结构化开发方法首先用结构化分析方法对软件进行需求分析,然后用结构化设计方法进行总体设计,最后采用结构化编程方法进行程序编码。

"结构化"一词最早出自结构化程序设计。结构化程序设计的思想是一个程序的任何逻辑问题均可用顺序结构、选择结构和循环结构这 3 种基本结构来描述,它们共同作为各种复杂程序的基本构造单元。结构化程序设计中使用少数的基本结构,就可使程序逻辑结构清晰,易读易懂,并且容易验证程序的正确性,减少了程序的复杂性,提高了可靠性、可测试性和可维护性。

结构化的程序设计思想启发了系统设计人员,既然一个程序可以用一组标准的方法加以构造,为何不可以用一组标准、准则和工具进行系统设计呢? 因此结构化程序设计思想被引入系统设计工作中。

结构化设计的主要思想是:一个系统是由一组功能操作构成的,采用模块化概念,对其间的关系进行分析,把系统看作是逻辑功能的抽象集合,即得功能模块的集合,使得软件设计者有最大的自由度来选择设计系统的结构。一个系统由层次化的模块构成,每一个模块只有一个入口与一个出口,每一个模块只归上级模块调用。尽可能用最优化的方式将各部分组织起来,而不是若干程序的拼凑,有模块连接的准则和构造模块的标准,模块按一定的组织层次构造起来形成软件结构,并用模块结构图来表达,结构化设计方法给出了变换型和事务型两类典型的软件结构,使软件开发的成功率大大提高。在设计阶段的后期要实现从逻辑功能模块到物理模块的映射。

结构化设计方法采用一组标准的工具和准则进行系统设计,帮助设计人员确定系统应由哪些模块,用哪种方式连接在一起,才能构成一个最好的系统结构。结构化设计方法还包含了针对结构化设计的一组评价标准和质量优化技术。评价软件设计有二种有效的方法:评价模块本身质量的相对效果的聚合度以及评价模块间关系的相对效果的耦合度。使用一致的评价标准,能够大量降低维护费用。针对结构化设计提出的设计质量标准能够应用到几乎所有的其他软件设计方法中。

4.4.2　结构化设计的依据

结构化设计的目标是通过结构化设计,把软件设计为结构相互独立、功能单一的模块,建立系统的模块结构图。结构化设计的优点是通过划分独立模块,来减少程序设计的复杂性,增加软件的可重用性,减少开发和维护计算机程序的费用。如果同时考虑一个问题的多个方面那将是一件相当困难的事,通过将一些大目标的实现,转化为一些相对独立的小目标的实现来减少设计复杂性,减少开发和维护费用。如图 4 - 15 所示,当软件规模在一定范围内时,软件的开发时间随着软件规模的增加线性增长;当软件规模超过这一限度时,软件开发时间将按照指数规律快速增长。

计算机软件的模块化概念已经提出几十年了,人们在解决问题的实践中发

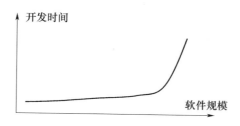

图 4 - 15　开发时间与软件规模的关系

现:当两个小问题相互独立时,如果把两个问题结合起来作为一个问题来处理,其理解复杂性大于将两个问题分开考虑时的理解复杂性之和,这样解决这个问题所需的工作量也大于两个单独问题的工作量之和。以下是基于对人解决问题的观察而提出的关于此结论的论据。

设 $C(x)$ 是描述问题 x 复杂性的函数,$E(x)$ 是定义解决问题 x 所需工作量(按时间计算)的函数。对于两个问题 p_1 和 p_2,如果 $C(p_1) > C(p_2)$,则有 $E(p_1) > E(p_2)$,这个结构直观上是显然的,因为解决困难问题需要花费更多时间。通过对人解决问题的实践又发现了另一个特性:$C(p_1 + p_2) > C(p_1) + C(p_2)$,即 p_1 和 p_2 组合后的复杂性比单独考虑每个问题时的复杂性要大。因此,可以得出:$E(p_1 + p_2) > E(p_1) + E(p_2)$,即 p_1 和 p_2 组合后解决这个问题所需的工作量大于解决 p_1 p_2 两个单独问题的工作量之和。这引出了"分而治之"的结论,将复杂问题分解成可以管理的片断会更容易。不等式 $E(p_1 + p_2) > E(p_1) + E(p_2)$ 表达的结果对模块化和软件有重要意义,事实上,它是模块化的论据。

把整个软件划分成若干个模块,通过这些模块的组装来满足整个问题的需求是结构化开发方法的基本思想,而一个软件究竟应划分成多少个模块是结构化方法要回答的一个问题。模块度是指系统中模块的数目。如图 4 - 16 所示,开发单个软件模块所需的工作量(成本)的确随着模块数量的增加而下降,给定同样的需求,更多的模块意味着每个模块的尺寸更小,然而,随着模块数量的增长,集成模块所需的工作量(成本)也在增长。这些特性形成了图中所示的总成本或工作量曲线。存在一个模块数量 M 可以导致最小的开发成本,但是,一般无法确切地预测 M。

图 4 - 16 所示的曲线为考虑模块化提供了有用的指导,我们应该进行模块化,模块的大小与模块的复杂性成正比:模块划小了,每个模块的复杂性下降,但增加了模块间接口的复杂性。所以,对每个问题存在着某个最佳模块数 M,使成本最小。所以应注意保持在 M 附近,避免过低或过高的模块性。

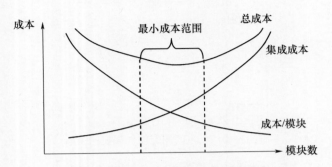

图 4 - 16　模块大小、数目与费用的关系

　　问题模型的完整性和准确性将决定在系统设计中的工作量,一个没有很好地划分和细化的结构化分析将会给使用结构化设计方法的软件设计者带来大量的工作,可能导致最后交付的系统要经过很大的改动才能满足用户的需要。"问题的描述就是解决方法的描述",需求定义的结果基本上定型了设计的结果。这一点在结构化分析和设计的关系中体现得淋漓尽致。如图 4 - 17 所示,在结构化分析阶段形成的数据模型、功能模型、行为模型以及各种限制条件都是结构化设计的依据,通过对各种模型的转化分析可以获得软件的初始模块结构图,利用结构化设计的质量评价标准对初始模块结构图进行优化,最终获得软件的设计。

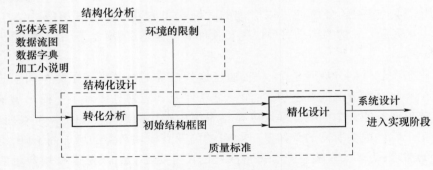

图 4 - 17　结构化分析和设计的关系

4.4.3　结构化设计的标准工具和设计原则

　　任何一个计算机系统都具有"过程"和"层次"两个特征。过程是指处理动作的次序,层次是指这个系统中各个组成部分的管辖范围和它们间的调用与被调用关系。对于一个复杂的大系统,结构化设计时先考虑它的层次特征,把系统

分解成若干个模块,再把这些模块组织成自顶向下扩展的、具有层次结构的系统,然后指出模块的执行次序。

1. 图形工具

在结构化设计中,结构图是一项重要的图形工具,描述了系统由哪些模块组成,表示了模块间的调用关系。每个模块的模块说明书指出每个模块的输入、输出及这个模块"做什么"。结构图是结构化设计中一个重要的结果,是结构化设计的核心部分。作为结构化设计的重要工具,结构图使用了流程图的符号:用矩形代表模块,在矩形中标示模块名;从一个模块到另一个模块的箭头指出了在第一个模块中包含了一个或多个到第二个模块的调用。调用指采用任何机制对模块的引用。在箭头旁标注要传递的参数,如图 4-18 所示,X、Y 包含了从 A 到 B 所传递的数据,Z 是从 B 传回的数据。

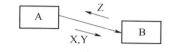

图 4-18　模块 A 调用模块 B

过程间的标注符号用来指明条件调用、循环调用和一次性调用,如图 4-19 所示。结构图最主要的质量特性是模块的聚合和耦合特性。

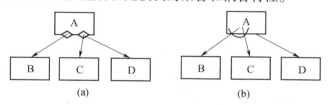

图 4-19　过程间的调用关系
(a)条件调用;(b)重复调用和一次调用。

2. 结构化设计原则

1)高扇入低扇出的设计原则

系统结构的形态是指系统结构所表现出来的形状,用深度、宽度、扇出和扇入 4 个特征来定义,如图 4-20 所示。深度定义为结构图中层次结构的层次,系统的深度能够粗略地描述系统的规模和复杂度。宽度为结构图的宽度。扇出是某一个模块的直接子模块的个数。扇入指共享该模块的上级模块的数目。

一般认为,扇出的域值大约为 6 或 7。若过高,执行模块会太复杂,因为它的控制和逻辑关系需要管理过多的子模块,从而导致整个系统的模块化性能降低。出现这种情况通常是由于缺乏中间层次,所以,应适当增加中间层次的控制模块。通过对系统形态的研究,我们发现大多数设计得好的系统的形态都有一个重要的特征,即高层模块有较大的扇出,底层模块有较大的扇入。

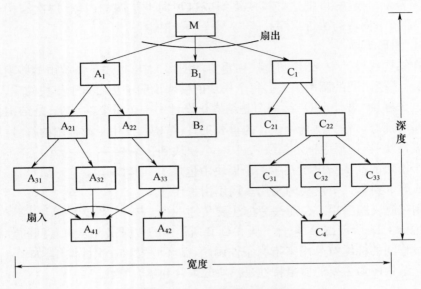

图 4-20　系统结构图的形态

2）影响范围保持在控制范围之内的设计原则

系统中某一层上模块中的判定或者条件语句在系统中会产生多种后果,根据该判定的结果去执行或不执行其他层的某个处理或数据,即该处理"条件依赖"于某个判定。为此,我们要讨论判定对模块的影响。

判定的影响范围是指所有"条件依赖"于该判定的处理所在的全部模块。即使一个模块的全部处理中只有一小部分为这个判定所影响,整个模块就认作在影响范围中。一个模块的"控制范围"是指模块本身和它的全体子模块。控制范围与模块功能及结构参数无关。

有关控制范围和影响范围的设计原则是:对于任何判定,影响范围应该是这个判定所在模块的控制范围的一个子集。可以通过把判定点在结构中上下移动,达到该设计原则。因为模块一定通过某个数据或参数来影响范围内的模块,如果该模块不在控制范围内,则参数的传递路径会变得很长,增加了模块间的耦合度,不利于发展良好的系统结构。图 4-21 为控制范围和影响范围的设计示例。

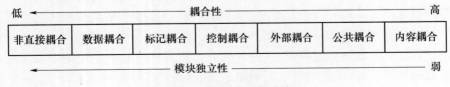

图 4-21　耦合度的分类

3）模块间的耦合性最低的设计原则

耦合度是模块间联系强弱的变量,紧耦合表明模块间的连接强,松耦合表明模块间的连接弱,无耦合表明模块互相独立。结构化设计的目标是努力实现松耦合系统,即在开发(或调试、或维护)系统中的任何一个模块时,无需太多地去了解系统中的其他模块。

模块间存在着不同方式的联系,耦合度从低到高为直接地控制和调用、通过参数传递间接地交换输入/输出信息实现一个模块对另一个模块的访问、公共数据以及模块间的直接引用等,具体耦合类型进一步划分为非直接耦合、数据耦合、标记耦合、控制耦合、外部耦合、公共耦合和内容耦合,如图 4 - 21 所示。

（1）非直接耦合:如果两个模块之间没有直接关系,它们之间的联系完全是通过主模块的控制和调用来实现的,这就是非直接耦合。这种耦合的模块独立性最强。

（2）数据耦合:如果一个模块访问另一个模块时,彼此之间是通过一个数据变量来交换输入/输出信息的,则称这种耦合为数据耦合。数据耦合是松散的耦合,模块之间的独立性比较强。

（3）标记耦合:如果一组模块通过参数表传递记录信息,就是标记耦合。事实上,这组模块共享了某一数据结构的子结构,而不是简单变量。这要求这些模块都必须清楚该数据结构,并按结构要求对信息进行操作。

（4）控制耦合:如果一个模块通过传送开关、标志、名字等控制信息,明显地控制选择另一模块的功能,就是控制耦合。这种耦合的实质是在单一接口上选择多功能模块中的某项功能。因此,对被控制模块的任何修改,都会影响控制模块。另外,控制耦合也意味着控制模块必须知道被控制模块内部的一些逻辑关系,这些都会降低模块的独立性。

（5）外部耦合:一组模块都访问同一全局简单变量而不是同一全局数据结构,而且不是通过参数表传递该全局变量的信息,则称为外部耦合。外部耦合引起的问题类似于公共耦合,区别在于在外部耦合中不存在依赖于一个数据结构内部各项的物理安排。

（6）公共耦合:若一组模块都访问同一个公共数据环境,则它们之间的耦合就称为公共耦合。公共的数据环境可以是全局数据结构、共享的通信区、内存的公共覆盖区等。公共耦合的复杂程度随耦合模块的个数增加而显著增加,只有在模块之间共享的数据很多,且通过参数表传递不方便时,才使用公共耦合。

（7）内容耦合:如果一个模块直接访问另一个模块的内部数据;或者一个模块不通过正常入口转到另一模块内部;或者两个模块有一部分程序代码重叠;或者一个模块有多个入口,则两个模块之间就发生了内容耦合。在内容耦合的情形,被访问模块的任何变更,或者用不同的编译器对它再编译,都会造成程序出错。这种耦合是模块独立性最弱的耦合。

实际上,开始时两个模块之间的耦合不只是一种类型,而是多种类型的混合。这就要求设计人员进行分析、比较,逐步加以改进,以提高模块的独立性。

模块之间的连接越紧密,联系越多,耦合性就越高,而其模块独立性就越弱。一个模块内部各个元素之间的联系越紧密,则它的内聚性就越高,相对地,它与其他模块之间的耦合性就会减低,而模块独立性就越强。因此,模块独立性比较强的模块应是高内聚低耦合的模块。

4)模块的内聚性最高的设计原则

聚合度是模块所执行任务的整体统一性的度量。与耦合度相对应,聚合度是指一个模块本身内部的问题。每个模块的聚合度是模块独立(模块内部单元之间的紧密约束和相关的)程度。在一个理想的软件系统中,每一个模块执行一个单一明确的任务,但实际上,一个模块可能完成一些结合在一起的任务,或几个模块一起完成一个或一组任务。这就涉及功能相关性。

模块聚合度可以看作是模块中处理单元之间的粘合度,代表了一个设计者对所得到的系统和原始问题结构的基本处理原则。聚合和耦合是密切相关的。在一个系统中,单个模块的聚合度越高,模块间的耦合度就越低。聚合和耦合都是结构化设计中的重要工具,而在二者之中,从广泛实践中产生的聚合度的概念显得更加重要。聚合度的概念来源于早期的功能相关。

根据不同的模块联系,将聚合情况分成偶然性、逻辑性、时间性、过程性、通信性、顺序性和功能性七类,如图4-22所示。

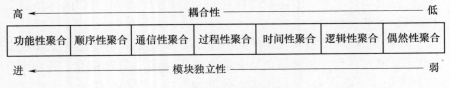

图4-22 聚合度的分类

(1)偶然性聚合:设计者随意决定把无关系的任务组合在一起,构成一个集合。通常这个集合没有任何意义。这种模块不易取名,模块含义不易理解,难以测试,而且不易修改。因此,在空间不十分紧张时,应尽量避免。

(2)逻辑性聚合:把逻辑上相似的功能结合到一个模块中,要尽量避免。这样做的问题是增加了开关量,使编程变得复杂,为了传递开关量,会造成高耦合;不易修改,对于功能的变化、修改程序的重叠部分,可能会造成其他部分发生错误;不易理解,因为当存在大量重叠时,很难区分哪一部分重叠属于哪一功能;效率低,因为每次只执行一部分程序。

（3）时间性聚合:在某一时间同时执行的任务放在同一模块中。这种聚合不是功能性的,但比逻辑性聚合要强,实现简单。例如:初始化模块和终止模块。初始化模块为所有变量赋初值;对所有介质上的文件置初态;初始化寄存器和栈等。要求在程序开始执行时,模块中的所有功能全部执行一遍。

（4）过程性聚合:使用流程图作为工具设计程序时,常常通过流程图来确定模块划分,模块内的各处理单元相关,按特定次序执行,即为过程性内聚模块。

（5）通信性聚合:如果一个模块内各功能部分都使用了相同的输入数据,或产生了相同的输出数据,则称为通信内聚模块。

（6）顺序性聚合:顺序性聚合是指模块的各成分利用相同的输入或产生相同的输出。

（7）功能性聚合:功能性聚合把为完成一个确定任务所需的全部功能组合在一起。或者说,一个模块中各个部分都是完成某一具体功能必不可少的组成部分。功能性聚合是最高的聚合。

高聚合的模块的好处是一个模块只执行少量相关任务时,便于查找错误、减少复杂性、简化设计编码;任务专一、维护方便;有利于模块的重复使用。

结构化设计方法的目标是使耦合度最弱,内聚度最高。内聚度和耦合度是同一事件的两个方面,程序中各组成成分间是有联系的,如果将密切相关的成分分散在各个模块中,就会造成很强的耦合度;反之,如果将密切相关的一些成分组织在同一模块中,使内聚度高了,则耦合度势必就弱了。

4.4.4　结构化设计的设计策略

结构化设计方法中有两个面向数据流的设计策略:以事务为中心（也称事务处理）的设计策略和以变换为中心（变换分析）的设计策略。通过这两项策略,系统设计员将数据流图转换成模块结构图,也可将复杂的系统加以分解并简化。

在结构化需求分析的基础上,可以采用面向数据流的设计方法对系统的软件体系结构进行设计,把分析阶段获得的数据流图转换成软件结构的设计,一般分为以下 5 个步骤,如图 4 - 23 所示。

步骤 1:分析数据流图。对系统进行结构化分析,用一组分层的数据流图来表示系统划分的功能、数据流和对数据流所做的处理。从软件的需求规格说明中弄清数据流加工的过程。

步骤 2:确定数据流图（DFD）的特点及边界。

步骤 3:将 DFD 映射为软件结构,得到两层结构图,标明接口控制信息及主

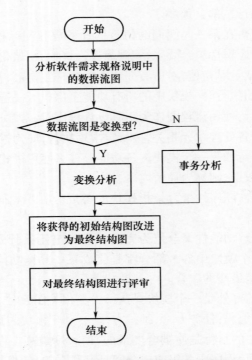

图 4-23　从数据流程图过渡到软件结构图

要数据流。有变换分析和事务分析 2 个设计影射策略,它们提供了 2 个不同的两层结构图,用来为每种策略开发一个分层设计和转换过程。

步骤 4:进一步分解细化,定义控制的层次,得到初始结构图。一般原则是顶层模块负责控制处理服务,实际工作少;每个下层模块较少执行控制功能,较多做具体处理工作。

步骤 5:获得最终的软件结构图。按软件设计的质量标准来改进结构,得到最终的软件结构图。对最终软件结构图进行评审。

对设计的软件结构质量的评价主要采用耦合性度量和聚合性度量 2 种设计度量技术。高质量的程序设计要求模块之间的耦合性尽可能松散,以提高程序的可扩展性和可维护性,减少错误的发生。与耦合性相反,程序设计要求模块内部的关联程度高,即聚合性越强,设计质量越好。必要时,还可考虑结构的形态等问题。

在进行软件结构设计时,依据数据流在数据流图中的作用不同,分为变换型和事务型两种类型的数据流,通过采用不同的数据流分析方法,即变换分析和事务分析来获得系统的软件结构。

1. 变换分析

变换分析的主要思想是进行系统的数据处理,变换型数据流图如图 4 − 24 所示。变换型的软件结构设计过程如下:

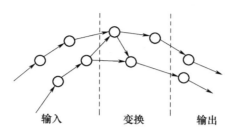

图 4 − 24 变换数据流

首先找出变换中心及逻辑输入/输出。变换中心描述系统的主要功能、特征,其特点是输入/出数据流较多,变换中心可以不止一个;逻辑输入/输出是指输入/输出变换中心的数据流,输入流是将物理输入转换为逻辑输入的数据流,输出流是将逻辑输出转换为物理输出的数据流,如图 4 − 25 所示。

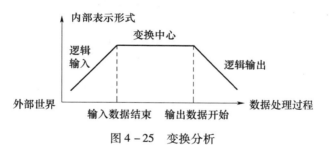

图 4 − 25 变换分析

其次,设计软件结构的顶层。为每个输入设计一个输入模块,为每个输出设计一个输出模块,同时为变换中心设计一个处理模块,如图 4 − 26 所示。

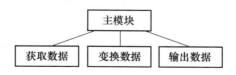

图 4 − 26 变换型的系统结构图

最后,采用自顶向下、逐步细化的方法,设计中下层模块,即设计上层各个模块的从属模块,设计的顺序一般是从输入模块的下层开始设计,如图 4 − 27 所示。得到软件结构图后,本着高内聚、低耦合的原则对该结构图进行修改。

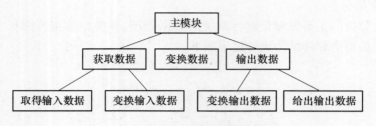

图 4 - 27　变换型系统软件结构图

2. 事务分析

当信息流具有明显的"发射中心"时,可归结为事务流,如图 4 - 28 所示,其中 T 为事务处理中心,它根据传入的数据进行判断,决定开始进行一项或几项活动,或活动序列。

在许多软件应用中,一个单个数据项触发一条或多条信息流,每条信息流代表一个由数据项的内容蕴含的功能,这个数据项称为事务。事务流的特征是数据沿某输入路径流动,该路径将外部信息转换成事务,判定事务的价值,启动某一个数据流。事务分析主要用于设计事务处理程序。

事物型的软件结构设计过程如下:

首先,要识别、接受传入数据,确定事务流的边界。先从 DFD 中找出事务流、事务处理中心和事务路径。事务中心前是接收事务、事务中心后是事务路径。分析每个事务,确定类型;根据事务类型,选择应执行的活动;

其次,把数据流图映射到事务处理的两层结构上,如图 4 - 29 所示。从 DFD 中导出具有接收和分类处理分支的软件结构,设计一个事务处理的顶层模块和下属的若干事务模块。其中,事务中心设计为"事务控制"、事务流设计为"接收事务"、事务路径设计为"处理事务"。

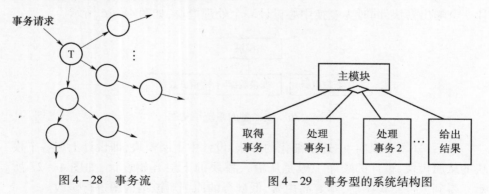

图 4 - 28　事务流　　　　　　　　图 4 - 29　事务型的系统结构图

最后,细化该事务结构和每条动作路径的结构。对于接收分支,采用变换流设计方法设计中下层;对于处理分支,在处理模块下设计每条事务路径的结构。事务处理程序的结构图由一个事务处理的顶层模块和下属的若干事务模块组成,如图 4 – 30 所示的 2 种形式的结构图。

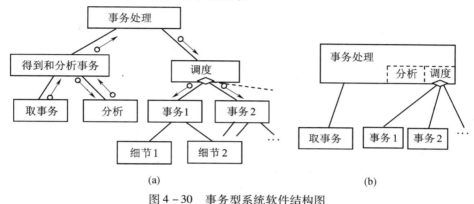

图 4 – 30　事务型系统软件结构图

事务分析中要注意的问题:

集中与分散。在事务处理中,事务不仅与输入数据有关,而且与一系列判定过程的结果有关时,还会与判断的结果和判断过程的状态有关。如果把事务的控制集中起来,则调度模块将涉及一切控制的细节。因此,常分散成若干级,存在若干事务中心,即系统成为分布式,如图 4 – 31 所示。

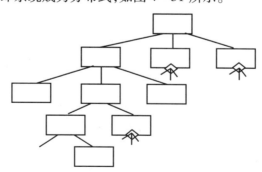

图 4 – 31　分布式事务处理系统

语法与语义。事务分析的标准形态可看成由问题的语法和语义两部分组成,语法部分为取数据及分析,将外部形式转化为内部形式。语义部分为协调部分,或看成具体实现。

事务中心在不同层次上的影响。事务中心的位置,就是作决策的位置。将事务中心放在顶层模块,意味着在最高点作判断,从影响范围/控制范围观点看,并不合适。事务中心放在低层:在作决策时,能精确地了解下属信息而作决定,即设计者让系统把用户引导入一系列会话,最终完成其要求。

变换分析是软件系统结构设计的主要方法。因为大部分软件系统都可以应用变换分析进行设计。但在很多情况下,仅使用变换分析还不够,需要其他方法作为补充。事务分析就是最重要的一种方法。

一般,一个大型的软件系统是变换型结构和事务型结构的混合结构。通常,我们用变换分析为主、事务分析为辅的方式进行软件结构设计。首先,利用变换设计,将 DFD 划分为输入、变换和输出三大部分;其次,设计软件结构的上层模块,即主模块,及其下层输入模块、变换模块和输出模块;最后,根据输入、变换和输出 DFD 的不同特征设计它们的下层模块。

4.4.6 结构化设计实例

实例:图书馆的预订图书子系统有如下功能:

(1) 由供书部门提供书目给订购组;

(2) 订书组从各单位取得要订的书目;

(3) 根据供书目录和订书书目产生订书文档留底;

(4) 将订书信息(包括数目、数量等)反馈给供书单位;

(5) 将未订书目通知订书者;

(6) 对于重复订购的书目由系统自动检查,并把结果反馈给订书者。

试根据要求画出该问题的数据流程图,并把其转换为软件结构图。

依据题意,画出系统的数据流图及软件结构图如图 4 - 32 所示。

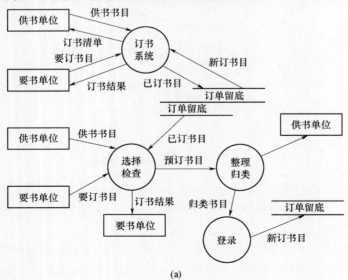

(a)

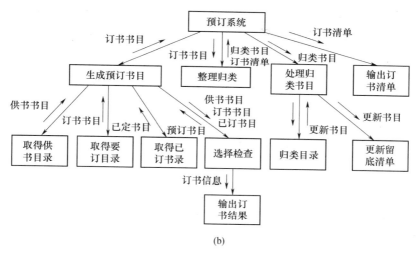

(b)

图 4 - 32 预订图书子系统数据流图和软件结构图

（a）数据流图；（b）软件结构图。

4.5 Jackson 软件开发方法

4.5.1 概述

结构化软件设计方法是以模块化和功能分解为基础的一种面向数据流的软件开发方法,而面向数据结构的软件设计方法则是将问题的数据结构转换为程序结构的软件开发方法,它着重于问题的数据结构,不强调模块定义。数据是软件的重要组成部分。在许多应用领域中,问题的结构层次非常清楚,输入数据、输出数据和内部存储信息的数据结构都有一定的结构关系,面向数据结构的分析和设计方法就是利用这些结构作为软件开发的基础。

在 20 世纪 70 年代早期,由英国 M. Jackson 提出了面向数据结构的软件开发方法,简称 JSP(Jackson Structured Programming)。Jackson 软件开发方法是一种面向数据结构的设计方法,是建立在数据结构的基础上的一种构造性方法,根据输入输出数据的结构,建立程序结构的对应关系。其基本思想是先建立输入/输出的数据结构,再将其转换为软件结构。Jackson 方法把问题分解为可由 3 种基本结构形式表示的各部分的层次结构。3 种基本的结构形式是顺序结构、选择结构和重复结构。3 种数据结构可以进行组合,形成复杂的体系结构。这一方法从目标系统的输入、输出数据结构入手,导出程序框架结构,再补充其他细节,就可得到完整的程序结构图。这种方法适用于数据处理类问题,对输入、输出数据结构明确的中小型系统特别有效。该方法也可与其他方法结合,用于模块的详细设计。

4.5.2 Jackson 方法的相关概念

Jackson 方法的某些基本思想同结构化分析方法是一致的,如模块化、逐步细化、程序结构要考虑与问题结构相对应等。但 Jackson 方法不是建立在数据流图的基础上,而是在数据结构的基础上建立程序结构。

1. 数据结构图

Jackson 方法主张程序结构与问题结构相对应,对一般数据处理系统,问题的结构可用它所处理的数据结构来表示。大多数系统处理的是具有层次结构的数据,如文件、记录、数据项等,Jackson 方法以此为基础,相应地建立模块的层次结构,如文件处理模块、记录处理模块、数据项处理模块。

在一般数据处理系统中,数据结构有顺序、重复和选择 3 种类型,为了表示系统的数据结构,Jackson 引入了如图 4-33 所示的数据结构图。

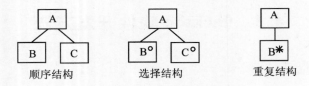

图 4-33　3 种数据结构类型

其中,顺序结构的数据元素按照确定的次序依次出现一次;选择结构的数据元素依据满足的条件选择其中的一个数据元素;重复结构的数据元素可以出现多次。

2. 过程结构图

JSP 用过程结构框图(Process Structure Diagram, PSD)的组合来表达系统结构。PSD 是一种从左到右阅读的树状层次结构图,其中包含有顺序、选择、重复和空成分等 4 种成分类型。

顺序成分由一个或多个从左到右的成分组成。选择成分必须包含 2 个或多个成分,且只能选取一个;条件逻辑必须包含在父成分 D 中。重复成分仅由一个成分构成,重复可以进行一次或多次;条件逻辑必须包含在父成分 D 中。空成分用一个矩形中的连字符表示,用于选择中一个成分为"空操作"的选项,表示模型中的一个事件不会发生,如图 4-34 所示。

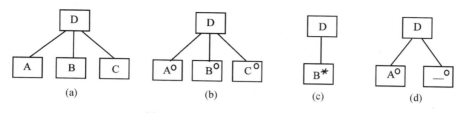

图 4 - 34　PSD 中的 4 种成分类型

（a）顺序成分；（b）选择成分；（c）重复成分；（d）空成分。

3. 结构文本

在 JSP 中，采用结构文本来实现过程结构到逻辑描述的转换。结构文本完全与 PSD 相对应，有顺序、选择和重复等 3 种标准形式，其结构文本如图 4 - 35 所示。

顺序结构文本	选择结构文本	重复结构文本
D Seq	D Select	D Iter
A;	Alt A;	A;
B;	Alt B;	D END
C;	Alt C;	
D END	D END	

图 4 - 35　结构文本的形式

4.5.3　Jackson 方法的步骤

在程序设计中，问题的数据结构通常和程序结构有密切联系。JSP 方法利用这个关系，首先对问题所用的输入/输出数据进行分析，找出问题的数据结构图，然后再把数据结构图合成程序结构图，最后，将程序结构图转换成结构文本。

JSP 方法可以归纳为以下几个步骤：

步骤 1：通过对系统的分析，采用图形来描述系统的业务流程，要包括系统中的所有数据流和处理数据流的程序。其中，圆圈表示数据流，方块表示程序。

步骤 2：通过对数据的分析，画出数据结构图。要对程序中的每个输入/输出数据流进行描述。

步骤 3：获取程序结构。尝试把与某个程序有关的几个数据结构合并成一个单一的程序结构图。先确定对应关系，各数据结构中相应的单元要在程序结构图中形成一个单一的单元。采用下述 3 条规则从描述数据结构的 Jackson 图导出描述程序结构的 Jackson 图。

第一，为每对有对应关系的数据单元，按照它们在数据结构图中的层次在程序结构图的相应层次画一个处理框(注意,若这对数据单元在输入数据结构和输出数据结构中所处的层次不同,则和它们对应的处理框在程序结构图中所处的层次与它们之中在数据结构图中层次低的那个对应)。

第二,根据输入数据结构中剩余的每个数据单元所处的层次,在程序结构图中的相应层次分别为它们画上对应的处理框。

第三,根据输出数据结构中剩余的每个数据单元所处的层次,在程序结构图中的相应层次分别为它们画上对应的处理框。

步骤4:列出并分配操作,列出产生输出的基本操作。先从输出操作开始,再回到输入操作,然后加入必须的与条件有关的操作,最后,把每个操作都分配到程序结构中去。

步骤5:文本阶段。把带有操作的程序结构图转换成结构文本,同时加入选择及迭代条件。

步骤6:实现。通过采用高级语言编程把结构文本变换为程序代码。

该方法在设计比较简单的数据处理系统时特别方便。一般问题中,数据结构可能不止一个,为了构造程序结构,需在数据结构中找出充分的对应性,但有时对应性很难找到,有时即使找到一些也不足以构造出程序结构,即当设计比较复杂的程序时常常遇到输入数据可能有错、条件不能预先测试、数据结构冲突等问题。为了克服上述困难,把该方法用到更广阔的领域,需要采用一系列比较复杂的辅助技术。

实例:在期刊论文信息检索中,为了统计期刊数据库中某个领域或某个关键字的论文总数,要求采用面向数据结构的Jackson程序设计方法设计论文数量统计系统。

期刊信息包括期刊数据库和论文数据库。期刊数据库中存放所有类型期刊的总体信息,论文数据库存放该期刊发表的所有论文信息。期刊数据库与论文数据库的关系是一对多的关系,每一种期刊对应一个论文数据库。期刊数据库的结构:刊号、类别、发行代号、刊名、编者、出版地、创刊日期、定价。论文库数据的结构:论文题目、作者、发表日期、关键词、内容摘要、期号。

按Jackson方法,首先考虑数据结构。依据要统计的内容形成一个汇总文件,该文件要存放对期刊数据库中的每类期刊的每期期刊满足要求的论文数,得到描述汇总文件数据结构的Jacksaon结构图,见图4-36(a)。然后,依据数据结构图,为数据结构中的每一个数据单元对应地设计出系统的程序结构单元,形成程序结构,见图4-36(b)。

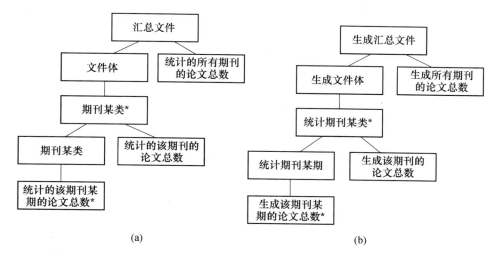

(a)　　　　　　　　　　　　　　　　　　(b)

图 4 – 36　论文数量统计的数据结构和程序结构

4.6　过　程　设　计

过程（Procedure）设计应该在数据、体系结构和接口设计完成之后进行。过程设计也称详细设计或程序设计，要决定体系结构设计中各个模块的实现算法，并精确地表达这些算法。详细设计的工具分为图形工具、表格工具以及语言工具3类。图形工具用图形方式描述过程的细节，如程序流程图、盒状图以及 PAD 图（Program Analysis Diagram）等；表格工具用表格来表达过程的细节，如判定表和判定树用于表示复杂的条件组合与应做动作之间的对应关系；语言工具用伪码（或称为类高级语言）描述过程细节，如 PDL（Program Design Language），又称 Pseudocode。下面介绍几种描述过程细节的工具。

1. 程序流程图

程序流程图也称为程序框图，是软件开发者最熟悉的一种算法表达工具。流程图画起来很简单，方框表示处理步骤，菱形表示逻辑条件，箭头表示控制流。图 4 – 37 表示了顺序、重复和条件 3 种结构化构成元素。

其中顺序结构由两个表示处理的方框以及连接两者的控制线表示；重复结构可由两种略有不同的结构表示，Do-while 结构首先测试条件，然后重复执行循环任务，只要测试条件为真就不停止，Repeat-until 结构首先执行循环任务，然后再测试条件，只要不满足测试条件就不停止。条件结构也称为 if-then-else 结构，由一个菱形表示，如果值为真则进行 then 部分，如果值为假则进行 else 部分；图

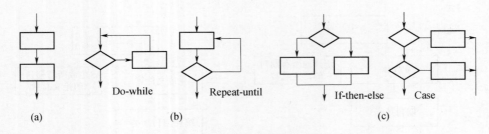

图 4 - 37　流程图构成元素

（a）顺序；（b）重复；（c）选择。

中的选择结构（也称为 Select-case 结构）实际上是 If-then-else 的扩展，参数被连续地测试，直到有一次测试为真，其对应的处理步骤将被执行。

　　结构化的构成元素可以相互嵌套。任何复杂的程序流程图应由这几种基本控制结构组合或嵌套而成。图 4 - 38 为标准程序流程图的规定符号。

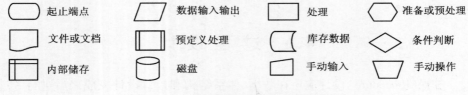

图 4 - 38　标准程序流程图的规定符号

2. N - S 图（又叫盒状图 Box Diagram）

　　N - S 图是另一种图形化设计工具，它的目标是开发一种不破坏结构化构成元素的过程设计表示。盒状图由 Nassi 和 Shneiderman 开发，Chapin 对其进行了扩展，因此，盒状图又称为 Nassi-Shneiderman 图，或 N - S 图，或 Chapin 图。

　　盒状图有以下特征：功能域（即重复和 If-then-else 的作用域）定义明确、表示清晰；不允许随意的控制流；局部和全局数据的作用域很容易确定；表示递归很方便。使用盒状图的结构化框架的图形表示见图 4 - 39。

图 4 - 39　盒状图构成元素

108

盒状图的最基本的成份是方盒:两个方盒上下相连表示顺序;条件盒加上 then 部分的方盒和 else 部分的方盒表示 If-then-else 结构;表示选择的盒状图如图 4-39 中的 Case 选择图所示;用边界部分将处理过程包围起来表示重复(Do-while 和 Repeat-until)。和流程图一样,盒状图也可以画成分层结构,以表示模块的精化,对子模块的调用可以表示为一个方盒,并将模块名写在一个椭圆中。

盒状图的特点:

(1)没有箭头,不允许随意转移控制;

(2)每个矩形框(Case 中条件取值例外)都是一个功能域(即一个特定结构的作用域),结构表示明确;

(3)局部及全程数据的作用域易见;

(4)易表现嵌套关系(Embedded Structure)以及模块的层次结构。

3. PAD(Problem Analysis Diagram)

PAD 图形工具由日立公司在 1973 年提出,采用如图 4-40 所示的符号表示算法的顺序结构、选择结构和重复结构。

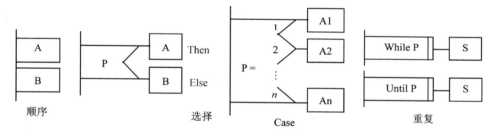

图 4-40　PAD 构成元素

PAD 的特点:

(1)结构清晰,层次分明,易读;

(2)支持自顶向下、逐步求精的设计思想;

(3)容易将 PAD 自动转换为高级语言源程序。

4. 判定表

在许多软件应用中,模块需要对复杂的组合条件求值,并根据该值选择要执行的动作。判定表可以将对处理过程的描述翻译成表格,该表很难被误解,并且可以被计算机识别。

判定表的组织分为 4 个部分,左上部列出了所有的条件;左下部列出了所有可能的动作;右半部构成了一个矩阵,表示条件的组合以及特定条件组合对应的动作,因此矩阵的每一列可以解释成一条处理规则。下面是开发判定表的步骤:

步骤 1:列出与特定过程(或模块)相关的所有动作;

步骤 2:列出执行该过程时的所有条件(或决策);

步骤 3:将特定的条件组合与特定的动作相关联,消除不可能的条件组合;或者找出所有可能的条件排列;

步骤 4:定义规则,指出一组条件应对应哪个或哪些动作。

5. PDL(Program Design Language)

程序设计语言(PDL)也称为结构化的英语或伪码,它是一种混合语言,采用一种语言的词汇(即英语)和另一种语言的语法(即一种结构化程序设计语言)。PDL 看起来像现代的编程语言,其区别在于 PDL 允许在自身的语句间嵌入叙述性文字(如英语),由于在有语法含义的结构中嵌入了叙述性文字,PDL 不能被编译,但 PDL 处理程序可以将 PDL 翻译成图形表示,并生成嵌套图、设计操作索引、交叉引用表以及其他一些信息。

程序设计语言可以由编程语言(例如 Ada 或 C)变换得来,也可以是专门买来用于过程设计的产品。无论怎样得来,设计语言必须有以下特征:有为结构化构成元素、数据声明和模块化特征提供的固定的关键词语法;是自由的自然语言语法,能用以描述处理特性;数据声明机制应既可以说明简单数据结构(如标量和数组),也可以声明复杂数据结构(如链表和树);支持各种接口描述的子程序定义和调用技术。

目前,常用一种高级编程语言作为 PDL 的基础,例如,Ada-PDL 是 Ada 程序员们常用的设计工具,其中 Ada 语言的结构和格式与英语叙述混合构成了这种设计语言。基本的 PDL 语法应包括子程序定义、接口描述和数据声明,以及针对块结构、条件结构、重复结构和 I/O 结构的技术。程序设计语言(PDL)应具备以下特点:

(1)有固定的外语法(keyword);

(2)内语法用自然语言描述;

(3)有数据说明;

(4)有子程序定义与调用机制。

PDL 的优点是易于实现由 PDL 到源代码的自动转换,但是,这种表达方式不够直观。

4.7 设计说明书

4.7.1 设计说明书格式

设计说明书分为总体设计说明书和详细设计说明书。总体设计说明书主要说明系统的结构设计,是详细设计的基础。详细设计说明书主要说明系统结构中的每个模块的过程设计。设计说明书的格式如表4-1、表4-2所列。

表4-1 概要设计说明书(ISO标准)

1. 引言
  1.1 编写目的
    [说明编写这份概要设计说明书的目的,指出预期的读者。]
  1.2 背景
    a. [待开发软件系统的名称;]
    b. [列出本项目的任务提出者、开发者、用户。]
  1.3 定义
    [列出本文件中用到的专门术语的定义和外文首字母组词的原词组。]
  1.4 参考资料
    [列出有关的参考资料。]
2. 总体设计
  2.1 需求规定
    [说明对本系统的主要的输入输出项目、处理的功能性能要求。包括:]
    2.1.1 系统功能
    2.1.2 系统性能
      2.1.2.1 精度
      2.1.2.2 时间特性要求
      2.1.2.3 可靠性
      2.1.2.4 灵活性
    2.1.3 输入输出要求
    2.1.4 数据管理能力要求
    2.1.5 故障处理要求
    2.1.6 其他专门要求
  2.2 运行环境
    [简要地说明对本系统的运行环境的规定。]
    2.2.1 设备
    [列出运行该软件所需要的硬设备。说明其中的新型设备及其专门功能。]
    2.2.2 支持软件
    [列出支持软件,包括要用到的操作系统、编译(或汇编)程序、测试支持软件等。]
    2.2.3 接口
    [说明该系统同其他系统之间的接口、数据通信协议等。]
    2.2.4 控制
    [说明控制该系统的运行的方法和控制信号,并说明这些控制信号的来源。]
  2.3 基本设计概念和处理流程
    [说明本系统的基本设计概念和处理流程,尽量使用图表的形式。]

(续)

2.4 结构

[给出系统结构总体框图(包括软件、硬件结构框图),说明本系统的各模块的划分,扼要说明每个系统模块的标识符和功能,分层次地给出各模块之间的控制与被控制关系。]

2.5 功能需求与系统模块的关系

[本条用一张矩阵图说明各项功能需求的实现同各模块的分配关系。]

	[系统模块1]	[系统模块2]	[……]	[系统模块 m]
[功能需求1]	√			
[功能需求2]		√		
[⋮]				
[功能需求 n]		√		√

2.6 人工处理过程

[说明在本系统的工作过程中不得不包含的人工处理过程。]

2.7 尚未解决的问题

[说明在概要设计过程中尚未解决而设计者认为在系统完成之前必须解决的各个问题。]

3. 接口设计

3.1 用户接口

[说明将向用户提供的命令和它们的语法结构,以及相应的回答信息。]

[说明提供给用户操作的硬件控制面板的定义。]

3.2 外部接口

[说明本系统同外界的所有接口的安排包括软件与硬件之间的接口、本系统与各支持系统之间的接口关系。]

3.3 内部接口

[说明本系统之内的各个系统元素之间的接口的安排。]

4. 运行设计

4.1 运行模块组合

[说明对系统施加不同的外界运行控制时所引起的各种不同的运行模块组合,说明每种运行所历经的内部模块的支持软件。]

4.2 运行控制

[说明每一种外界的运行控制的方式方法和操作步骤。]

4.3 运行时间

[说明每种运行模块组合将占用各种资源的时间。]

5. 系统数据结构设计

[不涉及软件设计可不包含:]

5.1 逻辑结构设计要点

[给出本系统内软件所使用的每个数据结构的名称、标识符以及它们之中每个数据项、记录、文卷和系的标识、定义、长度及它们之间的层次的或表格的相互关系。]

（续）

5.2　物理结构设计要点

[给出本系统内软件所使用的每个数据结构中的每个数据项的存储要求、访问方法、存取单位、存取的物理关系、设计考虑和保密条件。]

5.3　数据结构与程序的关系

[说明各个数据结构与访问这些数据结构的各个程序之间的对应关系。]

	［程序 1］	［程序 2］	［……］	［程序 m］
［数据结构 1］	√			
［数据结构 2］	√	√		
⋮				
［数据结构 n］		√		√

6. 系统出错处理设计

6.1　出错信息

[用一览表的方式说明每种可能的出错或故障情况出现时,系统输出信息的形式、含意及处理方法。]

6.2　补救措施

[说明故障出现后可能采取的变通措施。包括:]

a. 后备技术 [说明准备采用的后备技术,当原始系统数据万一丢失时启用的副本的建立和启动的技术,例如周期性地把磁盘信息记录到磁带上去就是对于磁盘媒体的一种后备技术。]

b. 降效技术 [说明准备采用的后备技术,使用另一个效率稍低的系统或方法来求得所需结果的某些部分,例如一个自动系统的降效技术可以是手工操作和数据的人工记录。]

c. 恢复及再启动技术 [说明将使用的恢复再启动技术,使软件从故障点恢复执行或使软件从头开始重新运行的方法。]

6.3　系统维护设计

[说明为了系统维护的方便而在程序内部设计中做出的安排,包括在程序中专门安排用于系统的检查与维护的检测点和专用模块。]

表 4-2　详细设计说明书(ISO 标准)

1. 引言

1.1　编写目的

[说明编写这份详细设计说明书的目的,指出预期的读者。]

1.2　背景

a. [待开发系统的名称;]

b. [列出本项目的任务提出者、开发者、用户。]

1.3　定义

[列出本文件中用到的专门术语的定义和外文首字母组词的原词组。]

（续）

1.4　参考资料

　　［列出有关的参考资料。］

2. 系统的结构

　　［给出系统的结构框图,包括软件结构、硬件结构框图。用一系列图表列出系统内的每个模块的名称、标识符和它们之间的层次结构关系。］

3. 模块1(标识符)设计说明

　　［从本章开始,逐个地给出各个层次中的每个模块的设计考虑。以下给出的提纲是针对一般情况的。对于一个具体的模块,尤其是层次比较低的模块或子程序,其很多条目的内容往往与它所隶属的上一层模块的对应条目的内容相同,在这种情况下,只要简单地说明这一点即可。］

3.1　模块描述

　　［给出对该基本模块的简要描述,主要说明安排设计本模块的目的意义,并且还要说明本模块的特点。］

3.2　功能

　　［说明该基本模块应具有的功能。］

3.3　性能

　　［说明对该模块的全部性能要求。］

3.4　输入项

　　［给出对每一个输入项的特性。］

3.5　输出项

　　［给出对每一个输出项的特性。］

3.6　设计方法(算法)

　　［对于软件设计,应详细说明本程序所选取用的算法、具体的计算公式及计算步骤。］

　　［对于硬件设计,应详细说明本模块的设计原理、元器件的选取、各元器件的逻辑关系、所需要的各种协议等。］

3.7　流程逻辑

　　［用图表辅以必要的说明来表示本模块的逻辑流程。］

3.8　接口

　　［说明本模块与其他相关模块间的逻辑连接方式,说明涉及到的参数传递方式。］

3.9　存储分配

　　［根据需要,说明本模块的存储分配。］

3.10　注释设计

　　［说明安排的程序注释。］

3.11　限制条件

　　［说明本模块在运行使用中所受到的限制条件。］

3.12　测试计划

　　［说明对本模块进行单体测试的计划,包括对测试的技术要求、输入数据、预期结果、进度安排、人员职责、设备条件、驱动程序及桩模块等的规定。］

3.13　尚未解决的问题

　　［说明在本模块的设计中尚未解决而设计者认为在系统完成之前应解决的问题。］

4. 模块2(标识符)设计说明

　　［用类似第3条的方式,说明第2个模块乃至第N个模块的设计考虑。］

4.7.2 设计的复审

软件的设计由管理方面的代表、技术开发方面的代表和其他有关人员（如用户、质量保障和软件支持者等）共同进行复审。对设计进行复审的明显好处是可以比较早地发现软件的缺陷，从而可以使每个缺陷在进行编程、测试和交付之前予以纠正，从而显著地降低随后的开发阶段和维护阶段的费用。

设计复审包括正规的审查、非正规的审查和检查3种方式。正规的复审通常是为了评价软件的结构和接口，这种类型的复审的特点在于：设计人员和复审人员都要认真的准备；有相当多的复审者参加，他们对该软件研制项目有不同程度的兴趣；管理方面和技术方面站得高，视野开阔；提供正式的设计文档；由通知到开会的时间间隔至少有两个星期。非正规的复审指的是从临时通知的碰头会到有关同事参加的比较有组织的复审这整个范围而言的，一般由通知到开会的时间间隔只有2天~3天。设计复审的标准包括：

（1）易追溯性：该软件设计包括了软件需求规格说明的所有要求了吗？该软件的每个部件与某个具体的软件要求有关吗？

（2）风险：实现该设计会有很大风险吗？也就是说，没有技术性的突破该设计也能完成吗？

（3）实用性：该软件对软件要求所确定的问题是一种实用的解决办法吗？

（4）易维护性：该设计是否将带来一个便于维护的系统？

（5）质量：该设计具备一个"好"的软件应有的质量特征吗？

（6）接口：外部和内部的接口已经规定得足够明确了吗？

（7）技术清晰度：该设计的表达方式是否使它便于转化成程序？

（8）选择方案：考虑了其他设计方案了吗？采用什么标准来选择最后方案呢？

（9）限制：软件限制是否现实？与要求相符合吗？

（10）某些具体的问题：该软件便于人控制机器吗？便于测试吗？与其他系统部分相适应吗？有足够的文档吗？

4.8 软件体系结构风格及软件体系结构实例

3层体系结构代表了当前存在的大部分电子商务系统的风格，如图4-41所示。

电子商务系统分成3个逻辑层，分别是表示层、业务层和数据层。表示层是

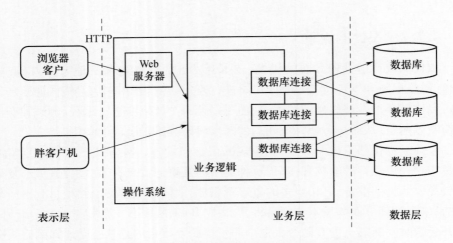

图 4 – 41　基于构件的电子商务系统体系结构风格

用户跟系统打交道的接口,是从业务逻辑中分离出来的,使客户端具有更大的灵活性;业务逻辑层处理所有与数据库的通信;数据层负责数据的存储。这种风格的体系结构有利于系统的演化。

电子商务系统的体系结构风格可以在不同的环境下实现。电子商务系统体系结构风格的 EJB 实现如图 4 – 42 所示。

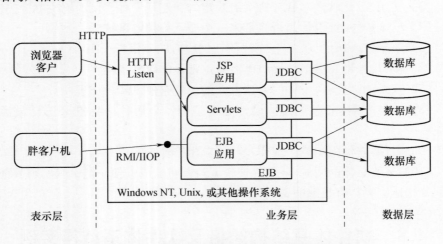

图 4 – 42　电子商务系统体系结构风格的 EJB 实现

图中:表示层为浏览器客户和胖客户,HTTP Listen 担负页面的服务和管理工作,或者是普通应用程序负责与客户的交互;客户通过使用 HTTP 或 RMI/IIOP(Remote Method Invocation:远程方法调用/Internet Inter-ORB Protocol)来存取业务逻辑和数据。EJB(Enterprise Java Bean)是 Sun 公司 J2EE(Java 2 Enterprise)平台的核心技术,是 Java Bean 在服务器端的扩展,为商业应用提供了全面、可重用、可移植、跨平台的快速开发工具。业务层可采用的操作系统包括 Windows NT,Unix,或其他操作系统,具体业务实现可以是 Java Server Pages 应用、Java Servlets 以及 Enterprise JavaBean 应用;JDBC(Java Database Connectivity)提供连接各种关系数据库的统一接口。

电子商务系统体系结构风格的 DCOM 实现如图 4-43 所示。

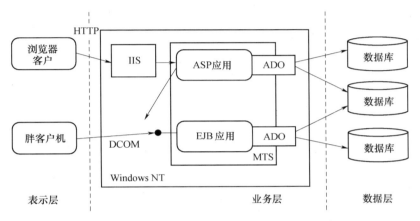

图 4-43　电子商务系统体系结构风格的 DCOM 实现

图中,表示层为浏览器客户和胖客户,IIS(Microsoft Internet Information Server:Internet 信息服务器)担负页面的服务和管理工作,或者是普通应用程序负责与客户的交互;客户通过使用 HTTP 或 DCOM 来存取业务逻辑和数据,COM/DCOM 是微软提出的组件之间进行通信的标准,是使组件彼此交互的一种二进制接口标准。MTS(Microsoft Transaction Server:微软事务处理服务器)是一个分布式事务管理器,为构造分布式应用程序提供了关键的高性能执行环境。MTS 自动创建事务,提供资源支持和管理事务,MTS 屏蔽了低层实现的复杂性,有效地提高了软件的开发效率。业务层只能采用 Windows NT 操作系统,具体业务实现可以是 ASP 应用或 Enterprise JavaBean 应用;ADO(Microsoft ActiveX Data Objects)提供连接各种关系数据库的统一接口。

4.9　本章小结

(1)结构化分析为结构化设计奠定了基础。由数据、功能和行为模型展示的软件需求提供了创建设计模型所需的信息,通过使用某种设计方法,在设计阶段产生了数据设计、体系结构设计、接口设计和过程设计。

（2）软件体系结构是一个程序或系统的构件的组织结构、它们之间的关联关系以及支配系统设计和演变的原则和方针。软件体系结构风格是众多系统中共同的结构和语义特性，为系统级别的软件复用提供了可能。

（3）采用结构化设计方法可以把分析阶段获得的数据流图转换成系统的软件体系结构。

（4）利用 Jackson 方法，通过数据结构来设计软件结构。

（5）在软件体系结构设计的基础上，利用图形工具、表格工具以及语言工具对软件结构中的模块算法进行详细设计。

第五章 面向对象开发方法

5.1 概　　述

1. 结构化方法的局限

结构化方法采用自顶向下、逐步求精的思想,强调系统开发过程的整体性和全局性,在整体优化的前提下来考虑具体的分析设计问题。结构化方法要求严格区分开发阶段,强调按照阶段划分进行系统分析和设计,每一个阶段结束之后都要进行评审,发现问题时及时进行反馈和纠正。这种方法避免了开发过程的混乱状态,是一种目前被广泛采用的系统开发方法。但是,随着时间的推移,这种开发方法的局限性也逐渐显现出来,具体表现在以下几个方面:

(1)结构化方法从功能抽象出发进行模块划分,所划分出的模块千差万别,模块共用的程度不高。

(2)结构化方法在需求分析中对问题域的认识和描述不是以问题域中固有的事物作为基本单位,而是打破了各项事物之间的界限,在全局范围内以数据流为中心进行分析,所以分析结果不能直接反映问题域。同时,当系统较复杂时,很难检验分析的正确性。因此,结构化分析方法容易隐藏一些对问题域的理解偏差,与后继开发阶段的衔接也比较困难。

(3)结构化方法中结构化设计很难与结构化分析对应,因为二者的表示体系不一致。结构化分析的结果用数据流图表示,结构化设计的结果用模块结构图表示,这是是两种不同的表示体系,从分析到设计的"转换"使得设计结果与问题域的本来面貌相差甚远。

(4)结构化方法对需求变化的适应能力比较弱,软件系统结构对功能的变化十分敏感,功能的变化会引起一个加工和它相连的许多数据流的修改,同时设计出的软件难以重用,延缓了开发的过程。

(5)无法适应以控制关系为重要特性的系统要求。在结构化设计方法的设计原则中,好的系统设计要求在不同部件中不能传送控制信息;要把所有的控制信息都集中在高层的模块,以保证影响范围在控制范围之内。这样,模块间的控制作用只能通过上下之间的调用关系来进行。当实际的控制发生的根源来自分散的各个模块时,信息的传递路径很长,效率低,易受干扰,甚至出错。如果允许模块间为进行控制而直接通信,则系统总体结构混乱,难于维护,难于控制,易出错。

结构化开发方法出现上述问题的原因很多,最根本的是瀑布型开发模型和结构化技术的缺点。结构化开发方法采用瀑布模型进行软件开发。瀑布模型要求生命周期各阶段间遵守严格的开发顺序,实际情况是软件开发往往在反复实践中完成。瀑布模型要求预先定义并"冻结"软件需求,实际情况是某些系统的需求需要一个逐渐明确的过程,且预先定义的需求到软件完成时可能已经过时。结构化技术本质上是功能分解,以实现功能的过程为中心,而用户的需求变化主要是针对功能的。这就使基于过程的设计不易被理解,且功能变化往往引起结构变化较大,稳定性不好。采用结构化技术开发的系统具有明确的边界定义,且系统结构依赖于系统边界的定义,这样的系统不易扩充和修改。结构分析技术对处理的分解过程带有任意性,不同的开发人员开发相同的系统时,可能经过分解而得出不同的软件结构。数据与操作分开处理,可能造成软构件对具体应用环境的依赖,可重用性较差。

结构化方法中提高软件的结构化、模块化及可读性等基本思想是完全正确的,但问题空间和解空间结构上的不一致性,使大型软件系统的开发和设计面临诸多困难。为此,应使分析、设计和实现一个系统的方法和过程尽可能地接近我们认识一个系统的方法和过程。为了解决传统开发方法带来的问题,可以采用新的软件开发模型,如快速原型方法、螺旋型方法等,并采用新的软件开发方法学,即面向对象方法学。面向对象方法学的特点是尽可能模拟人类习惯的思维方式,即问题域与求解域在结构上尽可能一致,这是面向对象方法论的出发点和所追求的基本原则。与传统方法相反,面向对象方法学以数据或信息为主线,把数据和处理结合构成对象。这时程序不再是一系列工作在数据上的函数集合,而是相互协作又彼此独立的对象的集合。

2. 面向对象方法的提出

面向对象方法起源于面向对象程序语言(Obiect-Oriented Program Language,OOPL)。面向对象程序语言始于 20 世纪 60 年代后期,第一个 OOPL 是挪威计算中心的 Kristen Nygaard 和 Ole-Johan Dall 于 1967 年研制的 Simula 语言,该语言引入了许多面向对象的概念,如类和继承性等。受 Simula 语言的影响,1972 年,AlanKay 在 Xerox 公司研制成功了 Smaltalk 语言,并对面向对象的一些概念作了更精确的定义。1980 年,Xerox 公司推出的 Smaltalk – 80 语言标志着 OOPL 进入实用化阶段。20 世纪 80 年代,OOPL 得到了极大地发展,相继出现了一大批实用的面向对象语言。

随着软件复杂程度的进一步提高,低耦合、高内聚的要求进一步提高,促进了面向对象开发思想的发展,低耦合、高内聚是获得较好软件质量的要求,但数据耦合是结构化方法无法解决的问题,要么有大量的全局变量;要么是每个函数都有大量的参数,因此,把数据和代码集成封闭在一起,成了一个合理的要求,由此,出现了面向对象的思想。

面向对象分析与设计的实质是一种系统建模技术。在进行系统建模时,把被建模的系统的内容看成是大量的对象。因此,包含在模型中的对象取决于对象模型要代表什么,即要处理问题的范围。这种模型通常很容易理解,因为它直接和现实相关。因此,在需要更贴近现实的计算机应用中,面向对象开发方法有其优越性,如图5-1所示。

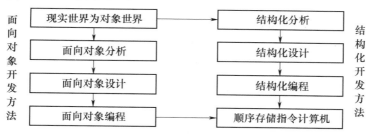

图5-1　面向对象开发方法和结构化开发方法

结构化开发方法的每一步所要解决的关键问题及遵循的准则本质上是软件开发人员从开发软件的立场出发而确定的,并不是从人们认识客观世界的过程和方法出发的。所遵循的是数据结构＋算法的程序设计范式,这都不能直接反映出人类认识问题的过程,也未能反映出人类认识问题的宏观层次。这就导致了用结构化方法开发软件时,功效低、周期长、重用性差。

面向对象方法学认为,客观世界是由许多各种各样的对象所组成的,每种对象都有各自的内部状态和运动规律,不同对象间的相互作用和联系就构成了各种不同的系统,构成了我们所面对的五彩缤纷的世界。面向对象思想的实质不是从功能上或处理的方法上来考虑,而是从系统的组成上进行分解。面向对象方法通过对问题进行自然分割,利用类及对象作为基本构造单元,以更接近人类思维的方式建立问题领域模型,使设计出的软件能直接地描述现实世界,构造出模块化的、可重用的、可维护性好的软件。面向对象方法学所追求的目标是使解决问题的方法空间同客观世界的问题空间结构达到一致,符合人们认识世界的一般规律,减少了SA方法从问题域到解空间的映射误差。

20世纪90年代以后,面向对象分析/面向对象设计(OOA/OOD)方法逐渐走向实用。一些专家按照面向对象的思想,对系统分析和系统设计工作的步骤、方法、图形工具等进行了详细的研究,提出了许多不同的实施方案,比较著名的方法有 Coad/Yourdon 方法、Booch 方法、Rumbaugh 等的 OMT(Object-Modeling Technique)方法等。

3. 结构化开发方法与面向对象开发方法的联系

结构化开发方法将解空间分成了"数据"和"功能"两部分。系统中各模块间的接口是通过数据传递来实现的;而面向对象开发方法将解空间分成各种"对象",系统中各模块间的接口是通过消息传递来实现的。结构化开发方法与面向对象开发方法所对应的程序设计范式"数据结构 + 算法"和"对象 + 消息"只是对现实世界的数据及业务操作的两种不同的组织方式,从"数据结构 + 算法"到"对象 + 消息",只不过是进行数据、业务操作的重组。一般来说,面向对象分析中所形成的所有对象的方法所组成的"方法集"对应于结构化分析中所形成的"算法集",而所形成的所有对象的属性所组成的"属性集"则对应于结构化分析中所形成的"数据结构"。

结构化开发方法中的一个功能与面向对象方法中的几个不同对象中的方法相对应,由这几个不同的方法按照一定的时序逻辑关系及协作方式完成结构化开发方法中的一个功能。结构化开发方法中的"数据结构"重组为面向对象方法中的"属性集",数据被封装在对象中,而结构化开发方法中的模块间的数据接口则重组为各个软件部件之间的消息映射,相互的交互由消息传递来支持。

4. 面向对象模型及过程模型

面向对象系统采用了自底向上的归纳、自顶向下的分解的方法,它通过对对象模型的建立,能够真正建立基于用户的需求,而且系统的可维护性大大改善。面向对象分析和设计模型如图 5 - 2 所示。

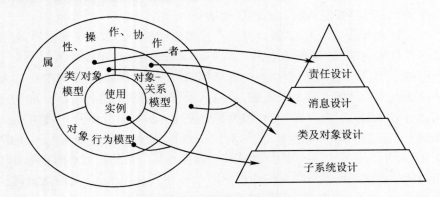

图 5 - 2 面向对象的分析和设计模型

　　面向对象分析方法通过对对象、属性和操作(作为主要的建模成分)的表示来对问题建模。图中,面向对象的分析模型以使用实例为基础,分别建立对象模型、对象—关系模型以及对象—行为模型。面向对象设计把面向对象分析模型转变为软件构造的设计模型。设计模型包括子系统设计、类及对象设计、消息设计和责任设计等4个层次。

　　在第一章,我们讨论了一系列软件工程的不同的过程模型,这些模型都可以适用于面向对象设计技术。由于面向对象系统往往随时间演化,因此,演化过程模型结合构件组装的方法是面向对象软件工程的最好软件开发模型,构件组装过程模型中的构件在面向对象开发过程中是系统定义的对象,如图5-3所示。

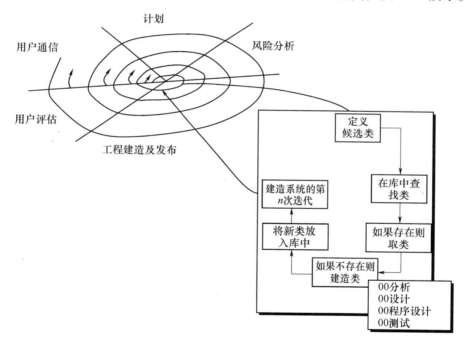

图5-3　面向对象过程模型

　　面向对象过程从用户通信开始,对问题域进行定义并且定义基本的问题类;计划和风险分析阶段建立面向对象项目计划的基础;面向对象软件工程相关的技术工作遵循在阴影方框中显示的迭代路径,面向对象软件工程强调复用,因此,类在被建造前,先在现存的面向对象类库中"查找",当在库中没有找到时,软件工程师应用面向对象分析(OOA)、面向对象设计(OOD)、面向对象程序设计(OOP)和面向对象测试(OOT)来创建类及从类导出对象,新的类然后又被放入库中,使得可以在将来被复用。

123

面向对象的观点要求演化的软件工程方法,要在一次单个迭代中为主要的系统或产品定义出所有必需的类是极端困难的,当面向对象分析和设计模型演化时,对附加类的需要就变得明显化。正因为如此,上面描述的软件开发模型特别适合于面向对象开发。

5.2　面向对象的基本概念

面向对象技术是一个非常实用、有效的软件开发方法。面向对象的基本概念在面向对象方法中占有重要的位置。

1. 对象及其关系

对象就是人们所感兴趣的任何事物,它可以是有形实体、某种作用及性能等。对象都有其运动状态和运动规律,因此对象具有很强的表达能力和描述功能。对象是现实世界中个体或事物的抽象表示,是面向对象开发模式的基本成分。对象是指将属性(数据/状态)和操作(方法/行为)捆绑为一体的软件结构,代表现实世界对象的一个抽象。属性表示对象的性质,属性值规定了对象所有可能的状态。一般只能通过执行对象的操作来改变。操作描述了对象执行的功能,若通过消息传递,还可以为其他对象使用。

对象之间存在着一定的关系,对象之间的交互与合作,构成了更高级的行为。对象之间的关系是对现实世界建模的基础,分为包含、聚合和相关等3种关系。包含关系是由分解或组成构成的关系,能形成结构性的层次;聚合关系具有代表一种一般特性的对象之间的"聚合"关系,形成一种类型层次,如交通工具"聚合"着汽车、自行车等。相关关系代表更一般的对象间在物理上或概念上有关的"相关"关系,如人驾驶汽车时,人与汽车的关系。这几种关系是对现实世界建模的基础,包含和相关关系构成对象结构;聚合关系构成类结构,代表了公共特性。

2. 类和实例

类是一组具有相同属性和相同操作的对象的集合。类的定义包括该类的对象所需要的数据结构(属性的类型和名称)和对象在数据上所执行的操作(方法)。类定义可以视为一个具有类似特性与共同行为的对象的模板,可用来产生对象。

实例是从某个类创建的对象,它们都可使用类中提供的函数。对象的状态则包含在实例的属性中。实例化是指在类定义的基础上构造对象的过程。同一个类的不同对象的差别是通过不同对象的不同属性值的差别来体现的。

3. 消息

对象间只能通过发送消息进行联系,外界不能处理对象的内部数据,只能通过消息请求它进行处理(如果它提供相应消息的话)。

消息是一个对象与另一个对象的通信单元,是要求某个对象执行类中定义的某个操作的规格说明。消息包括提供服务的对象标识、服务标识、输入信息、返回信息。发送给一个对象的消息定义了一个方法名和一个参数表(可能是空的),并指定某一个对象。一个对象接收的消息则调用消息中指定的方法,并将形式参数与参数表中相应的值结合起来。

4. 封装性

封装是一种组织软件的方法,它的基本思想是把客观世界中联系紧密的元素及相关操作组织在一起,构造具有独立含义的软件实现,使其相互关系隐藏在内部,而对外仅仅表现为与其他封装体间的接口关系。

在面向对象方法中,是通过对象/类来实现封装的。封装是指将对象的状态信息(属性)和行为(方法)捆绑为一个逻辑单元,并尽可能隐藏对象的内部细节。封装是面向对象的一个重要原则,它有两个涵义:第一个是把对象的全部属性和全部操作结合在一起,形成一个不可分割的独立对象。第二个是"信息隐藏",即尽可能隐藏对象的内部细节,对外形成一个边界,只保留有限的对外接口使之与外部发生联系。封装可以提高事物的独立性,而且还可以有效地避免"交叉感染"和减少"波动效应"。

5. 多态性

多态性是指在一般类中定义的属性或操作被特殊类继承之后,可以具有不同的数据类型或表现出不同的行为,使得同一个属性或操作在一般类及其各个特殊类中具有不同的语义,即不同的对象收到同一消息可以产生完全不同的结果。

多态性技术在结构方面给设计者提供了灵活性。多态性是指消息的发送者不需要知道接收实例的类,接发实例可以属于任意的类。多态性是一个非常重要的特征,发送者只需知道另一个实例能够执行某个行为,而不必知道这个实例属于哪个类,也不必知道实际上是由什么操作来执行该行为。这是一个很有力的工具,允许我们开发灵活的系统,给设计者在结构方面提供了灵活性。

为了理解多态,考虑一个传统的应用。该应用的功能是按要求画出线图、饼图和直方图等3种不同类型的图形。理想情况是一旦收集到某类图形所需的数据,将自动画图。为了在传统应用中完成此功能(并保持模块内聚性),必须为每种图形类型开发一个画图模块,那么,在对每种图形类型的设计中,必须嵌入类似于下面的控制逻辑:

125

```
case of graphtype：
    if graphtype = linegraph then DrawLineGraph(data)；
    if graphtype = piechart then DrawPieChart(data)；
    if graphtype = histogram then DrawHisto(data)；
end case；
```

虽然这个设计是相当直接的,但是,加入新的图形类型将可能很棘手。对每种图形类型必须创建一个新的画图模块,并且对每种类型的控制逻辑将必须更新。

在面向对象系统中解决这一问题时,上面提到的每种图形均变成了一个一般类 graph 的子类,使用重载概念,每个子类定义一个操作 draw,一个对象可以传递 draw 消息给任意子类的任意实例对象,接收消息的对象将激活它自己的 draw 操作来创建合适的图形,如图 5 - 4 所示。因此,上面的设计简化为:graphtype draw。

当子系统中加入一种新的图形类型时,创建一个具有自己的 draw 操作的子类,但是对任何希望画图的对象无需做任何修改,因为消息 graphtype draw 是不变的。总而言之,多态使得一系列不同的操作具有相同的名字,这使得对象间相互松耦合,相互更加独立。

6. 继承

类可分层,下层子类与上层父类有相同特征,称为继承。继承是类的特性,表示类之间的关系。继承使得程序员对共同的操作及属性只说明一次,并且在具体的情况下可以扩展细化这些属性及操作。类关系用虚线箭头表示,实例之间的关系用实线箭头表示,如图 5 - 5 所示。

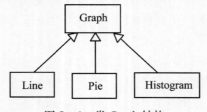

图 5 - 4　类 Graph 结构

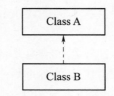

图 5 - 5　类 A 是类 B 的父类

使用继承最普遍的原因是简化代码的重用。继承是使用已存在的定义作为基础建立新定义的技术。新类的定义可以是既存类所声明的数据和新类所增加的声明的组合。新类复用既存的定义,而不要求修改继承类。既存类可当做基类来引用,则新类相应地可当做派生类来引用。

重用可用与继承相关的两种不同方式产生。第一种为具体类与抽象类间的继承关系,抽象类代表两个类的公共部分,不需要它本身有意义。第二种为重用性的继承关系,从一个类库中找到一个类,该类中有需要的操作,继承它并做必要的修改。

继承使得导出类变得非常简洁明了,导出类中只包含那些使它们与父类不同的最本质的特性。通过继承,可以重复使用和扩展那些经过测试的没有修改过的代码。分级分类是人类组织和利用信息的技能。按照这种方法组织规划软件,使得结构简单,易于维护和扩展。一旦建立了类的层次结构,并且编写了一个应用程序的代码,改变非叶节点的类将对整个层次结构产生"波动影响"。所以,一旦一个应用程序的非叶节点类的代码编写完成后,就尽量避免向其中增加新的特征。

7. 面向对象软件开发的一般思路

面向对象技术是一个有全新概念的开发模式,其特点是:面向对象开发方法是对软件开发过程所有阶段进行综合考虑而得到的,从生存周期的一个阶段到下一个阶段所使用的方法与技术具有高度的连续性;将 OOA、OOD、OOP 集成到生存周期的相应阶段。面向对象方法各阶段开发出来的部件都是类,是对各个类的信息的不断细化的过程。类成为面向对象分析、设计和实现的基本单元。

面向对象开发方法使解决问题的方法空间同客观世界的问题空间达到一致,从而使所开发的软件结构合理,软件重用性好、易于维护与扩充,软件生产率高。面向对象软件开发的一般思路如图 5-6 所示。首先进行面向对象的分析,通过对具体客观对象的抽象,建立应用领域的面向对象模型,识别出的对象反映了与待解决问题相关的一些实体及操作。其次进行面向对象的设计,建立软件系统的面向对象模型,这个软件系统能实现识别的需求。然后进行面向对象的程序设计,使用面向对象的程序设计语言来实现软件设计。

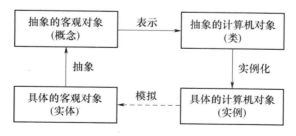

图 5-6 计算机对象对客观对象的模型实现过程

5.3 对象模型技术

随着面向对象编程向面向对象设计和面向对象分析的发展,最终形成面向对象的软件开发方法 OMT(Object Modeling Technique)。OMT 方法于 1987 年提出,曾扩展应用于关系数据库设计。1991 年 Jim Rumbaugh 正式把 OMT 应用于面向对象的分析和设计。这种方法是在实体关系模型上扩展了类、继承和行为而得到的,是一种自底向上和自顶向下相结合的方法。它以对象建模为基础,不仅考虑了输入、输出数据结构,实际上包含了所有对象的数据结构。面向对象技术在需求分析、可维护性和可靠性这 3 个软件开发的关键环节和质量指标上有了实质性的突破,基本地解决了在这些方面存在的严重问题。

模型是为了对事物进行更好的理解而对事物本身所做的抽象。由于模型忽略了一些事物的非本质属性,所以,它比原来的事物更容易操纵。对象模型技术是美国通用电气公司提出的一套系统开发方法学,以面向对象思想为基础,从 3 个视角描述系统,相应地提供了 3 种模型,对象模型、动态模型和功能模型来获得问题的全面认识(即问题的领域模型),如图 5－7 所示。OMT 方法把分析时收集的信息构造在这 3 种模型中,3 个模型从 3 个不同但又密切相关的角度刻划了系统的需求。图中的箭头表明这个模型化过程是一个迭代的过程,每次迭代都将对这 3 个模型做进一步的精化、细化和充实。

图 5－7　应用分析阶段 3 个模型间的关系

对象模型描述对象的静态结构和它们之间的关系,其主要概念有对象、类、属性、操作、继承、关联(即关系)和聚合等。动态模型描述系统的时态的、行为的控制方式,其主要概念有状态、事件、行为、活动和状态图等。功能模型描述系统内部数据值的转换,其主要概念有加工、数据存储、数据流、控制流、角色和数据流图等。这 3 种模型不是完全独立的,每一种模型都包含对其他模型的引用,是从 3 个不同的角度和观点对所要考虑的系统进行建模,组成了对系统的三种互补的视图。其中对象模型是基本的部分,它描述了动态模型和功能模型操作的数据结构。对象模型中的操作对应于动态模型中的事件和功能模型中的加工。动态模型描述对象约控制结构。它表示依赖于对象值并导致改变对象值和唤醒加工的动作决策。功能模型描述由对象模型中的操作和动态模型中的动作唤醒的加工。

OMT 方法将开发过程分为分析、系统设计、对象设计和实现四个阶段:

(1) 分析阶段:基于问题和用户需求的描述,设计一个精确的、可理解的、准确的、形式的、概念的、关于真实世界的模型,它澄清了需求,为系统的设计和实现提供了框架,并形成一份问题描述文档。分析阶段的产物有:问题描述、对象模型＝对象图＋数据词典、动态模型＝状态图＋全局事件流图和功能模型＝数据流图＋约束。

（2）系统设计：系统设计是解决问题并建立求解的高层策略,结合问题域的知识和目标系统的体系结构(求解域),将目标系统分解为子系统,将子系统分配给适当的硬件和软件,组成框架的概念和策略。

（3）对象设计：对象设计阶段要确定实施中用到的类和关联的全部定义,以及用于实施的方法的接口和算法,这时为了实施和优化数据结构和算法要增加一些内部对象,基于分析模型和求解域中的体系结构等添加实现细节。主要产物包括细化的对象模型、细化的动态模型和细化的功能模型。

（4）实现：实现是在对象设计阶段形成的对象类和关系的基础上,最后被转换成特殊的程序设计语言、数据库和硬件的实现。

5.3.1　基本模型

采用 OMT 方法时,要构造对象模型、动态模型和功能模型等一组相关模型来对系统的各个方面进行描述。

1. 对象模型

对象模型描述了对象、类和它们的相互关系的静态数据结构,为动态模型和功能模型提供了重要的框架。对象图提供了为对象、类和它的关系建模的图形符号,包括类图和实例图两种模型。类的对象模型符号如图 5－8 所示。

图 5－8　类的符号及实例

（a）类的符号；（b）实例(对象)的符号。

类之间的联系称关系,关系在 OMT 符号中用一条线表示。关系的多元性由关系线的端点表示,如一个空心圈表示可选 0 或 1；一个实心圈表示 0 或多的关系；没有多元性符号的线表示一对一关系,如图 5－9 所示。

对象模型中类之间的关系分为聚合关系、泛化关系和相关关系等 3 种基本关系,如图 5－10 所示。

聚合关系代表整体和部分的关系,如图 5－10(a)中的一个文档由多个段落构成,每个段落又由多个语句组成。泛化关系代表一般特性与特殊特性之间的关系,如车工、钳工和纺织工都属于工人的一种类型。相关关系代表更广泛意义上的对象之间在物理上或概念上的关系,如人驾驶汽车。

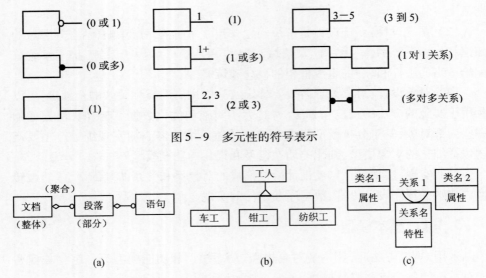

图 5 – 9 多元性的符号表示

图 5 – 10 对象模型中类之间的 3 种基本关系
(a) 聚合关系;(b) 泛化关系;(c) 相关关系。

OMT 建立一个对象模型的步骤如下:确定对象类;定义数据字典,包括类、属性和关系的描述;增加对象和关系的属性;用继承关系来组织和简化对象类;用场景测试访问路径;需要时重复上述各步;按相近的关系和相关的功能,将成组的对象形成模块。对象模型应包括对象图和数据字典。

2. 动态模型

动态模型描述系统中与时间有关的方面及操作执行的顺序,包括引起变化的事件、事件的序列、定义事件序列上下文的状态以及事件和状态的主次。动态模型抓住了"控制流"特性,即系统中各个操作发生的顺序。

动态建模中的主要概念是事件和状态。一个对象的状态是指对象所拥有的属性值和连接关系。一个对象对另一个对象的单个消息叫做一个事件。为了完成系统某个功能的一个事件序列,称为场景。动态模型着重于系统的控制逻辑,包括状态图和事件跟踪图两个图。

状态图是一个状态和事件的网络,侧重于描述每一类对象的动态行为。对一个事件的反应,取决于接收事件的对象的状态,可能包含状态的改变或发送另一个事件。状态图中,结点表示状态,标有事件名的线是转移,转移的箭头指向接收事件后的目标状态,如图 5 – 11 所示。状态图除了描述事件的方式,还要描述对象的行为,即必须规定对象对事件做出什么反应,并说明执行该状态下与转移相联系的那些操作,作为对相应的状态或事件的反应。

图 5 – 11　状态图的表示方法

　　OMT 区分操作和活动两种不同的行为。操作是一个伴随状态迁移的瞬时发生的行为,与触发事件一起,表示在有关的状态迁移之上;用"/"后跟"操作名"表示。活动是发生在某个状态中的行为,往往需要一定的时间来完成,故与状态名一起出现在有关的状态之中;用"do:"后跟活动的名字或活动的描述表示。

　　动态模型由多个状态图组成。对于每一个具有重要动态行为的类,都有一个状态图,表明整个系统活动的模式。不同类的状态图通过共享的事件组成一个动态模型。状态图中的动作对应于功能模型中的功能。状态图中的事件在对象模型中表示为操作。

　　事件追踪图侧重于说明发生在系统执行过程中的一个特定场景。场景是完成系统某个功能的一个事件序列,通常起始于一个系统外部的输入事件,结束于一个系统外部的输出事件。它可以包括发生在此期间的系统所有的事件,也可以只包括碰到的或由系统中某些对象生成的事件。事件追踪图表示法:垂直线表示每个对象;水平箭头表示每个事件,从发送对象指向接收对象;时间自上向下延续,与间隔的空间无关。

　　例如:工作站事件追踪图,如图 5 – 12 所示。

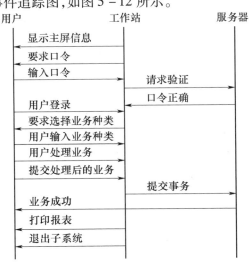

图 5 – 12　工作站事件追踪图

概括而言,状态图叙述一个对象的个体行为,事件追踪图则给出多个对象所表现出来的集体行为。

建立一个动态模型的步骤如下:准备典型的交互序列场景;确定对象之间的事件和为每个场景准备一个事件跟踪图;为每个系统准备一个事件流图;为每一个有重要的动态行为的类开发一个状态图;检查状态图间共享事件的一致性和完整性。

3. 功能模型

功能模型描述了系统做什么,而对如何做和何时做不感兴趣。对象模型指出事件要发生在什么上面(即定义对谁做);动态模型指出什么时间发生;而功能模型指出要发生什么(即定义做什么),功能模型着重于系统内部数据的传送和处理。

功能模型由多个数据流图组成,它表示从外部输入,通过操作和内部数据存储,到外部输出整个数据流的情况,如图 5-13 所示。功能由动态模型的动作引起,并在对象模型里表示为对象的操作。

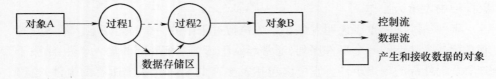

图 5-13   数据流图的表示方法

功能模型中所有的数据流图往往形成一个层次结构,即上一层的过程可以由下一层的数据流图做进一步的说明。功能模型中的主要概念包括加工(过程)、数据存储、数据流、控制流、产生和接收数据的对象。

建立功能模型的步骤如下:确定输入和输出值;需要时用数据流图表示功能的依赖性;描述每个功能干什么;确定限制,功能模型包含了对象模型内部数据间的限制;指定优化准则。

5.3.2   对象模型技术方法的开发过程

OMT 方法已发展成支持整个的软件生命期,一般由分析、系统设计、对象设计及实现等 4 个阶段组成。

1. 分析

在分析阶段要对应用领域进行理解并建立模型。首先由客户和开发人员提出问题,问题的陈述可能是不完整的或不正式的。通过分析,使它更精确并暴露出它的模糊性和不一致性。接着,要正确理解用问题陈述描述的真实世界系统,并利用需求者和分析者在问题领域的知识把它的本质特征抽象为一个模型。分析模型是对要解决的应用问题的一个正确而简洁的表示,以后的设计将参考分

132

析模型。分析模型描述了对象的静态结构(对象模型)、交互顺序(动态模型)及数据转换(功能模型)等3个方面。分析文档包括问题陈述及上述3类模型,如图5-14所示。

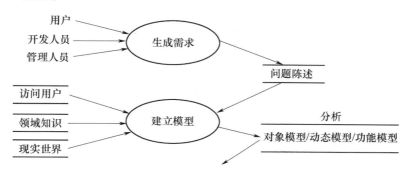

图5-14　分析过程概述

通过用户、开发人员和管理人员之间的交流,提取出需要处理的事件,并提供将要产生的系统概况,获得系统的需求,形成应用系统的问题陈述。依据问题陈述,与用户不断沟通,结合领域知识和对现有系统的研究,最终通过建立模型来精确地描述系统。建立的模型描述了系统的3个重要方面:对象模型描述了系统的静态结构,构建步骤包括:标识与问题相关的类,定义类的属性和操作,定义对象之间的关联,用继承来组织对象类。动态模型描述了系统的动态控制流(交互顺序),建立步骤包括:建立任务场景,为每一个场景建立相关的事件序列,并用事件流图表示,对于重要的系统状态用状态图进行描述。功能模型描述了系统的数据转换,建立步骤包括:标识系统的输入和输出,用数据流图表示数据的转换过程,并对数据流图中的加工过程进行进一步的描述。

2. 系统设计

OMT方法在系统设计和对象设计两个不同的抽象级别上进行面向对象的设计。其中,系统设计阶段决定系统的体系结构,对象设计阶段着重体系结构中个体对象的详细设计。对应于某一种应用,可以从4.2节中选择某种普遍的体系结构风格,并在此基础上,对问题进行划分,形成子系统,然后分别设计这些子系统。系统设计者在分析模型的基础上将系统划分成子系统;确定问题中的一致的继承;分配子系统的处理和任务;选择实现数据管理的策略;处理对全局资源的访问;选择软件中控制的实现方法;处理边界条件;设计折中条件的优先级。

系统设计文档包括系统的基本体系结构和高层的策略决定。

3. 对象设计

在这一阶段,分析模型不断地提炼、求精、优化,产生出一个较为实用的设

133

计,即从着重于应用概念逐步转移到着重于计算机概念上。要决定实现中所用的类和关系的全部定义,如接口和实现操作的算法;还要增加用于实现的内部对象、优化数据结构和算法。

首先,决定了系统中主要函数的实现方法,使对象模型的结构得到最有效、最优化的实现。同时,还要考虑在系统设计中定义的并发和动态控制流,这样就决定了每个联结和属性的实现。最后,子系统打包成模块。

对象设计的步骤:

步骤1:合并3个模型来获得类的操作:在功能模型中为每个过程找一个操作;在动态模型中为每一个事件定义一个操作,这取决于控制的实现。

步骤2:设计算法来实现操作:选择实现操作开销最小的算法;选择适于该算法的数据结构;定义所需的新的内部类操作;为那些不明确的和单个类相关的操作分配责任。优化对数据的访问路径:增加冗余的关系来减少访问开销和增加方便;调整计算,使效率更高;储存所得的值,来避免复杂表达式的重复计算。

步骤3:实现外部交互的控制。

步骤4:调整类结构,增加继承:重新安排类和对象,增加继承;抽象出一组类的共同行为;在继承是语义上无效的地方,用新的类代表共享行为。

步骤5:设计关系的实现:分析关系的作用过程;用一个不同的对象实现每个关系,或在关系的一个或两个类中增加有值对象属性。

步骤6:决定对象的表示。

步骤7:将类和关系在模块中结合。

设计文档包括详细的对象模型、详细的动态模型和详细的功能模型。

4. 实现

将设计转换为特定的编程语言或硬件,同时,保持可追踪性、灵活性和可扩展性。

OMT设计方法的出发点在于较全面地捕捉问题空间的信息。但其缺点是:记法复杂,难以理解;缺乏对大型程序设计的系统分解方法;该方法过分地受信息模型技术和数据库技术的影响,其开发还是数据驱动的,导致封装性的破坏。

5.3.3　应用实例

图5-15所示是一个计算机化的ATM(自动出纳机)网络系统,包括银行集团的所有出纳员和ATM;每个银行拥有自己的银行计算机负责维护其内部的账户以及对这些账户的处理;每个银行都有各自的出纳员站直接与它们所属银行的银行计算机通信;出纳员输入账户数据和相关的事务数据;ATM与中心计算机通信,由中心计算机决定相应的银行;一台ATM接收现金卡,与客户交互,与中心计算机通信以执行相应的事务,付出现金,打印收据;该系统提供合适的记

录保存措施和安全保障措施,能够正确地处理对同一账户的并发存取;各银行为各自的银行计算机提供软件。试设计该系统的对象模型。

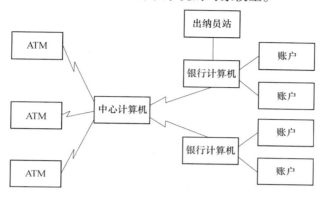

图 5-15 ATM 网络系统

通过对系统的描述,抽取相关的类。本系统中的类包括 ATM、银行、银行计算机、账户、事务、出纳员站、中心计算机、现金卡、客户、出纳员以及银行集团。

然后,标识类之间的关联关系,包括聚合关系,利用继承性来组织和优化类结构,反复优化模型,得到图 5-16 所示的 ATM 网络系统的对象模型。

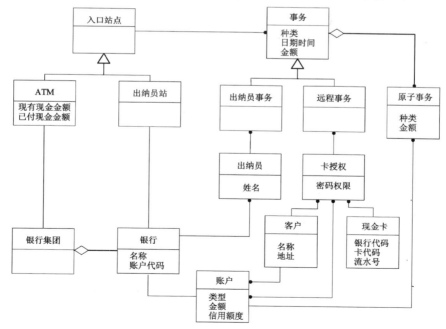

图 5-16 ATM 网络系统的对象模型

5.4 Coad/Yourdon 方法

Coad/Yourdon 方法是由 Peter Coad 和 Edward Yourdon 在 1991 年提出的。Coad/Yourdon 方法严格区分了面向对象分析和面向对象设计两个阶段。该方法利用 5 个层次和活动定义和记录系统行为、输入和输出。这 5 个层次的活动包括发现类及对象、识别结构、定义主题、定义属性和定义服务。发现类及对象活动描述如何发现类及对象，从应用领域开始识别类及对象，形成整个应用的基础，然后，据此分析系统的责任。识别结构阶段分为两个步骤，第一，识别一般—特殊结构，该结构捕获了识别出的类的层次结构；第二，识别整体—部分结构，该结构用来表示一个对象如何成为另一个对象的一部分，以及多个对象如何组装成更大的对象。在定义主题阶段，主题由一组类及对象组成，用于将类及对象模型划分为更大的单位，便于理解。定义属性阶段包括定义类的实例（对象）之间的实例连接。定义服务阶段包括定义对象之间的消息连接。

在面向对象分析阶段，经过 5 个层次的活动后的结果是一个分成 5 个层次的问题域模型，包括主题、类及对象、结构、属性和服务 5 个层次，由类及对象图表示。5 个层次活动的顺序并不重要。

面向对象设计模型需要进一步区分为问题域部分、人机交互部分、任务管理部分和数据管理部分 4 个部分。问题域部分（PDC）是把面向对象分析的结果直接放入该部分。人机交互部分（HIC）的活动包括对用户分类，描述人机交互的脚本，设计命令层次结构，设计详细的交互，生成用户界面的原型，定义 HIC 类。任务管理部分（TMC）的活动包括识别任务（进程）、任务所提供的服务、任务的优先级、进程是事件驱动还是时钟驱动、以及任务与其他进程和外界如何通信。数据管理部分（DMC）依赖于存储技术，是文件系统，还是关系数据库管理系统，还是面向对象数据库管理系统。

5.4.1 面向对象分析

1. OOA 的任务

OOA 使用了基本的结构化原则，并把它们同面向对象的观点结合起来。面向对象分析的目的是开发一系列模型，用于描述系统的信息、功能和行为。OOA 首先用模型形式地说明所面对的应用问题，得到软件系统的基本构成对象以及系统必须遵从的应用规则和约束，然后，明确规定构成系统的对象如何协同合作，完成指定的功能。

2. OOA 的步骤

在分析阶段,该方法用 5 个层次及相关的活动来定义并记录系统的行为,以及系统的输入和输出。这 5 个层次是:类与对象,属性,规格,结构和主题。

步骤 1:找到类和对象:类与对象层。类与对象的抽取步骤如图 5 – 17 所示。

首先,从应用领域开始识别类及对象,形成整个应用的基础;通过对系统的业务调查,得到一个详细的工作流程或非形式化规格说明。其次,对客观对象进行分类。客观对象可以分为有形物、人或组织所扮演的角色、行为和概念等 4 大类,通过对业务流程的分析,逐步得到系统的原始对象清单。再次,在原始对象基础上依据系统功能进一步识别、精化,得到所需类和方法。最后,分析类的组成,分析类间消息传递。类和对象的说明保存了每个对象的信息和每个对象必须提供的行为。类代表了问题域中自然出现的实体,能够表示对问题域的有意义的抽象。

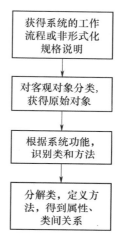

图 5 – 17 类与对象的抽取步骤

步骤 2:确定结构:结构层。分为两个步骤:第一:是识别一般/特殊结构(继承),确定类中继承的等级;第二,是识别整体/部分结构(聚集),表示一个对象怎样作为别的对象的一部分以及对象怎样组成更大的对象。

步骤 3:定义主题:主题层。主题由一组类及对象组成,用于将类和对象模型划分为更大的单位。是与应用有关而非人为引出的概念。每个主题的规模按有助于读者通过模型来理解系统进行选择,可以看成高层的模块或子系统。属性层和服务层对已识别的类和对象做进一步的说明,对象所保存的信息称为它的属性。对象收到消息后所能执行的操作称为它可提供的服务。

步骤 4:定义属性:属性层。定义对象需要存储的数据,包括对象之间的实例连接。两个对象由于受制于相同的应用规则而发生联系,称为实例连接。例如:报刊订阅对象与订户对象之间存在实例连接。属性用名字和描述指定。

步骤 5:定义服务:服务层。定义对象所做的工作,包括对象之间的消息连接。两个对象之间存在着通信需要而形成的联系,称消息连接;从一个对象发消息给另一个对象,由该对象完成某些处理。

经过 5 个层次的活动后,分析结果是一个分成 5 个层次的领域模型,包括主题、类及对象、结构、属性和服务 5 个层次。由类及对象图表示,5 个层次活动的顺序并不重要。

5.4.2 面向对象设计

在设计阶段,Coad 与 Yourdon 继续采用分析阶段提到的 5 个层次,这有利于从分析到设计的过渡,同时又引进了设计问题域(细化分析结果)、设计人机交互部分(设计用户界面)、设计任务管理部分(确定系统资源的分配)和设计数据管理部分(确定持久对象的存储)4 个步骤,如图 5 – 18(a)所示。在问题域部分,面向对象分析的结果直接放入该部分,或者说 OOA 中只涉及领域部分,其他3 个部分是在 OOD 中加入的。问题域部分包括与应用域相关的所有类和对象,并进一步进行细化。人机交互部分包括对用户分类、描述人机交互的脚本、设计命令层次结构、设计详细的交互、生成用户界面的原型、定义 HIC 类等。任务管理部分要识别任务(进程)、任务所提供的服务、任务的优先级、进程的驱动模式(如事件驱动、时钟驱动),以及任务与其他进程和外界如何通信等。数据管理部分确定数据存储模式,这依赖于存储技术,如使用文件系统、关系数据库管理系统,还是面向对象数据库管理子系统等。OOD 模型的表示如图 5 – 18(b)所示,OOD 与 OOA 模型在层次上是一致的,只是在设计上又引进了 4 个部分。OOD 与 OOA 有着很大程度上的重复,并对 OOA 结果具有依赖关系和延续关系。

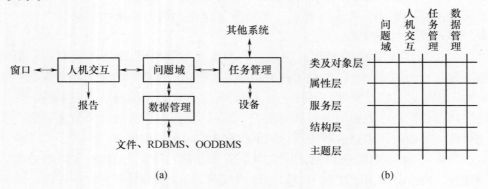

(a)

(b)

图 5 – 18 OOD 设计模型

1. 问题域部分的设计

OOA 阶段得到的有关应用的概念模型描述了要解决的问题,在 OOD 阶段,要对这个结果进行改进和增补;根据需要的变化,对 OOA 模型中某些类与对象、结构、属性、操作进行组合与分解;考虑对时间与空间的折中、内存管理、开发人员的变更以及类的调整等;根据 OOD 的附加原则,增加必要的类、属性和联系。

复用设计。根据问题解决的需要,从现有的类库或其他来源得到的现存库增加到问题解决方案中。现存类是面向对象语言编写,或其他语言编写的可用程序。标识现存类中不需要的属性和操作,无用的部分维持到最小程度。增加从现存类到应用类之间的通用——特定的联系。

把问题域的专用类关联起来。在 OOD 中,从类库中引进一个基类,作为 container 类,把应用的类关联到一起,建立类的层次。

为建立公共操作集合建立一般类。在一般类中定义所有特殊类都可使用的操作,这种新操作可能是虚函数,其细节在特殊类中定义。

调整继承级别。OOA 建立的模型可能包括多继承联系,而实现时使用的程序语言可能只有单继承,或没有继承机制,须对分析结果进行修改。

2. 用户界面部分的设计

OOA 给出了所需的属性和操作,在 OOD 阶段要根据需求把交互的细节加入到用户界面设计中。在用户界面部分的设计中,要研究现行人机交互活动的内容和准则,建立用户界面中各类操作的初步框架,并对处理过程自顶向下、逐步分解,设计出可用的具体操作,如细化界面中各类操作排列的层次,使用最频繁的操作放在前面,按用户工作步骤排列;逐步分解,找到整体和局部模式,对操作进行组织和分块;菜单深度尽量限制在 3 层之内;减少操作步骤。

3. 任务管理部分的设计

任务管理部分的设计包括识别事件驱动任务、识别时钟驱动任务、识别优先任务和关键任务、识别协调者、评审各个任务和定义各个任务。识别事件驱动任务:一些与硬件设备通信的任务,是事件驱动的。任务可由事件来激发,而事件常常是数据到来时发出的一个信号,如中断。识别时钟驱动任务:以固定的时间间隔激发这种事件,以执行某些处理,如时钟中断。识别优先任务和关键任务:即根据处理的优先级别来安排各个任务。识别协调者:当有 3 个或更多任务时,应增加一个附加任务,起协调者的作用。评审各个任务:对各个任务进行评审,确保它能满足所选择任务的工程标准。最后要定义各个任务。

4. 数据管理部分

数据管理部分提供了在数据系统中存储和检索对象的基本结构。数据管理方法包括文件管理、关系数据库管理和面向对象数据库管理。文件管理提供基本的文件处理能力。关系数据库的管理系统:建立在关系理论的基础上,使用若干表格管理数据。面向对象数据管理系统以两种方法实现:RDBMS 的扩充、面向对象程序设计语言的扩充。

数据管理部分的设计包括数据存放方法设计及相应操作设计。数据存放方法设计采用上述 3 种方法,即文件、RDB、OODB;相应操作设计包括为每个需要存储的对象及类增加用于存储管理的属性和操作,在类及对象的定义中加以描述。

5.5　Jacobson 方法

系统开发的过程就是系统建模的过程。软件系统开发时大量利用面向对象开发方法,针对用户需求建立对象模型。软件开发的成功经验表明:当前最主要的是能够正确地获取用户的真正需求,即必须有真正的用户参与。传统开发方法的局限性在于,对象模型中要反映大量的各种对象之间动态的联系和限制等细节,而这些内容用户不必知道,也看不到或很难看懂。

用户所要知道的是开发的系统应具有哪些功能及特性;给系统输入数据,系统有什么相应的反应或输出什么样的数据;更强调与系统交互的风格等。用户的责任是把知道的这些内容告诉开发者,并且看懂开发者针对这些需求而设计的模型。为此,Ivar Jacobson 提出了使用实例(use case)驱动的面向对象的软件开发方法,它既非从数据模型开始,也非从建立实体对象联系的模型着手,而是从系统的实际操作入手,首先分析系统是如何使用的,强调系统使用时与各种不同类型的用户交互时的状况,从使用实例出发,得到使用实例模型后,提出一套规范化的方法寻找类、对象等进行建模、设计等一系列工作。在使用实例的基础上,Jacobson 又提出了面向对象的软件工程(OOSE:Object Oriented Software Engineering)。这是一个针对完整的软件生命期过程的方法,包括需求分析、设计、实现及测试。该方法在实践中证明能有效地解决用户参与问题,已在许多大型系统的开发中取得实效,并表现出很好的适应变动能力。

5.5.1　基本思想

Jacobson 方法与其他面向对象方法有所不同,它涉及到整个软件生命周期,包括需求分析、设计、实现和测试等 4 个阶段。需求分析和设计密切相关。需求分析阶段的活动包括定义潜在的角色(角色指使用系统的人和与系统互相作用的软、硬件环境),识别问题域中的对象和关系,基于需求规范说明和角色的需要发现使用实例,详细描述使用实例。设计阶段包括两个主要活动,从需求分析模型中发现设计对象,以及针对实现环境调整设计模型。第一个活动包括从使用实例的描述发现设计对象,并描述对象的属性、行为和关联。在这里还要把使用实例的行为分派给对象。

在需求分析阶段的识别领域对象和关系的活动中,开发人员识别类、属性和关系。关系包括继承、熟悉(关联)、组成(聚集)和通信关联。定义使用实例的活动和识别设计对象的活动,两个活动共同完成行为的描述。Jacobson 方法还将对象区分为语义对象(领域对象)、界面对象(如用户界面对象)和控制对象(处理界面对象和领域对象之间的控制)。

　　在该方法中的一个关键概念就是使用实例。使用实例是指行为相关的事务序列,该序列将由用户在与系统对话中执行。因此,每一个使用实例就是一个使用系统的方式,当用户给定一个输入,就执行一个使用实例的实例并引发执行属于该使用实例的一个事务。

　　Jacobson 方法的基本思想是首先建立系统的使用实例模型,再以使用实例模型为核心,构造一系列系统开发模型,如使用实例模型(Use Case Model)、领域模型(Problem Domain Model)、分析模型(Analysis Model)、设计模型(Design Model)、实现模型(Implementation Model)和测试模型(test model)。使用实例模型从用户角度详细描述使用系统的每一个方式,它始终贯串于整个开发过程,有非常高的重用性。

5.5.2　基本概念

　　角色(Actor)代表了能和系统进行交互、可以对系统发挥作用的东西,可能指一个或多个角色。角色可以是人、机器的一种抽象。角色类定义了用户对系统的所有可能的作用。角色用于定义系统的外部作用,使用实例则是为定义系统的内部功能而引入的概念。

　　使用实例(Use Case)是指通过利用系统中的某些功能来使用系统的过程。每个使用实例是使用系统的一种特定方式,它可以是一个基本过程和几个替换过程:每一个使用实例组成一个完整的由角色开始的事件。

　　使用实例的扩充。"扩充"描述如何将一个使用实例描述插入或扩充到另一个使用实例描述。当引入了"扩充"的概念后,一个系统的功能扩展、维护变得更加容易。扩充主要用于在一个模型中插入完整的使用实例。在下列情况下可能会用到扩充:在一个使用实例中增加选项;将一个使用实例替换成另一个使用实例;在某些使用实例中增加独立的子使用实例;在一个使用实例中增加几个功能。

　　场景是外部可见的系统行为,可以用形式化或非形式方法来描述,也可以看成详细的系统功能需求。场景是通过把使用实例进行改进,使之成为系统行为的精确定义,即场景 = 使用实例 + 一组假定(初始条件) + 一组结果。

　　使用实例模型是用户或系统将执行的场景用文字或图形进行描述,是该方法的第一个模型,并将用以开发后续模型。需求模型用来描述子系统,定义系统应该提供的功能,描述软件的开发方向。需求模型是用户和开发者之间的纽带,是软件开发时用户和软件交互的界面,也是软件设计的基础。需求模型由 3 部分组成:使用实例模型、领域对象模型、系统界面描述。分析模型的目的是在系统中形成一个逻辑的、可维护的结构。

5.5.3　Jacobson 方法的步骤

Jacobson 方法涉及整个软件生命周期,包括需求分析、设计、实现和测试 4 个阶段。在这个方法中,各阶段都环绕使用实例建模、细化直到系统的实现和测试。

分析阶段的目标是分析、确定和定义所要建立的系统。所定义的模型将描述系统要干什么。基于使用实例方法中的分析阶段要做的事是建立需求模型和分析模型。

1. 需求模型

需求模型用来描述系统和定义系统应该提供的功能,通过使用实例模型、领域模型及系统界面描述来得到。通过对问题领域的对象进行分析,给出有意义的用户界面;使用实例反应软件的内部实现,角色反应软件的外部执行环境,对软件进行分析得到软件的使用实例模型。

- 使用实例模型

使用实例模型从用户的角度规定系统应该提供的功能,定义在系统内部应该发生什么,要说明系统最高层的功能需求,可用文字或图表表示。该模型通过角色来代表系统外部的用户,用使用实例代表用户能用系统做什么或系统对于角色的影响。

- 领域对象模型

领域对象模型提供一个逻辑上的概要性的系统描述,它将实际系统中的主要问题对象抽象出来,以便于对使用实例的提取、抽象和描述。领域对象模型只作为对使用实例的补充,用户通过该模型明确未来系统的样式。对应用系统定义的所有功能要建立一个数据字典,记载该系统的所有使用实例及功能。

- 系统界面描述

系统界面描述用来详细指定使用实例执行时的系统界面是什么。这里设计的系统界面不包含任何内部功能,只包括应用软件呈现在最终用户面前的操作界面。有时候也包括应用软件与辅助软件之间的接口协议,如文件格式、运行环境、应用软件与硬件之间的接口协议等。

- 需求模型的改进

需求模型已经充分说明了应用系统的功能,但为了提高各模块或对象的复用性,以及便于过渡到分析模型,需要做一些改进。

为了提高系统的复用性,将所有的使用实例中的共同的或类似的部分抽取出来,让所有拥有该部分的使用实例共用。抽取出来的这部分称为抽象使用实例。相应地,未提取抽象使用实例前的整个部分为具体使用实例。具体使用实例和抽象使用实例间的关系,从代码级上看是类的继承关系,即具体使用实例继承抽象使用实例,称为"引用"关系。另外,抽象使用实例可以引用几个别的抽象使用实例,也可以被其他几个抽象使用实例引用。

当对一个系统进行维护时,可能需要扩展系统功能。这可以在以前某个使用实例 A 上增加新的功能 B,使其成为一个新的具体使用实例 C,即 C ＝ A ＋ B ,称 B 为扩展使用实例,A、B 间的关系为"扩展"关系。一般来说,引用关系和抽象使用实例出现在开发阶段;扩展关系和扩展使用实例出现在维护阶段。

2. 分析模型

需求模型已经为我们提供了一个系统功能和行为的良好描述。分析模型的目的就在于从逻辑上在理想环境下将需求模型转化为一种稳定的、健壮的、易维护的、易可扩展的体系结构。这需要把所有的操作者和使用实例合并、分解、抽象成相应的对象(Object)。为了便于对系统的理解、分析,将系统的对象分为 3 类:接口对象、实体对象和控制对象,还引用了子系统的概念,子系统将不同的对象分组,集中到不同的可处理单元。分析模型的目的是要建立一个可靠性好、易于扩展的软件体系结构。

接口对象是直接依赖于系统界面的对象,负责系统的信息交换,包括系统跟用户、顾客、硬件以及其他软件的交流。接口对象的主要任务是将执行者对系统的行为翻译为系统内部事件,并当这些内部事件执行后,将执行者感兴趣的信息反馈给执行者。

实体对象是系统要长期管理的信息和信息上的行为,接口对象可用非形式的文字说明来描述。

控制对象是指能连接不同的事件,且在不同的对象之间进行通信的对象。控制对象的作用是把接口对象和实体对象连接起来,成为一个使用实例。

子系统。分析员针对每一个特定的使用实例,分析其行为、特征、执行者等,然后,将该使用实例分成不同的对象,所有的对象统称为分析对象。这样,系统中将包含很多对象。为了便于集成、设计,将这些对象分成不同的对象群,这些对象群称作子系统。子系统的划分以功能为基准,相同或类似的功能对象纳入同一子系统。子系统划分的步骤是把控制对象纳入子系统,与该控制对象有强烈作用的实体对象和界面对象放入同一子系统。

总之,分析模型的任务是将需求模型描述的应用系统的内部功能体系结构化,为应用系统的设计提供一个好的结构及必要的准备工作。

3. 设计模型

在构造阶段,希望将分析模型中所有的对象转化为设计模型中的块(Block)。定义块是为了和对象进行区分。分析模型描述的是理想状态下的系统,在设计阶段,必须改变这个理想模型,使之适应需求的约束条件。设计模型是分析模型的进一步精细化和形式化。设计模型由构块模型、对象交互图及状态图(或由状态描述语言 SDL 组成的描述)3 部分组成。系统由许多模块构成,每个模块又都是由对象组成的。

构块模型以分析模型为基础,参考现实的实现环境,把分析对象翻译为设计模型中的设计对象。在系统的构块图之后,就要详细说明设计模型中模块之间的通信细节,这个可从使用实例中得到。对于每一个使用实例可以画出一个交互作用图,描述使用实例中对象之间相互发送消息机制的作用。为了确定对象的行为,要画出各对象的状态图。

4. 实现与测试

从设计模型出发,选择一种合适的开发语言就可以实现整个系统了。实现过程就是对每个对象加以实现,实现模型是对系统的具体编码实现。如可以将不同的模块用 C + +语言中的类实现,并用原代码实现不同的关系及对象内部的功能。在完成实现过程之后,要对每个使用实例分别进行测试。测试模型的基本成分是测试说明书和测试结果。测试说明书用于描述测试的具体实施步骤及要求,测试结果用于判断被测试对象是否符合标准,并决定进一步采取的措施。采用基于使用实例的测试要进行下列测试工作:基本过程测试对预料中的事件流进行测试;奇异过程测试对其他的事件流(使用实例的奇异实例)进行测试;如果需求规格与某个使用实例相关,要进行基于需求规格说明书的测试;如果用户文档与某个使用实例相关,要进行用户文档测试。当所有的使用实例都被测试后,系统将进行整体测试。整体测试的目的是测试已开发的不同单元是否能一起正确的工作,包括测试使用实例、子系统和整个系统。

5.6 统一建模语言

5.6.1 概述

统一建模语言(Unified Modeling Language,UML)的本意是要成为一种标准的统一语言,使得 IT 专业人员能够进行计算机应用程序的建模。UML 的主要创始人是 Jim Rumbaugh、Ivar Jacobson 和 Grady Booch,他们最初都有自己的建模方法(OMT、OOSE 和 Booch)，彼此之间存在着竞争。最终，他们联合起来创造了一种开放的标准。UML 是用来对软件密集系统进行描述、构造、可视化和文档编制的一种语言，其主要特点是：

第一，也是最重要的一点，统一建模语言融合了 Booch、OMT 和 OOSE 方法中的概念，它是可以被上述及其他方法的使用者广泛采用的一门简单、一致、通用的建模语言。UML 成为"标准"建模语言的原因之一在于，它与程序设计语言无关。而且，UML 符号集只是一种语言而不是一种方法学。这点很重要，因为语言与方法学不同，它可以在不做任何更改的情况下很容易地适应任何业务运作方式。

第二，UML 还吸取了面向对象技术领域中其他流派的长处，其中也包括非面向对象方法的影响。UML 的符号表示考虑了各种方法的图形表示，删掉了大量易引起混乱的、多余的和极少使用的符号，也添加了一些新符号。因此，在 UML 中汇入了面向对象领域中很多人的思想。这些思想并不是 UML 的开发者们发明的，而是开发者们依据最优秀的 OO 方法和丰富的计算机科学实践经验综合提炼而成的。

第三，UML 在演变过程中还提出了一些新的概念。在 UML 标准中新加了模板(Stereotypes)、职责(Responsibilities)、扩展机制(Extensibility Mechanisms)、线程(Threads)、过程(Processes)、分布式(Distribution)、并发(Concurrency)、模式(Patterns)、合作(Collaborations)、活动图(Activity Diagram)等新概念，并清晰地区分类型(Type)、类(Class)和实例(Instance)、细化(Refinement)、接口(Interfaces)和组件(Components)等概念。

第四，统一建模语言扩展了现有方法的应用范围。UML 的目标是以面向对象的方式来描述任何类型的系统，具有很广泛的应用领域。其中最常用的是建立软件系统的模型，但它同样可以用于描述非软件领域的系统，特别是 UML 具有对并行分布式系统建模的能力。

第五，统一建模语言是标准的建模语言，而不是一个标准的开发流程。虽然 UML 的应用必然以系统的开发流程为背景，但根据不同的经验、不同的组织、不同的应用领域需要不同的开发过程。UML 是一个通用的标准建模语言，可以对任何具有静态结构和动态行为的系统进行建模。UML 的开发者们将继续倡导从用例驱动到体系结构为中心，最后反复改进、不断添加的软件开发过程，但实际上设计标准的开发流程并不是非常必要的。UML 适用于系统开发过程中从需求规格描述到系统完成后测试的不同阶段。使用 UML 建模时，可遵循任何类型的建模过程。

UML 是一种定义良好、易于表达、功能强大且普遍适用的建模语言。它溶入了软件工程领域的新思想、新方法和新技术。它的作用域不限于支持面向对象的分析与设计,还支持从需求分析开始的软件开发的全过程。

UML 的演化可以按其性质划分为以下 3 个阶段,如图 5 – 19 所示。

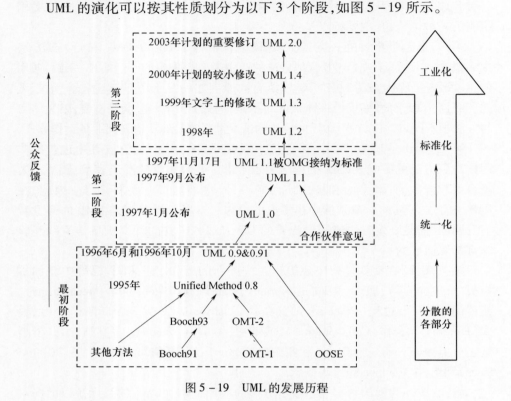

图 5 – 19　UML 的发展历程

（1）最初的阶段是专家的联合行动。由多位面向对象方法学家将他们各自的方法结合在一起,形成 UML 0.9。

（2）第二阶段是公司的联合行动。由十几家公司组成的"UML 伙伴组织"将各自的意见加入 UML,形成 UML 1.0 和 1.1,并成为 OMG 的建模语言规范。

（3）第三阶段是在 OMG 控制下的修订与改进。OMG 成立任务组进行不断的修订,产生了 UML 1.2、1.3 和 1.4 版本,2003 年已推出 UML 2.0。

面向对象技术和 UML 的发展过程中,标准建模语言的出现是其重要成果。UML 代表了面向对象方法的软件开发技术的发展方向,具有巨大的市场前景,也具有重大的经济价值和国防价值。

5.6.2　UML 内容

作为一种建模语言,UML 的定义包括 UML 语义和 UML 表示法两个部分。UML 语义描述基于 UML 的精确元模型定义。元模型为 UML 的所有元素在语法和语义上提供了简单、一致、通用的定义性说明,使开发者能在语义上取得一致,消除了因人而异的最佳表达方法所造成的影响。此外 UML 还支持对元模型的扩展定义。UML 表示法定义了 UML 符号的表示法,为开发者或开发工具使用这些图形符号和文本语法为系统建模提供了标准。这些图形符号和文字所表达的是应用级的模型,在语义上它是 UML 元模型的实例。

UML 用于描述模型的基本概念有事物、关系和图。UML 的事物又分为结构事物、行为事物、组织事物和注释事物。结构事物是 UML 中的静态元素,如类、接口、协作等;行为事物是 UML 中的动态元素,如交互、状态机等;组织事物是 UML 的分组元素,如包(Package)等;注释事物是 UML 的分组元素,如注释等。UML 的关系包括关联关系、依赖关系、泛化关系、聚合关系和实现关系。UML 有 9 种图,包括类图、对象图、用例图、顺序图、协作图、状态图、活动图、构件图和实施图等。UML 的结构如图 5 – 20 所示。

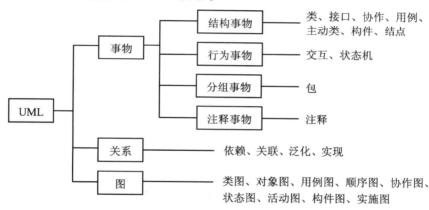

图 5 – 20　UML 的结构图

1. 结构事物

1)类

类是一组具有相同属性、操作、关系和语义的对象描述。UML 的图形表示上,类是一个矩形,通常包括它的名字、属性和方法。类的名称可以是一个字符串也可以是一个数字串或者其他标记符号。类的属性是已被冠名的类(事物的抽象)特性。类操作是一个服务的实现,是一个对象的动作行为。

2)接口

在 UML 中的包、组件和类都可以定义接口,利用接口说明包、组件和类能够支持的行为。接口通常被描述为抽象操作,即只用标识(返回值、操作名称、参数表)说明它的行为,而真正实现部分放在使用该接口的元素中。接口的图形表示是带有关键字"interface"的矩形,接口支持的操作在操作分栏中(如同类图)。在类图中,接口表示为一个小圆圈,接口的名称位于小圆圈的下方。圆圈符号用直线与支持接口的类或其他元素相连,它还可以连向高层的容器,如包。圆圈表示法不表示接口支持的操作,其操作由接口的矩形列表表示。

接口的作用有:接口用于说明类或构件的某种服务的操作集合,并定义该服务的实现。接口用于一组操作名,并说明其特征标记和效用,而不是结构。接口不为类或构件的操作提供实现。接口的操作列表可以包括类和构件的预处理的信号。接口为一组共同实现系统或部分系统的部分行为命名。接口参与关联,但不能作为关联的出发点。接口可以泛化元素,子接口继承祖先的全部操作并可以有新的操作,实现则被视为行为继承。

3) 协作

协作描述了在一定的语境中一组对象以及实现某些行为的这些对象间的相互作用。

4) 用例

用例代表的是一个完整的功能,是一组动作序列的描述,系统执行该动作序列来为参与者产生一个可观测的结果值。UML 中的用例是动作步骤的集合。系统中每种可执行的情况就是一个动作,每个动作由许多具体步骤实现。用例用椭圆表示,用例的名字写在椭圆的内部或下方。

参与者是系统的外部实体,它以某种方式参与用例的执行过程。凡是需要与系统交互的任何东西都可以称作参与者,并由参与用例时所扮演的角色来表示。参与者与系统进行通信的收、发消息机制,与面向对象编程中的消息机制很相似。参与者采用 stickman 的形式表示。参与者与用例之间的关联关系用一条直线表示,如图 5 - 21 所示。

5) 构件

系统中遵从一组接口且提供其实现的物理的、可替换的部分称为构件。对系统的物理方面建模时,它是一个重要的构造块。

若构件的定义良好,该构件不直接依赖于构件所支持的接口,在这种情况下,系统中的一个构件可以被支持正确接口的其他构件所替代。

构件的表示法是采用带有两个标签的矩形,如图 5 - 22 所示。

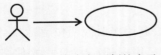

图 5 - 21　角色与用例的表示

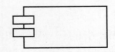

图 5 - 22　构件的表示法

6）节点

位置是一个运行时实体在环境中的物理放置,如分布式环境中的对象或分栏。在 UML 中,位置是分散的,位置的单位是结点。结点是运行时的物理对象,代表一个计算机的资源,通常至少有个存储空间和执行能力。运行时对象和运行时构件实例可以驻留在结点上。物理结点有很多的特性,如能力、吞吐量、可靠性等,UML 没有预定义这些特性,但它们可以在 UML 模型中用构造型或标记值建立。

结点是实现视图中的继承部分,不属于分析视图。虽然结点类型有重要意义,但通常各个结点的类型是匿名的。

2. 行为事物

1）交互

作为行为事物,交互是一组对象之间为了完成一项任务(如操作)而进行通信的一系列消息交换的行为。因此,交互是在一组对象之间进行的,交互的目的是为了完成一项任务,交互时要进行一系列的消息交换。交互可以表示在顺序图、协作图和活动图中。

2）状态机

状态机是一个状态和转换的图,描述了类元实例对事件接收的响应。状态机可以附属于某个类元(类或用例),还可以附属于协作和方法。

3. 分组事物——包

包是用于把元素组织成组的通用机制。包在理解上和构件(Component)有相同之处,构件是组成事物的元素,包是一个构件的抽象化的概念,是把类元按照一定的规则分成组(也可以称为模块)。package = component(s) + 规则,这个规则是构架在组件之上的思想抽象,而这个抽象恰恰是包的定义。

包主要是包含其他元素,如类、接口、构件、节点、协作、用例和图,当然也可以包含其他的包。

4. 关系事物

类之间可以建立各种关系,如关联、依赖、聚合、泛化。以下说明 UML 中几个典型的关系。

1）关联关系

关联是类之间的词法连接,在类图中用单线表示。

关联可以是单向的,也可以是双向的。例如,如果 House 类和 Person 类之间有关联关系,则 ROSE 将 Person 属性放进 House 类中,让房子知道谁是主人,并将 House 属性放进 Person 类中,让人知道拥有的房子。

2）依赖关系

依赖关系也是连接两个类,但与关联稍有不同。依赖性总是单向的,显示一个类依赖于另一个类的定义。依赖性用虚线表示。

3）聚合关系

聚合是强关联。聚合关系是整体与个体间的关系。聚合关系在总体类旁边画一个菱形。

4）泛化关系

泛化关系显示类之间的继承关系。大多数面向对象语言直接支持继承的概念。在 UML 中，继承关系称为泛化，显示为子类指向父类的箭头。

5. 图

任何建模语言都以静态建模机制为基础，标准建模语言 UML 也不例外。UML 的静态建模机制包括用例图、类图、对象图、包、构件图和配置图。

UML 中用于描述系统动态行为的 4 个图（状态图、顺序图、合作图和活动图）均可用于系统的动态建模，但它们各自的侧重点不同，分别用于不同的目的。

1）类图

类图是静态视图的图形表达方式，表示声明的（静态的模型元素），如类、类型及其他内容及相互关系。类图可以表示包的视图，包含嵌套包的符号。类图包含一些具体的行为元素，如操作它们的动态特征是在其他图中表示的，如状态图和协作图。

类图是用图形方式表示的静态视图。通常，为了表示一个完整的静态视图，需要几个类图。每个独立的类图需要说明基础模型中的划分，即是某些逻辑划分，如包是构成该图的自然边界。

2）对象图

对象图显示某些时刻对象和对象之间的关系，例如对象是类的实体，那么对象就是将类图中的类换成该类的实体—对象，那么，这个图就是对象图。对象图和协作图相关，协作图显示处于语境中的对象模型（类元角色）。

对于对象图无需提供单独的形式。类图中就包含了对象，所以只有对象而无类的类图就是一个"对象图"（和语义的描述一致）。然而，"对象图"这一个术语仅仅在特定的环境下才很有用。对象图不显示系统的演化过程，它仅仅是对象的关系等的静态描述。

3）用例图

用例是系统提供的功能的描述。用例图表示处于同一个系统中的参与者（角色）和用例之间的关系。

用例图是包括参与者、由系统边界（一个矩形）封闭的一组用例，参与者和用例之间的关联、用例间关系以及参与者的泛化的图。用例图表示来自用例模型的元素。

4）顺序图

顺序图是以时间顺序显示对象的交互的图。实际上，顺序图显示了参与交互的对象及所交换消息的顺序。顺序图是以时间为次序的对象之间通信的集合。不同于协作图，顺序图仅仅表示时间关系，而非对象关系（准确地讲应该是对象的时间顺序关系）。

顺序图有两个方向，即两维。垂直方向代表时间，水平方向代表参与交换的对象（其实含有先后次序），无论水平或垂直方向先后次序并没有规定。

5）协作图

协作图表示角色间交互的视图，即协作中实例及其链。与顺序图不同，协作图明确地表示了角色之间的关系。另一方面，协作图也不将时间作为单独的维来表示，所以必须使用顺序号来判断消息的顺序以及并行线程。其实，顺序图和协作图表达的是类似的信息（使用不同的方法表达）。

6）状态图

状态图用来描述一个特定对象的所有可能状态及其引起状态转移的事件。大多数面向对象技术都用状态图表示单个对象在其生命周期中的行为。一个状态图包括一系列的状态以及状态之间的转移。

所有对象都具有状态，状态是对象执行了一系列活动的结果。当某个事件发生后，对象的状态将发生变化。状态图中定义的状态有初态、终态、中间状态、复合状态。其中，初态是状态图的起始点，而终态则是状态图的终点。一个状态图只能有一个初态，而终态则可以有多个。中间状态包括名字域和内部转移域两个区域，状态图中状态之间带箭头的连线被称为转移。状态的变迁通常是由事件触发的，此时应在转移上标出触发转移的事件表达式。如果转移上未标明事件，则表示在源状态的内部活动执行完毕后自动触发转移。

7）活动图

活动图的应用非常广泛，它既可用来描述操作（类的方法）的行为，也可以描述用例和对象内部的工作过程。活动图是由状态图变化而来的，它们各自用于不同的目的。活动图依据对象状态的变化来捕获动作（将要执行的工作或活动）与动作的结果。活动图中一个活动结束后将立即进入下一个活动（在状态图中状态的变迁可能需要事件的触发）。

一项操作可以描述为一系列相关的活动。活动仅有一个起始点，但可以有多个结束点。活动间的转移允许带有 guard-condition、send-clause 和 action-expression，其语法与状态图中定义的相同。一个活动可以顺序地跟在另一个活动之后，这是简单的顺序关系。如果在活动图中使用一个菱形的判断标志，则可以表达条件关系,判断标志可以有多个输入和输出转移,但在活动的运作中仅触发其中的一个输出转移。

活动图对表示并发行为也很有用。在活动图中,使用一个称为同步条的水平粗线可以将一条转移分为多个并发执行的分支,或将多个转移合为一条转移。此时,只有输入的转移全部有效,同步条才会触发转移,进而执行后面的活动。

活动图说明发生了什么,但没有说明该项活动由谁来完成。在程序设计中,这意味着活动图没有描述出各个活动由哪个类来完成。泳道解决了这一问题。它将活动图的逻辑描述与顺序图、合作图的责任描述结合起来。泳道用矩形框来表示,属于某个泳道的活动放在该矩形框内,将对象名放在矩形框的顶部,表示泳道中的活动由该对象负责。

在活动图中可以出现对象。对象可以作为活动的输入或输出,对象与活动间的输入/输出关系由虚线箭头来表示。如果仅表示对象受到某一活动的影响,则可用不带箭头的虚线来连接对象与活动。

8)构件图和配置图

构件图和配置图显示系统实现时的一些特性,包括源代码的静态结构和运行时刻的实现结构。构件图显示代码本身的结构,配置图显示系统运行时刻的结构。

构件图显示软件构件之间的依赖关系。一般来说,软件构件就是一个实际文件,可以是源代码文件、二进制代码文件和可执行文件等。可以用来显示编译、链接或执行时构件之间的依赖关系。

配置图描述系统硬件的物理拓扑结构以及在此结构上执行的软件。配置图可以显示计算结点的拓扑结构和通信路径、结点上运行的软件构件、软件构件包含的逻辑单元(对象、类)等。配置图常常用于帮助理解分布式系统。

结点代表一个物理设备以及其上运行的软件系统,如一台 Unix 主机、一个 PC 终端、一台打印机、一个传感器等。结点表示为一个立方体,结点名放在左上角。

结点之间的连线表示系统之间进行交互的通信路径,在 UML 中被称为连接。通信类型则放在连接旁边的"《》"之间,表示所用的通信协议或网络类型。

标准建模语言 UML 的静态建模机制是采用 UML 进行建模的基础。熟练掌握基本概念、区分不同抽象层次以及在实践中灵活运用,是 3 条最值得注意的基本原则。

5.6.3 UML 应用

从应用的角度看,当采用面向对象技术设计系统时,系统开发的各步骤与采用的 UML 图之间的关系如图 5 - 23 所示。第一步,用例图来描述系统需求;第二步,根据需求,采用类图、对象图等,构造系统的结构;第三步,通常采用顺序图、活动图、合作图和状态图等描述系统的行为;第四步,利用组件图和配置图等实现系统。其中在第一步、第二步与第四步中所建立的模型是静态的,包括用例图、类图(包含包)、对象图、组件图和配置图等 5 个图形,是标准建模语言 UML 的静态建模机制。其中第三步中所建立的模型或者可以执行,或者表示执行时的时序状态或交互关系。它包括状态图、活动图、顺序图和合作图等 4 个图形,是标准建模语言 UML 的动态建模机制。因此,标准建模语言 UML 的主要内容也可以归纳为静态建模机制和动态建模机制两大类。

图 5 - 23 UML 图与系统开发的关系

任何建模语言都以静态建模机制为基础,UML 也不例外。UML 的静态建模机制包括:使用实例图、类图、对象图、包、构件图和配置图。UML 的动态建模机制包括:状态图、顺序图、合作图和活动图。其中:顺序图、合作图适合描述单个使用实例中几个对象的行为,活动图显示跨越多个使用实例或线程的复杂行为。

给复杂系统建模是一件困难的事情,因为描述一个系统涉及到该系统的功能性(静态结构和动态交互)、非功能性(定时需求、可靠性等)和组织管理等方面的许多内容。要完整地描述系统,通常的做法是用一组视图反映系统的各个方面,每个视图显示系统中的一个特定方面,每个视图由一组图构成。在 UML 中,系统的表示使用 5 种不同的"视图",它们可以从软件开发的不同阶段、不同视角和不同层次对所开发的系统进行描述。每个视图由一组图定义,如表 5 - 1 所列。

表 5 - 1 UML 的 5 种视图

序号	视图名称	视图内容	静态表现	动态表现	观察角度
1	用户模型视图 (用例视图)	系统行为、动力	用例图	交互图、状态图、活动图	用户、分析员、测试员
2	结构模型视图 (逻辑视图)	问题及解决方案	类图、对象图	交互图、状态图、活动图	类、接口、协作

（续）

序号	视图名称	视图内容	静态表现	动态表现	观察角度
3	行为模型视图（进程视图）	性能、可伸缩性、吞吐量	类图、对象图	交互图、状态图、活动图	线程、进程
4	实现模型视图（实现视图）	构件、文件	构件图	交互图、状态图、活动图	配置、发布
5	环境模型视图（部署视图）	部件的发布、交付、安装	配置图（部署图）	交互图、状态图、活动图	拓扑结构的结点

（1）用例视图：描述系统的应该具备的功能，即外部用户所能看到的功能。用例视图是其他视图的核心，它的内容直接驱动其他视图的开发。用例视图的修改会对所有其他的视图产生影响。通过测试用例视图，可以检验和最终校验系统。

（2）逻辑视图：描述用例视图中提出的系统功能的实现。与用例视图相比，逻辑视图主要关注系统的内部，它既描述系统的静态结构（类、对象以及它们之间的关系），也描述系统内部的动态协作关系。系统的静态结构在类图、对象图中描述，而动态模型则在交互图、状态图及活动图中进行描述。逻辑视图的主要使用者是设计人员和开发人员。

（3）进程视图：主要考虑资源的有效利用、代码的并行执行以及系统环境中异步事件的处理。除了将系统划分为并发执行的控制以外，进程视图还需要处理线程之间的通信与同步。进程视图的使用者是开发人中和系统集成人员。

（4）实现视图：描述系统的实现模块以及它们之间的依赖关系。实现视图中也可以添加其他附加的信息，例如资源分配或者其他管理信息。实现视图主要由组件图组成，它的主要使用者是开发人员。

（5）部署视图：显示系统的物理部署，它描述位于结点上的运行实例的部署情况。例如一个程序或对象在哪台计算机上执行，执行程序的各结点是如何连接的。部署视图主要由部署图表示。它的使用者是开发人员、系统集成人员和测试人员。部署视图还允许评估分配结果和资源分配。

UML不仅适用于以面向对象技术来描述任何类型的系统，而且适用于系统开发的不同阶段，并支持用户从不同的角度描述系统。利用UML进行面向对象分析与设计的一般开发过程包括：业务需求建模阶段、系统需求建模阶段、分析阶段及分析模型的建立、设计阶段及设计模型的建立、实现阶段及实现模型的建立以及测试阶段和测试模型的建立等，如表5-2所列。

表 5 - 2　UML 的开发过程

序号	模型名称	模型定义和解释	序号	模型名称	模型定义和解释
1	业务模型	建立业务流程的抽象	6	过程模型	建立系统的并发和同步机制
2	领域模型	建立系统的语境(业务操作规则)	7	部署模型	建立系统的硬件拓扑网络结构
3	用例模型	建立系统的功能需求	8	实现模型	建立的软硬件配置设计
4	分析模型	建立概念设计(逻辑设计)	9	测试模型	建立系统的测试计划设计
5	设计模型	建立问题的解决方案			

5.7　面向对象开发中的设计模式

5.7.1　概述

1. 面向对象设计中的问题

随着自身开发经验的不断积累,软件理论理解的不断加深,软件开发人员都会不由自主地想一些方法或者捷径来提高自己的编码效率,而不是一味地面对重复的问题做相同的工作。在面向对象的设计中,最困难的是寻找合适的对象来构造软件系统,从而设计出理想的类,由于要考虑多种因素诸如封装、粒度以及灵活性,而这些因素往往是冲突的,所以如何进行权衡取舍找到一个合理的方案是相当困难的。

在面向对象的设计中,必须找到适当的对象,把它们分解成粒度合适的类,定义类接口和继承体系,并建立它们之间的关键联系。面向对象技术的应用,一方面使软件的可重复使用性在一定程度上得到提高,另一方面对软件可复用性的要求也越来越高了。

在面向对象系统中有许多重复的类模式和通信对象,这些模式解决专门的设计问题,使面向对象的设计更灵活、精巧,最终可以重复使用。这样,以原有经验为基础,设计者可以重复使用以前成功的设计和体系结构来完成一个新设计。

设计模式把设计经验收集成人们可以有效利用的模型,这些模型系统地命名、解释和评价面向对象系统中的重要设计,并以目录形式表现出来。通过设计模式,新系统的开发者就可方便地复用成功的设计和结构,提高系统的设计效率和系统的复用性。一旦掌握了设计模式,就等于拥有了一支强有力的专家队伍。它甚至能够使面向对象的新手利用前人的经验找出职责明确的类和对象,从而获得解决方案。

2. 设计模式的概念

设计模式最早起源于建筑学,它是已被记录的最佳实践或者解决方案,并成功地解决了在某种特定情境中重复发生的某个问题。但其中体现的思想适用于建筑设计以外的一些领域,例如面向对象软件设计领域。只是在这里,对象和接口取代了墙和门窗,但模式的核心都是一样的,即在某种环境下解决特定问题的通用方法。

如果多个项目有相同的问题背景,那么可以应用相同的设计模式加以解决。在软件设计中使用设计模式可以减少各个类之间的依赖和耦合,增强结构复用性,减少因变更所做的设计调整。设计模式关注的是特定设计问题及其解决方案,在每种模式中均描述一个设计问题和一个经过验证的、通用的解决方案,这个解决方案是对反复出现的设计结构进行识别和抽象得到的,它通常由多个对象组成,模式中不仅描述对象的设计,而且描述对象间的通信。同时,在每种模式中还包括该模式的适用环境、使用效果和利弊的权衡以及该模式是否与其他模式有关等内容。设计模式解决了软件开发中有关对象的创建、结构和行为等问题。

设计模式的基本描述格式通常包括:①模式的名称;②模式要解决的问题及模式所适用的环境;③一个通用的解决方案,包括模式中的组件、组件间的交互以及它们的职责、关系和协作;④使用这种解决方案会产生的效果。设计模式的两个重要特性是:设计模式高于代码层,它不是描述一个好的编码风格,或者某种编程习惯用语;设计模式不是纯粹理论上的体系结构或者分析方法,它是一种可实际操作的东西。

耦合度是标识软件系统好坏的一个重要属性,软件系统中存在过多的耦合会使系统变得复杂,错误率增加,从而使系统难于更改和维护。过度的耦合不利于模块的设计和重用,为了提高模块化和封装性,应该尽量减少对象类之间的耦合。在系统设计过程中,特别是系统框架的设计过程中,降低软件系统的耦合性是改善软件系统的可维护性、可理解性和可扩展性的关键。采用合理的设计模式是目前改善软件系统耦合性的常用方法。

5.7.2　设计模式

目前广泛使用的设计模式主要包括以下 23 种:

Abstract Factory(抽象工厂模式):提供一个创建一系列相关或相互依赖对象的接口,而无需指定它们具体的类。

Adapter(适配器模式):将一个类的接口转换成客户希望的另外一个接口。Adapter 模式使得原本由于接口不兼容而不能一起工作的类可以一起工作。

Bridge(桥模式):将抽象部分与它的实现部分分离,使它们都可以独立地变化。

Builder(建造者模式):将一个复杂对象的构建与它的表示分离,使得同样的构建过程可以创建不同的表示。

Chain of Responsibility(责任链模式):为解除请求的发送者和接收者之间耦合,而使多个对象都有机会处理这个请求。将这些对象连成一条链,并沿着这条链传递该请求,直到有一个对象处理它。

Command(命令模式):将一个请求封装为一个对象,从而可用不同的请求对客户进行参数化;对请求排队或记录请求日志,以及支持可取消的操作。

Composite(组合模式):将对象组合成树形结构以表示"部分—整体"的层次结构。它使得客户对单个对象和复合对象的使用具有一致性。

Decorator(修饰模式):动态地给一个对象添加一些额外的职责。就扩展功能而言,它比生成子类方式更为灵活。

Facade(外观模式):为子系统中的一组接口提供一个一致的界面,Facade模式定义了一个高层接口,这个接口使得这一子系统更加容易使用。

Factory Method(工厂方法模式):定义一个用于创建对象的接口,让子类决定将哪一个类实例化。Factory Method 使一个类的实例化延迟到其子类。

Flyweight(轻量模式):运用共享技术有效地支持大量细粒度的对象。

Interpreter(解释器模式):给定一个语言,定义它的文法的一种表示,并定义一个解释器,该解释器使用该表示来解释语言中的句子。

Iterator(重述器模式):提供一种方法顺序访问一个聚合对象中各个元素,而又不需暴露该对象的内部表示。

Mediator(媒介模式):用一个中介对象来封装一系列的对象交互。中介者使各对象不需要显式地相互引用,从而使其耦合松散,而且可以独立地改变它们之间的交互。

Memento(纪念品模式):在不破坏封装性的前提下,捕获一个对象的内部状态,并在该对象之外保存这个状态。这样以后就可将该对象恢复到保存的状态。

Observer(观察者模式):定义对象间的一种一对多的依赖关系,以便当一个对象的状态发生改变时,所有依赖于它的对象都得到通知并自动刷新。

Prototype(原型模式):用原型实例指定创建对象的种类,并且通过复制这个原型来创建新的对象。

Proxy(代理模式):为其他对象提供一个代理以控制对这个对象的访问。

Singleton(孤子模式):保证一个类仅有一个实例,并提供一个访问它的全局访问点。

State(状态模式):允许一个对象在其内部状态改变时改变它的行为。对象看起来似乎修改了它所属的类。

Strategy(策略模式):定义一系列的算法,把它们一个个封装起来,并且使它们可相互替换。本模式使得算法的变化可独立于使用它的客户。

Template Method(模板方法模式):定义一个操作中的算法的骨架,而将一些步骤延迟到子类中。Template Method 使得子类可以不改变一个算法的结构即可重定义该算法的某些特定步骤。

Visitor(访问者模式):表示一个作用于某对象结构中的各元素的操作。它可以在不改变各元素的类的前提下定义作用于这些元素的新操作。

对于上述的 23 种设计模式,我们可以进行分类。根据它们的目标,即所做的事情,可以将它们分成创建型模式(Creational Patterns),处理的是对象的创建过程;结构型模式(Structural Patterns),处理的是对象或类的组合;行为型模式(Behavioral Patterns),处理类和对象间的交互方式和任务分布。

创建型模式都与如何有效地创建类的实例相关,这些模式使程序能够根据特定的情况创建特定的类。通过 new 来创建实例只能够在程序中生成固定的类。但是在很多情况下,程序需要根据不同的情况生成不同的类的实例,这就需要将实例的生成过程抽象到一个特殊的创建类中,由该类在运行时决定生成哪种类的实例,这样使得程序有更好的灵活性和通用性。创建型模式包括 Abstract Factory、Builder、Factory Method、Prototype、Singleton 等模式。

结构型模式处理类和对象的组合,将类和对象组合起来,以构成更加复杂的结构。它又被划分为类模式和对象模式。类模式和对象模式之间的区别在于类模式通过继承关系来提供有效的接口;而对象模式通过对象合成或将对象包含在其他对象中的方式构成更加复杂的结构。结构型模式包括 Adapter(适配器模式)、Bridge、Composite、Decorator、Facade)、Flyweight、Proxy 等模式。

行为型模式描述类或对象的交互和职责分配,定义对象间的通信和复杂程序中的控制流。行为型模式包括 Chain of responsibility、Command、Interpreter、Iterator、Mediator、Memento、Observer、State、Strategy、Template method、Visitor 等模式。

1. 创建型设计模式综述和典型实例分析

创建型模式规定了创建对象的方式,这一类模式抽象出了实例处理过程。使用继承来改变实例化的类,把实例化的任务交给了另一个对象。在必须决定实例化某个类时,使用这些模式。通常,由抽象超类封装实例化类的细节,这些细节包括这些类确切是什么,以及如何及何时创建这些类。

实例1:工厂方法(Factory Method)模式及其应用

功能:工厂方法定义一个用于创建对象的接口,让子类决定实例化哪一个类。Factory Method 使一个类的实例化延迟到其子类。

结构图：如图 5 – 24 所示。

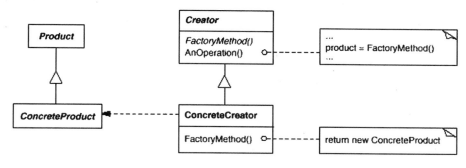

图 5 – 24　工厂方法模式

图中，Product 定义工厂方法所创建的对象的接口。ConcreteProduct 实现 Product 接口。Creator 声明工厂方法，返回一个 Product 类型的对象。ConcreteCreator 重定义工厂方法，以返回一个 ConcreteProduct 实例。

适用性：工厂方法适应于当一个类不知道它所必须创建的对象的类或当一个类希望由它的子类来指定它所创建的对象的情况。

工厂方法模式的应用：一个应用框架可以向用户显示多个文档，如图 5 – 25 所示。这个框架中有 2 个主要的抽象类：Application 和 Document。客户必须通过他们的子类来做与具体应用相关的实现。

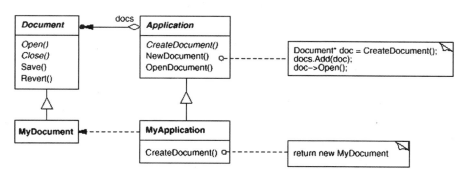

图 5 – 25　工厂方法实例

2. 结构型设计模式综述和典型实例分析

结构型模式规定了如何组织类和对象，即考虑如何组合类和对象构成较大的结构。结构型类的模式使用继承来组合接口或实现，结构型对象模式则描述组合对象实现新功能的方法。对象组合的额外灵活性来自于在运行时改变组合的能力,这是静态的类组合无法做到的。常用的结构型模式包括 Adapter、Proxy 和 Decorator 模式。因为这些模式在客户机类与其要使用的类之间引入了一个间接层,所以它们是类似的。但是,它们的意图有所不同。Adapter 使用这种间接修改类的接口以方便客户机类使用它。Decorator 使用这种间接向类添加行为,而不会过度地影响客户机类。Proxy 使用这种间接透明地提供另一个类的替身。

实例 2:组合(Composite)模式及其应用

功能:组合表示"部分—整体"关系,并使用户以一致的方式使用单个对象和组合对象。

结构图:如图 5 - 26 所示。

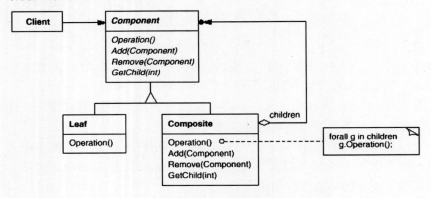

图 5 - 26　组成模式

图 5 - 26 中,也可以做些扩展,根据需要可以将 Leaf 和 Composite 作为抽象基类,从中派生出子类来。图中,部件(Component)声明组合中对象的接口;声明访问、管理孩子部件的接口。叶子(Leaf)代表部件中的叶对象,它没有孩子,定义组合中原始对象的行为。组合(Composite)定义有孩子的部件的行为,保存该孩子部件,实现 Component 接口中与孩子有关的操作。客户(Client)通过 Component 接口操作组合中的对象。

使用条件:当希望表示对象的部分—整体层次结构或希望客户能忽略组合对象与单个对象之间的差别时采用组成模式,客户可以一致地处理组合结构中的全部对象。

结果:采用组合模式来定义包括原始对象和组合对象的类结构,简化了客户,易于添加新的部件类,使设计更加通用。

优点:对于 Composite 模式,也许人们一开始的注意力会集中在它是如何实现组合对象的。但 Composite 最重要之处在于用户并不关心是组合对象还是单个对象,用户将以统一的方式进行处理,所以基类应是从单个对象和组合对象中提出的公共接口。

缺点:Composite 最大的问题在于不容易限制组合中的组件。

组合模式的应用:JUnit 中综合使用了 Composite pattern、Command pattern 以及 Template pattern,如图 5 – 27 所示。

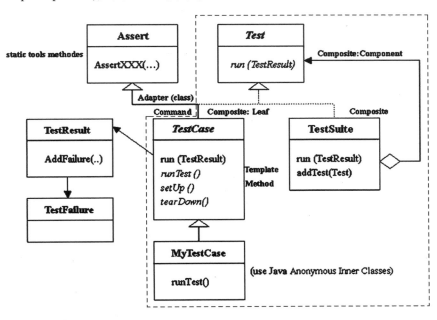

图 5 – 27　Junit 框架结构中的组成模式

Junit 是一个面向 Java 语言的单元测试框架,是一个源码开放项目,它使得程序员编写很少的代码,而且不用对原来的代码进行修改,即可方便地进行自动的单元测试,目前已经被广泛使用,众多主流的 Java 开发工具如 Jbuilder 等也都支持 Junit。图中,虚线框部分为 Composite pattern:TestCase 类型的实例是“叶子”,负责最终测试的执行。TestSuit 类型的实例构成了“树”的枝条,而且它的方法 addTest,既可以增加叶子也可以增加枝条,起到了连接的作用。

3. 行为型设计模式综述和典型实例分析

行为模式(Behavioral pattern)规定了对象之间交互的方式。它们通过指定对象的职责和对象相互通信的方式,使得复杂的行为易于管理。

实例 3:观察者(Observer)模式及其应用

功能:观察者定义对象间的一对多的依赖关系,当一个对象的状态发生改变时,所有依赖于它的对象都得到通知并被自动更新。

结构图：如图 5 - 28 所示。

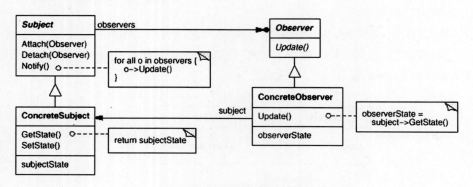

图 5 - 28　观察者模式

对象交互图如图 5 - 29 所示。

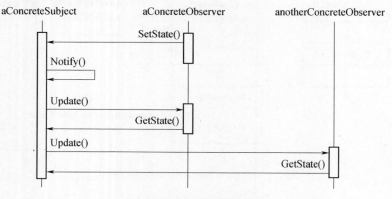

图 5 - 29　对象交互图

图 5 - 28 中，主题（Subject）知道它的观察者，可以有任意数目的观察者对象观察一个主题，提供一个连接观察者对象和解除连接的接口。观察者（Observer）给那些要注意到一个主题变化的对象定义一个更新的接口。具体主题（Concrete-Subject）存储 ConcreteObserver 对象感兴趣的状态，当状态改变时，向它的观察者发送通知。具体观察者（ConcreteObserver）维持一个与 ConcreteSubject 对象的接口，存储要与主题一致的状态，实现 Observer 更新的接口，使状态与主题一致。

结果：抽象了 Subject 和 Observer 之间的耦合，支持广播通信，有可能发生预想不到的更新。

应用 1：MFC 的文档/视结构中运用了 Observer 模式。当数据（即文档）发生改变时，将通知所有的界面（即视）更新显示。当用户在其中的一个视中改变了数据时,也会通知文档更新数据,和所有其他的视更新显示。

应用2:航班信息显示系统。在以往的开发中,即使是相似的领域,一旦有新的应用就不得不开发新的系统,已经完成的程序不能重用,造成极大浪费。使用已经成熟的设计模式来开发可重用的系统,并将设计模式贯穿于系统开发的整个过程,就可以避免上述问题。

航班信息显示系统统一控制航站楼内各种显示设备向旅客和工作人员实时发布及时准确的进出港航班动态信息,正确引导旅客办理乘机手续、候机、登机,通知旅客的亲友接机等,帮助机场有关工作人员更好地完成各项工作任务,提高服务质量,同时,也向有关系统提供航班数据接口。该系统将对保证机场正常的生产经营秩序和提高机场服务质量以及整体竞争力具有很大的作用。

根据航班显示中显示方式、显示内容、显示设备的不同,需要有非常灵活的显示框架,这样根据实际的需求能进行灵活的处理,而且可以定制显示的内容,能适应不断的变化。经过对航班信息显示系统的分析研究,认为显示框架是对数据模型、显示模型的抽象描述与实现,显示模型比较复杂,例如显示的内容的变化,显示的格式的变化,显示设备的变化等,但可以被抽象为 Observer 模式。我们建造了一个以 Observer 模式为基础的航班显示应用框架,如图 5－30 所示,对应于 Observer 设计模式中的目标和观察者如图 5－31 所示。

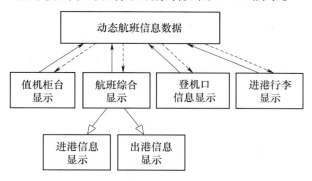

图 5－30　航班显示模型

类别	名称	作用
Subject	· Flight Data	Send notify signal
Observer	· Integrated Information · CheckIn Counter · Boarding · baggage	Request for modification

图 5－31　航班显示中对应 Observer 设计模式的参与者

我们将各种显示信息作为观察者,航班显示数据作为目标,当目标一变化,也就是航班信息动态变化时,观察者即显示的信息依据数据模型选择适当的显示方式,并相应的修改其显示的内容。

由于设计模式具有一定的复杂性,所以很难将其应用到具体的软件设计中,主要原因有两点:①软件设计人员没有正确把握和理解软件设计模式;②没有一种有效的方法来指导使用这些设计模式如何针对具体的应用选取合适的有效的设计模式。我们可以参照以下的步骤来进行:

步骤1:对所要解决的问题进行抽象,并划分适当的类型。

步骤2:根据问题类型选择适合的设计模式。

步骤3:规划问题和匹配模式,即将所要解决的问题与所选择的设计模式进行比较,找出共性;在所要解决的问题域内考虑对应于模式中的类和模式中的各种角色,如果发现选择的设计模式并不合适,返回步骤3,重新进行设计。

步骤4:对选取的模式进行变体,即对模式的原始结构进行修改或扩展,以解决具体问题。

5.9　本章小结

(1)面向对象思想的实质不是从功能上或处理的方法上来考虑,而是从系统的组成上进行分解。面向对象方法通过对问题进行自然分割,利用类及对象作为基本构造单元,以更接近人类思维的方式建立问题领域模型,使设计出的软件能直接地描述现实世界,构造出模块化的、可重用的、可维护性好的软件。

(2)面向对象的基本概念在面向对象方法中占有重要的位置。对象是现实世界中个体或事物的抽象表示,是面向对象开发模式的基本成份。对象之间的关系是对现实世界建模的基础,分为包含、聚合和相关等3种关系。类是一组具有相同属性和相同操作的对象的集合。实例是从某个类创建的对象,它们都可使用类中提供的函数。消息是一个对象与另一个对象的通信单元,是要求某个对象执行类中定义的某个操作的规格说明。封装性、多态性以及继承性都是面向对象的重要概念。

(3)了解几种典型的面向对象的开发方法。

• 对象模型技术(OMT)从3个视角描述系统,通过建立对象模型、动态模型和功能模型来获得对问题的全面认识。OMT方法将开发过程分为分析、系统设计、对象设计和实现4个阶段。

• Coad/Yourdon方法严格区分了面向对象分析和面向对象设计两个阶段,利用5个层次和活动定义和记录系统行为、输入和输出。这5个层次的活动包括发现类及对象、识别结构、定义主题、定义属性和定义服务。

● Jacobson 方法以使用实例模型为核心,构造一系列系统开发模型。Jacobson 方法涉及整个软件生命周期,包括需求分析、设计、实现和测试 4 个阶段。在这个方法中,各阶段都环绕使用实例建模、细化直到系统的实现和测试。

（4）UML 是一种定义良好、易于表达、功能强大且普遍适用的建模语言,不仅支持面向对象的分析与设计,还支持从需求分析开始的软件开发的全过程。UML 用于描述模型的基本概念有事物、关系和图。任何建模语言都以静态建模机制为基础,UML 的静态建模机制包括使用实例图、类图、对象图、包、构件图和配置图,动态建模机制包括状态图、顺序图、合作图和活动图。

（5）设计模式把设计经验收集成人们可以有效利用的模型,这些模型系统地命名、解释和评价面向对象系统中的重要设计,并以目录形式表现出来。通过设计模式,新系统的开发者就可方便地复用成功的设计和结构,提高系统的设计效率和系统的复用性。设计模式可以分成创建型模式（处理的是对象的创建过程）、结构型模式（处理的是对象或类的组合）以及行为型模式（处理类和对象间的交互方式和任务分布）。

第六章　软件测试与软件可靠性

6.1　软件测试概述

随着科学技术的飞速发展,软件的功能越来越强大,软件的复杂性也越来越高,从而大大增加了软件测试与可靠性评估的难度。对于低质量的软件,在运行过程中会产生各种各样的问题,可能带来不同程度的严重后果,轻者影响系统的正常工作,重者造成事故,损失生命财产。为了保证一个软件系统的质量,对软件测试与可靠性评估方法进行专门研究是一项非常重要的工作。

软件测试是保证软件质量的最重要的手段。1983 年 IEEE 定义软件测试为:使用人工或自动手段来运行或测定某个系统的过程,其目的在于检验它是否满足规定的需求或是弄清预期结果与实际结果之间的差别。

可以从不同角度来划分软件测试方法。从是否需要执行被测软件的角度,可以将软件测试分为静态测试和动态测试。

静态测试是指依据需求规格说明书、软件设计说明书和源程序做结构分析、流程图分析、符号执行,对软件进行分析、检查和测试,不实际运行被测试的软件,约可找出 30% ~70% 的逻辑设计错误。不执行程序来寻找代码中存在的错误或评估代码的过程,由人工来进行,发挥了人的逻辑思维的优势或测试经验,能够批量性地发现问题,并直接定位到缺陷或错误的具体位置。静态测试可以分为静态分析和代码走查。静态分析是一种计算机辅助静态分析方法,主要对程序进行控制流分析、数据流分析、接口分析和表达式分析等。静态分析的对象是计算机程序,程序设计语言不同,相应的静态分析工具也不尽相同。代码走查是一种人工测试方法,它一般依靠有经验的程序员根据需求分析、设计规格等来执行。代码走查的目的一般包括:①通过人工阅读,"执行"源程序代码,可以查出源程序中的各种错误;②通过走查可获取源程序的统计信息,如模块数、模块名、程序长度等;③通过走查可获取源程序编码质量的相关信息,如 McCabe 系数、耦合度、聚合度等;④通过走查可以获取模块结构图。

动态测试是指通过运行软件来检验软件的动态行为和运行结果的正确性。动态测试有两个基本要素:被测试程序和测试数据(测试用例)。必须生成测试

166

数据来运行被测试程序,取得程序运行的真实情况、动态情况,进而进行分析测试质量依赖于测试数据。

　　从测试是否针对系统的内部结构和具体实现算法来看,可以将软件测试分为黑盒测试、白盒测试、灰盒测试。黑盒测试又称功能测试,数据驱动测试或者基于规格说明书的测试。它是一种从软件需求出发,并根据需求规格说明设计测试用例,按照测试用例的要求运行被测程序的测试方法。黑盒测试把软件看成是一个黑盒子,在完全不考虑程序内部结构和内部特性的情况下,检查输入与输出之间关系是否符合要求,见图6-1。黑盒测试关注软件所实现的功能,只对这些功能进行测试。

　　白盒测试又称结构测试、逻辑驱动测试或基于程序的测试,是在已知程序内部结构的情况下设计测试用例的测试方法,见图6-2。显然,白盒测试适合在单元测试中运用,而在独立测试阶段多采用黑盒测试方法。

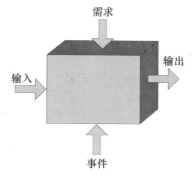

图6-1　黑盒测试示意图

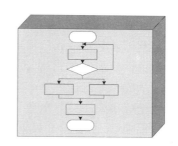

图6-2　白盒测试示意图

　　灰盒测试也称跟踪法测试,是指介于白盒测试和黑盒测试之间的一种测试方法,它关注输出对于输入的正确性,同时也关注内部表现,它跟踪程序的运行过程,特别是输入数据在程序中的"流程"。灰盒测试用于跟踪测试数据在每一步的正确性,较白盒测试而言,灰盒测试没有深入解析程序的结构,也不像黑盒测试那样只关注输入和输出,它也关心程序中间的某些流程是否正确。灰盒测试的一些典型应用包括跟踪SQL语句、跟踪网络Socket包以及跟踪日志等。

　　测试用例(Test Case)实际上是对软件运行过程中所有可能存在的目标、运动、行动、环境和结果的描述,是对客观世界的一种抽象。设计测试用例即设计针对特定功能或组合功能的测试方案,并编写成文档。测试用例应该体现软件工程的思想和原则。测试用例的选择既要有一般情况,也应有极限情况以及最大和最小的边界值情况。因为测试的目的是暴露应用软件中隐藏的缺陷,所以在设计选取测试用例和数据时要考虑那些易于发现缺陷的测试用例和数据,结合复杂的运行环境,在所有可能的输入条件和输出条件中确定测试数据,来检查应用软件是否都能产生正确的输出。软件测试所得到的数据经过处理以后,可以用来作为评估软件系统是否满足用户需求的依据。

根据软件工程的不同开发阶段,软件测试可以分成单元测试、集成测试、确认测试和系统测试,如图 6 - 3 所示。

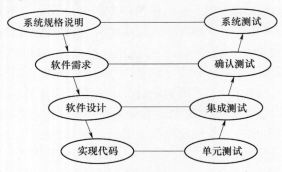

图 6 - 3　软件测试与软件开发过程的关系

单元测试通常在编码阶段进行,用于完成对软件构件或模块的测试工作,使用构件及设计描述作为指南,对重要的控制路径进行测试以发现内部的错误。集成测试是在单元测试的基础上,将所有模块按照概要设计的要求组装成子系统或系统进行集成测试。集成测试侧重于模块间的接口正确性以及集成后的整体功能的正确性,主要测试对象是代码模块、独立的应用程序、在网络上的客户端和服务器诊断程序等。确认测试是严格遵循有关标准的一种符合性测试,以确定软件产品是否满足软件需求规格说明书中确定的软件功能和技术指标的要求。若能达到这一要求,则认为开发的软件是合格的,因而有时又将确认测试称为合格性测试。系统测试是高阶测试的一种,用于在集成测试后,将计算机硬件、某些支持软件、数据和人员等系统元素结合起来,在实际运行环境下对计算机系统进行严格的测试来发现软件的潜在问题,保证系统的正常运行。上述的软件测试阶段和方法同样适用于嵌入式软件的测试。

软件测试如同软件开发一样,有着一套软件测试生命周期,如图 6 - 4 所示。

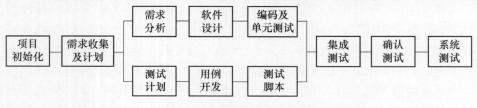

图 6 - 4　软件测试生命周期

6.1.1　单元测试的基本方法

单元测试的对象是软件设计的最小单位——模块。单元测试的依据是详细设计描述,单元测试应对模块内所有重要的控制路径设计测试用例,以便发现模块内部的错误。单元测试多采用白盒测试技术,系统内多个模块可以并行地进行测试。

单元测试方法包括基于数据的黑盒测试方法、基于结构的白盒测试方法。基于数据的黑盒测试又分为边界值测试、等价类划分、决策表、错误推测、随机测试等方法。基于结构的白盒测试方法包括图 6 – 5 所示语句覆盖、分支覆盖、条件覆盖、全部路径覆盖等。

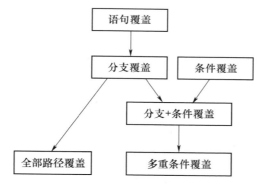

图 6 – 5　基于结构的白盒测试方法

单元测试的任务包括模块接口测试、模块局部数据结构测试、模块中所有独立执行通路测试、模块的各条错误处理通路测试以及模块边界条件测试。

模块接口测试是单元测试的基础。只有在数据能正确流入、流出模块的前提下,其他测试才有意义。测试接口正确与否应该考虑下列因素:输入的实际参数与形式参数的个数是否相同,输入的实际参数与形式参数的属性是否匹配,输入的实际参数与形式参数的量纲是否一致,调用其他模块时所给实际参数的个数是否与被调模块的形参个数相同,调用其他模块时所给实际参数的属性是否与被调模块的形参属性匹配,调用其他模块时所给实际参数的量纲是否与被调模块的形参量纲一致,调用预定义函数时所用参数的个数、属性和次序是否正确,是否存在与当前入口点无关的参数引用,是否修改了只读型参数,对全程变量的定义各模块是否一致以及是否把某些约束作为参数传递。如果模块内包括外部输入输出,还应该考虑下列因素:文件属性是否正确、OPEN/CLOSE 语句是否正确、格式说明与输入输出语句是否匹配、缓冲区大小与记录长度是否匹配、文件使用前是否已经打开、是否处理了文件尾、是否处理了输入/输出错误以及输出信息中是否有文字性错误。

检查局部数据结构是为了保证临时存储在模块内的数据在程序执行过程中完整、正确。局部数据结构往往是错误的根源,应仔细设计测试用例,力求发现下面几类错误:不合适或不相容的类型说明、变量无初值、变量初始化或默认值有错、不正确的变量名(拼错或不正确地截断)以及出现上溢、下溢和地址异常。除了局部数据结构外,如果可能,单元测试时还应该查清全局数据(如 FOR-TRAN 的公用区)对模块的影响。

在模块中应对每一条独立执行路径进行测试,单元测试的基本任务是保证模块中每条语句至少执行一次。此时设计测试用例是为了发现因错误计算、不正确的比较和不适当的控制流造成的错误。此时基本路径测试和循环测试是最常用且最有效的测试技术。计算中常见的错误包括:误解或用错了算符优先级、混合类型运算、变量初值错、精度不够、表达式符号错。比较判断与控制流常常紧密相关,测试用例还应致力于发现下列错误:不同数据类型的对象之间进行比较、错误地使用逻辑运算符或优先级、因计算机表示的局限性,期望理论上相等而实际上不相等的两个量相等、比较运算或变量出错、循环终止条件或不可能出现、迭代发散时不能退出、错误地修改了循环变量。

一个好的设计应能预见各种出错条件,并预设各种出错处理通路,出错处理通路同样需要认真测试,测试应着重检查下列问题:输出的出错信息难以理解、记录的错误与实际遇到的错误不相符、在程序自定义的出错处理段运行之前,系统已介入、异常处理不当、错误陈述中未能提供足够的定位出错信息。

边界条件测试是单元测试中最后,也是最重要的一项任务。众所周知,软件经常在边界上失效,采用边界值分析技术,针对边界值及其左右设计测试用例,很有可能发现新的错误。

单元测试一般紧接在编码之后,当源程序编制完成并通过复审和编译检查,便可开始单元测试。测试用例的设计应与复审工作相结合,根据设计信息选取测试数据,将增大发现上述各类错误的可能性。在确定测试用例的同时,应给出期望结果。

应为测试模块开发一个驱动模块(Driver)和(或)若干个桩模块(Stub),图6-6显示了一般单元测试的环境。驱动模块在大多数场合称为"主程序",它接收测试数据并将这些数据传递到被测试模块,被测试模块被调用后,"主程序"打印"进入—退出"消息。

驱动模块和桩模块是测试使用的软件,而不是软件产品的组成部分,但它需要一定的开发费用。若驱动和桩模块比较简单,实际开销相对低些。遗憾的是,

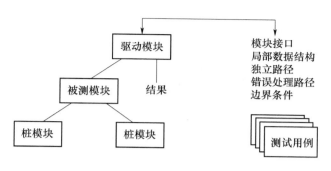

图 6 - 6　单元测试环境

仅用简单的驱动模块和桩模块不能完成某些模块的测试任务,这些模块的单元测试只能采用下面讨论的综合测试方法。

提高模块的内聚度可简化单元测试,如果每个模块只能完成一个功能,所需测试用例数目将显著减少,模块中的错误也更容易发现。

6.1.2　集成测试的基本方法

时常有这样的情况发生,每个模块都能单独工作,但这些模块集成在一起之后却不能正常工作。主要原因是,模块相互调用时接口会引入许多新问题。例如,数据经过接口可能丢失;一个模块对另一模块可能造成不应有的影响;几个子功能组合起来不能实现主功能;误差不断积累达到不可接受的程度;全局数据结构出现错误,等等。综合测试是组装软件的系统测试技术,按设计要求把通过单元测试的各个模块组装在一起之后,进行综合测试以便发现与接口有关的各种错误。

某设计人员习惯于把所有模块按设计要求一次全部组装起来,然后进行整体测试,这称为非增量式集成。这种方法容易出现混乱。因为测试时可能发现一大堆错误,为每个错误定位和纠正非常困难,并且在改正一个错误的同时又可能引入新的错误,新旧错误混杂,更难断定出错的原因和位置。与之相反的是增量式集成方法,程序一段一段地扩展,测试的范围一步一步地增大,错误易于定位和纠正,界面的测试亦可做到完全彻底。下面讨论两种增量式集成方法。

1. 自顶向下集成

自顶向下集成是构造程序结构的一种增量式方式,它从主控模块开始,按照软件的控制层次结构,以深度优先或广度优先的策略,逐步把各个模块集成在一起。深度优先策略首先是把主控制路径上的模块集成在一起,至于选择哪一条路径作为主控制路径,这多少带有随意性,一般根据问题的特性确定。以图6 - 7

为例,若选择了最左一条路径,首先将模块 M_1,M_2,M_5 和 M_8 集成在一起,再将 M_6 集成起来,然后考虑中间和右边的路径。广度优先策略则不然,它沿控制层次结构水平地向下移动。仍以图 6-7 为例,它首先把 M_2、M_3 和 M_4 与主控模块集成在一起,再将 M_5 和 M_6 与其他模块集成起来。

自顶向下综合测试的具体步骤为:

步骤1:以主控模块作为测试驱动模块,把对主控模块进行单元测试时引入的所有桩模块用实际模块替代;

步骤2:依据所选的集成策略(深度优先或广度优先),每次只替代一个桩模块;

步骤3:每集成一个模块立即测试一遍;

步骤4:只有每组测试完成后,才着手替换下一个桩模块;

步骤5:为避免引入新错误,须不断地进行回归测试(即全部或部分地重复已做过的测试)。

从步骤 2 开始,循环执行上述步骤,直至整个程序结构构造完毕。图 6-7 中,实线表示已部分完成的结构,若采用深度优先策略,下一步将用模块 M7 替换桩模块 S_7,当然 M7 本身可能又带有桩模块,随后将被对应的实际模块——替代。

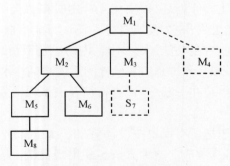

图 6-7 自顶向下集成

自顶向下集成的优点在于能尽早地对程序的主要控制和决策机制进行检验,因此较早地发现错误。缺点是在测试较高层模块时,低层处理采用桩模块替代,不能反映真实情况,重要数据不能及时回送到上层模块,因此测试并不充分。解决这个问题有几种办法,第一种是把某些测试推迟到用真实模块替代桩模块之后进行;第二种是开发能模拟真实模块的桩模块;第三种是自底向上集成模块。第一种方法又回退为非增量式的集成方法,使错误难于定位和纠正,并且失去了在组装模块时进行一些特定测试的可能性;第二种方法无疑要大大增加开销;第三种方法比较切实可行,下面专门讨论。

2. 自底向上集成

自底向上测试是从"原子"模块(即软件结构最低层的模块)开始组装测试,因测试到较高层模块时,所需的下层模块功能均已具备,所以不再需要桩模块。

自底向上综合测试的步骤分为:

步骤1:把低层模块组织成实现某个子功能的模块群(Cluster);

步骤2:开发一个测试驱动模块,控制测试数据的输入和测试结果的输出;

步骤3:对每个模块群进行测试;

步骤4:删除测试使用的驱动模块,用较高层模块把模块群组织成为完成更大功能的新模块群。

从步骤1开始循环执行上述各步骤,直至整个程序构造完毕。

图6-8说明了上述过程。首先"原子"模块被分为3个模块群,每个模块群引入一个驱动模块进行测试。因模块群1、模块群2中的模块均隶属于模块M_a,因此在驱动模块D_1、D_2去掉后,模块群1与模块群2直接与M_a接口。然后,在驱动模块D_3去掉后,M_b与模块群3直接接口,可对M_b进行集成测试,最后M_a、M_b和M_c全部集成在一起进行测试。

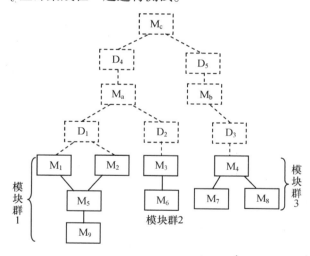

图6-8 自底向上集成

自底向上集成方法不用桩模块,测试用例的设计亦相对简单,但缺点是程序最后一个模块加入时才具有整体形象。它与自顶向下综合测试方法优缺点正好相反。因此,在测试软件系统时,应根据软件的特点和工程的进度,选用适当的测试策略,有时混和使用两种策略更为有效,上层模块用自顶向下的方法,下层模块用自底向上的方法。

此外,在综合测试中尤其要注意关键模块,所谓关键模块一般都具有下述一或多个特征:①对应几条需求;②具有高层控制功能;③复杂、易出错;④有特殊的性能要求。关键模块应尽早测试,并反复进行回归测试。

6.1.3 确认测试的基本方法

通过集成测试之后,软件已完全组装起来,接口方面的错误也已排除,软件测试的最后一步——确认测试即可开始。确认测试应检查软件能否按合同要求进行工作,即是否满足软件需求说明书中的确认标准。

1. 确认测试标准

实现软件确认要通过一系列黑盒测试。确认测试同样需要制订测试计划和过程,测试计划应规定测试的种类和测试进度,测试过程则定义一些特殊的测试用例,旨在说明软件与需求是否一致。无论计划还是过程,都应该着重考虑软件是否满足合同规定的所有功能和性能,文档资料是否完整、准确,人机界面和其他方面(如可移植性、兼容性、错误恢复能力和可维护性等)是否令用户满意。

确认测试的结果有两种可能,一种是功能和性能指标满足软件需求说明的要求,用户可以接受;另一种是软件不满足软件需求说明的要求,用户无法接受。项目进行到这个阶段才发现严重错误和偏差一般很难在预定的工期内改正,因此必须与用户协商,寻求一个妥善解决问题的方法。

2. 配置复审

确认测试的另一个重要环节是配置复审。复审的目的在于保证软件配置齐全、分类有序,并且包括软件维护所必须的细节。

3. α、β 测试

事实上,软件开发人员不可能完全预见用户实际使用程序的情况。例如,用户可能错误地理解命令,或提供一些奇怪的数据组合,亦可能对设计者自认明了的输出信息迷惑不解,等等。因此,软件是否真正满足最终用户的要求,应由用户进行一系列"验收测试"。验收测试既可以是非正式的测试,也可以是有计划、有系统的测试。有时,验收测试长达数周甚至数月,不断暴露错误,导致开发延期。一个软件产品,可能拥有众多用户,不可能由每个用户验收,此时多采用称为 α、β 测试的过程,以期发现那些似乎只有最终用户才能发现的问题。

α 测试是指软件开发公司组织内部人员模拟各类用户行对即将面市软件产品(称为 α 版本)进行测试,试图发现错误并修正。α 测试的关键在于尽可能逼真地模拟实际运行环境和用户对软件产品的操作并尽最大努力涵盖所有可能的用户操作方式。经过 α 测试调整的软件产品称为 β 版本。紧随其后的 β 测试是指软件开发公司组织各方面的典型用户在日常工作中实际使用 β 版本,并要求用户报告异常情况、提出批评意见。然后软件开发公司再对 β 版本进行改错和完善。

6.1.4　系统测试的基本方法

计算机软件是基于计算机系统的一个重要组成部分,软件开发完毕后应与系统中其他成分集成在一起,此时需要进行一系列系统集成和确认测试。对这些测试的详细讨论已超出软件工程的范围,这些测试也不可能仅由软件开发人员完成。在系统测试之前,软件工程师应完成下列工作:

首先,为测试软件系统的输入信息设计出错处理通路;

其次,设计测试用例,模拟错误数据和软件界面可能发生的错误,记录测试结果,为系统测试提供经验和帮助;

最后,参与系统测试的规划和设计,保证软件测试的合理性。

系统测试应该由若干个不同测试组成,目的是充分运行系统,验证系统各部件是否都能正常工作并完成所赋予的任务。下面简单讨论几类系统测试。

1. 恢复测试

恢复测试主要检查系统的容错能力。当系统出错时,能否在指定时间间隔内修正错误并重新启动系统。恢复测试首先要采用各种办法强迫系统失败,然后验证系统是否能尽快恢复。对于自动恢复需验证重新初始化(Reinitialization)、检查点(Checkpointing Mechanisms)、数据恢复(Data Recovery)和重新启动(Restart)等机制的正确性;对于人工干预的恢复系统,还需估测平均修复时间,确定其是否在可接受的范围内。

2. 安全测试

安全测试检查系统对非法侵入的防范能力。安全测试期间,测试人员假扮非法入侵者,采用各种办法试图突破防线。例如,①想方设法截取或破译口令;②专门定做软件破坏系统的保护机制;③故意导致系统失败,企图趁恢复之机非法进入;④试图通过浏览非保密数据,推导所需信息,等等。理论上讲,只要有足够的时间和资源,没有不可进入的系统。因此系统安全设计的准则是,使非法侵入的代价超过被保护信息的价值。此时非法侵入者已无利可图。

3. 强度测试

强度测试检查程序对异常情况的抵抗能力。强度测试总是迫使系统在异常的资源配置下运行。例如,①当中断的正常频率为每秒一至两个时,运行每秒产生 10 个中断的测试用例;②定量地增长数据输入率,检查输入子功能的反映能力;③运行需要最大存储空间(或其他资源)的测试用例;④运行可能导致虚存操作系统崩溃或磁盘数据剧烈抖动的测试用例,等等。

4. 性能测试

对于那些实时和嵌入式系统,软件部分即使满足功能要求,也未必能够满足性能要求,虽然从单元测试起,每一测试步骤都包含性能测试,但只有当系统真正集成之后,在真实环境中才能全面、可靠地测试运行性能系统性能测试是为了完成这一任务。性能测试有时与强度测试相结合,经常需要其他软硬件的配套支持。

5. 功能测试

功能测试是在规定的一段时间内运行软件系统的所有功能,以验证这个软件系统有无严重错误。

6. 配置测试

这类测试是要检查计算机系统内各个设备或各种资源之间的相互联结和功能分配中的错误。它主要包括以下几种:

配置命令测试:验证全部配置命令的可操作性(有效性),特别对最大配置和最小配置要进行测试。软件配置和硬件配置都要测试。

循环配置测试:证明对每个设备物理与逻辑的,逻辑与功能的每次循环置换配置都能正常工作。

修复测试:检查每种配置状态及哪个设备是坏的。并用自动的或手工的方式进行配置状态间的转换。

7. 安全性测试

安全性测试是要检验在系统中已经存在的系统安全性、保密性措施是否发挥作用,有无漏洞。力图破坏系统的保护机构以进入系统的主要方法有以下几种:正面攻击或从侧面、背面攻击系统中易受损坏的那些部分;以系统输入为突破口,利用输入的容错性进行正面攻击;申请和占用过多的资源压垮系统,以破坏安全措施,从而进入系统;故意使系统出错,利用系统恢复的过程,窃取用户口令及其他有用的信息;通过浏览残留在计算机各种资源中的垃圾(无用信息),以获取如口令、安全码、译码关键字等信息;浏览全局数据,期望从中找到进入系统的关键字;浏览那些逻辑上不存在,但物理上还存在的各种记录和资料等。

8. 可使用性测试

可使用性测试主要从使用的合理性和方便性等角度对软件系统进行检查,发现人为因素或使用上的问题。

要保证在足够详细的程度下,用户界面便于使用;对输入量可容错、响应时间和响应方式合理可行、输出信息有意义、正确并前后一致;出错信息能够引导用户去解决问题;软件文档全面、正规、确切。

9. 安装测试

安装测试的目的不是找软件错误,而是找安装错误。在安装软件系统时,会有多种选择:要分配和装入文件与程序库;布置适用的硬件配置;进行程序的联调。而安装测试就是要找出在这些安装过程中出现的错误。

安装测试是在系统安装之后进行测试。它要检验:用户选择的一套任选方案是否相容;系统的每一部分是否都齐全;所有文件是否都已产生并确有所需要的内容;硬件的配置是否合理等。

10. 容量测试

容量测试是要检验系统的能力最高能达到什么程度。例如,对于编译程序,让它处理特别长的源程序;对于操作系统,让它的作业队列"满员";对于信息检索系统,让它使用频率达到最大。在使系统的全部资源达到"满负荷"的情形下,测试系统的承受能力。

6.2 黑 盒 测 试

软件测试有许多种方法,其中黑盒测试是广泛使用的两类测试方法之一。黑盒测试也称功能测试或数据驱动测试。它在已知产品应具有的功能的条件下,通过测试来检测每个功能是否都能正常使用。在测试时,把程序看作一个不能打开的黑盒子,在完全不考虑程序内部结构和内部特性的情况下,测试者在程序接口进行测试,它只检查程序功能是否按照需求规格说明书的规定正常使用,程序是否能适当地接收输入数据而产生正确的输出信息,并且保持外部信息(如数据库或文件)的完整性。

黑盒法着眼于程序外部结构、不考虑内部逻辑结构、针对软件界面和软件功能进行测试。黑盒法是穷举输入测试,只有把所有可能的输入都作为测试情况使用,才能以这种方法查出程序中所有的错误。实际上测试情况有无穷多个,人们不仅要测试所有合法的输入,而且还要对那些不合法但是可能的输入进行测试。

黑盒测试是以用户的观点,从输入数据与输出数据的对应关系出发进行测试的,它不涉及到程序的内部结构。很明显,如果外部特性本身有问题或规格说明的规定有误,用黑盒测试方法是发现不了的。黑盒测试法注重于测试软件的功能需求,主要试图发现几类错误:功能不对或遗漏、界面错误、数据结构或外部数据库访问错误、性能错误、初始化和终止错误。

具体的黑盒测试方法包括等价类划分、因果图、正交实验设计法、边界值分析、判定表驱动法、功能测试等。在使用时,自然要针对开发项目的特点对方法加以适当的选择。

6.2.1 等价类划分

等价类划分是一种典型的黑盒测试方法,用这一方法设计测试用例可以不用考虑程序的内部结构,只以对程序的要求和说明,即需求规格说明书为依据,仔细分析和推敲说明书的各项需求,特别是功能需求,把说明中对输入的要求和输出的要求区别开来并加以分解。

由于穷举测试的数量太大,以至于无法实际完成,促使我们在大量的可能数据中选取其中的一部分作为测试用例。例如,在不了解等价分配技术的前提下,测试了 $1+1$、$1+2$、$1+3$ 和 $1+4$ 之后,还有必要测试 $1+5$ 和 $1+6$ 吗?能否放心地认为它们正确吗?那么 $1+999\cdots$(可以输入的最大数值)呢?这个测试用例是否与其他用例不同?是否属于另外一种类别?另外一个等价区间?这是软件测试员必须考虑到的问题。

等价类别或者等价区间是指测试相同目标或者暴露相同软件缺陷的一组测试用例。$1+999\cdots$ 和 $1+13$ 有什么区别呢?至于 $1+13$,就像一个普通的加法,与 $1+5$ 或者 $1+392$ 没有什么两样,而 $1+999\cdots$ 则属于邻界的极端情况。假如输入最大允许数值,然后加 1,就会出现问题——也许就是软件的缺陷。这个极端用例属于一个单独的区间,与常规数字的普通区间不同。

等价类划分的办法是把程序的输入域划分成若干部分,然后从每个部分中选取少数代表性数据当作测试用例。每一类的代表性数据在测试中的作用等价于这一类中的其他值,也就是说,如果某一类中的一个例子发现了错误,这一等价类中的其他例子也会出现同样的错误。使用这一方法设计测试用例,首先必须在分析需求规格说明的基础上划分等价类,列出等价类表。

在考虑等价类划分时,先从程序的功能说明中找出每个输入条件,然后为每个输入条件划分两个或更多个等价类。等价类可分两种情况:有效等价类和无效等价类。有效等价类是指对程序的规格说明是有意义的、合理的输入数据所构成的集合;利用它,可以检验程序是否实现了规格说明预先规定的功能和性能。无效等价类是指对程序的规格说明是不合理的或无意义的输入数据所构成的集合;利用它,可以检查程序中功能和性能的实现是否有不符合规格说明要求的地方。

在设计测试用例时,要同时考虑有效等价类和无效等价类的设计。软件不能都只接收合理的数据,还要经受意外的考验,接受无效的或不合理的数据,这样获得的软件才能具有较高的可靠性。

划分等价类的原则如下:

(1)按区间划分:如果可能的输入数据属于一个取值范围或值的个数限制

范围,则可以确立一个有效等价类和两个无效等价类。

(2)按数值划分:如果规定了输入数据的一组值,而且程序要对每个输入值分别进行处理。则可为每一个输入值确立一个有效等价类,此外针对这组值确立一个无效等价类,它是所有不允许的输入值的集合。

(3)按数值集合划分:如果可能的输入数据属于一个值的集合,或者须满足"必须如何"的条件,这时可确立一个有效等价类和一个无效等价类。

(4)按限制条件或规则划分:如果规定了输入数据必须遵守的规则或限制条件,则可以确立一个有效等价类(符合规则)和若干个无效等价类(从不同角度违反规则)。

在确立了等价类之后,建立等价类表,列出所有划分出的等价类,见图6–9。

输入条件	有效等价类	无效等价类
……	……	……
……	……	……

图6–9 等价类表

根据已列出的等价类表,按以下步骤确定测试用例:

(1)为每个等价类规定一个唯一的编号。

(2)设计一个新的测试用例,使其尽可能多地覆盖尚未覆盖的有效等价类。重复这一步,最后使得所有有效等价类均被测试用例所覆盖。

(3)设计一个新的测试用例,使其只覆盖一个无效等价类。重复这一步使所有无效等价类均被覆盖。

6.2.2 边界值分析

软件测试常用的一个方法是把测试工作按同样的形式划分。对数据进行软件测试,就是检查用户输入信息、返回结果以及中间计算结果是否正确。

即使是最简单的程序,要处理的数据也可能数量极大。还记得在计算器上简单加法的全部可能性吗?再想一想字处理程序、导航系统和证券交易程序。使这些数据得以测试的技巧(如果称得上的话)是,根据下列主要原则进行等价分配,以合理的方式减少测试用例:边界条件、次边界条件、空值和无效数据。

边界值分析是一种补充等价划分的测试用例设计技术,它不是选择等价类的任意元素,而是选择等价类边界的测试用例。实践证明,在设计测试用例时,对边界附近的处理必须给予足够的重视,为检验边界附近的处理专门设计测试用例,常常可以取得良好的测试效果。边界值分析不仅重视输入条件边界,而且也从输出域导出测试用例。

边界值设计测试遵循的五条原则:

(1)如果输入条件规定了取值范围,应以该范围的边界内及刚刚超范围边界外的值作为测试用例。如以 a 和 b 为边界,测试用例应当包含 a 和 b 及略大

于 a 和略小于 b 的值。

（2）若规定了值的个数，分别以最大、最小个数及稍小于最小、稍大于最大个数作为测试用例。

（3）针对每个输出条件使用上述1、2条原则。

（4）如果程序规格说明中提到的输入输出域是个有序的集合（如顺序文件、表格等），就应注意选取有序集的第一个和最后一个元素作为测试用例。

（5）分析规格说明，找出其他的可能边界条件。

6.2.3　因果图

等价类划分法和边界值分析方法都是着重考虑输入条件，但没有考虑输入条件的各种组合、输入条件之间的相互制约关系。这样虽然各种输入条件可能出错的情况已经测试到了，但多个输入条件组合起来可能出错的情况却被忽视了。如果在测试时必须考虑输入条件的各种组合，则可能的组合数目将是天文数字，因此必须考虑采用一种适合于描述多种条件的组合、相应产生多个动作的形式来进行测试用例的设计，这就需要利用因果图。因果图法是一种系统地选择一组高效率测试用例的方法。

利用因果图生成测试用例的基本步骤如下：

步骤1：分析软件规格说明描述中，哪些是原因（即输入条件或输入条件的等价类），哪些是结果（即输出条件），把输入条件或输入条件的等价类作为原因，把输出条件作为结果，一一列出原因和结果，并分别赋予一个标识符。

步骤2：分析软件规格说明描述中的语义找出原因与结果之间、原因与原因之间对应的关系，根据这些关系，画出因果图。

步骤3：根据语法或测试场景限制，有些原因与原因之间，原因与结果之间的组合情况不可能出现。在因果图上加入一些记号表明这些约束或限制条件。

步骤4：把因果图转换为判定表，对于有限条目判定表，有 n 个条件，则必须有 $2n$ 条规则。按照由上至下、从左往右的顺序依次转换各关系，具体方法如下：若为"恒等"关系，则原因为真（1），结果为真（1）；原因为假（0），结果为假（0）。若为"非"关系，则原因为真（1），结果为假（0）；原因为假（0），结果为真（1）。若为"或（∨）"关系，则原因分别取真一次，结果为真。若为"与（∧）"关系，则原因同时取真一次，结果为真。

步骤5：把判定表的每一列拿出来作为依据，设计测试用例，测试用例数目随输入数据数目的增加而线性地增加。

通常，在因果图中，用 Ci 表示原因，Ei 表示结果，其基本符号如图6-10所示。各结点表示状态，可取值"0"或"1"。"0"表示某状态不出现，"1"表示某状

态出现。原因与结果之间具有恒等、非、或以及与等 4 种关系,其中:

恒等:若原因出现,则结果出现;若原因不出现,则结果也不出现。

非:若原因出现,则结果不出现;若原因不出现,反而结果出现。

或(∨):若几个原因中有一个出现,则结果出现;几个原因都不出现,结果不出现。

与(∧):若几个原因都出现,结果才出现;若其中有一个原因不出现,结果不出现。

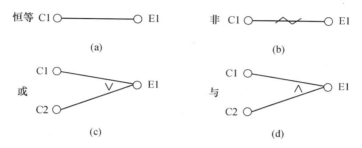

图 6 – 10　因果图的图形符号

为了表示原因与原因之间,结果与结果之间可能存在的约束条件,在因果图中可以附加一些表示约束条件的符号,如图 6 – 11 所示。

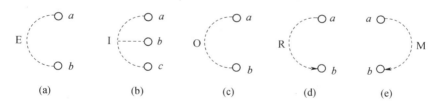

图 6 – 11　因果图的约束符号

E(互斥):表示 a、b 两个原因不会同时成立,两个中最多有一个可能成立。

I(包含):表示 a、b、c 三个原因中至少有一个必须成立。

O(唯一):表示 a 和 b 当中必须有一个,且仅有一个成立。

R(要求):表示当 a 出现时,b 必须也出现,不可能 a 出现,b 不出现。

M(屏蔽):表示当 a 是 1 时,b 必须是 0,而当 a 为 0 时,b 的值不定。

因果图方法能发现程序与外部说明书之间的差异,指出功能说明书的不完整性和二义性,因果图最终被转换为判定表,可以帮助测试人员系统地生成一组高效的测试用例。在软件测试中利用因果图方法可以有效地生成无遗漏及重复的测试数据条件,得到准确的测试结果。

6.3 白 盒 测 试

白盒测试是指根据被测程序的内部结构（而非软件规格说明）设计测试用例的一种软件测试方法。对软件代码进行白盒测试的目的是发现软件中的无限循环、没有执行的路径以及代码等。在软件开发生命周期中，白盒测试是必须的。

白盒测试分为语句测试、循环测试、路径测试和分支测试等4种类型。其中语句测试是指测试程序中的每一条语句。循环测试包括3种方式，即只引起循环的执行，便跳出循环；循环只执行一次；循环执行多次。路径测试要确保程序中的所有路径都被执行过。分支测试要确保一个条件的每一个可能的出口都至少测试过一次。

白盒测试步骤如下：

步骤1：检查程序逻辑；

步骤2：设计测试用例以满足逻辑覆盖准则；

步骤3：运行测试用例；

步骤4：比较实际结果及报告错误；

步骤5：比较实际覆盖及期望的覆盖。

具体的白盒测试方法有程序控制流分析、数据流分析、逻辑覆盖、域测试、符号测试、路径测试、程序插装和程序变异等。其中多数方法比较成熟，也有较高的实用价值，个别的方法仍有些问题没有得到圆满的解决。例如，符号测试和路径测试的分析方法都是很重要的，但在程序分支过多及路径过多时，已有的方法将会显示出它们的局限性。

6.3.1 程序结构分析

程序的结构形式是白盒测试的主要依据。本节将从控制流分析、数据流分析和信息流分析的不同方面讨论几种机械性的方法分析程序结构，目的是要找到程序中隐藏的各种错误。

1. 控制流分析

由于非结构化程序会给测试、排错和程序的维护带来许多不必要的困难，人们有理由要求写出的程序是结构良好的。20世纪70年代以来，结构化程序的概念逐渐为人们普遍接受。体现这一要求对于若干新的语言，如Pascal、C等并不困难，因为它们都具有反映基本控制结构的相应控制结构的相应控制语句。但对于早期开发的语言来说，要做到这一点，程序编写人员需要特别注意，不应忽视程序结构化的要求。使用汇编语编写程序,要注意这个问题的道理就更为明显了。

正是由于这个原因,系统地检查程序的控制结构成为十分有意义的工作。程序流程图又称框图,也许是人们最熟悉,也是最容易接受的一种程序控制结构的图形表示法。在这种图上的框内,常常标明了处理要求或条件,这些在做路径分析时是不重要的。为了更加突出控制流的结构,需要对程序流程图做些简化。在图 6－12 中,给出了简化的例子。其中,图(a)是一个含有两个出口判断和循环的程序流程图,我们把它简化成图(b)的形式,称这种简化了的流程图为控制流图。

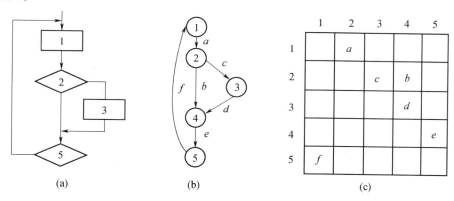

图 6－12　程序流程图、控制流图和控制流图矩阵
(a) 程序流程图; (b) 控制流图; (c) 控制流图矩阵。

在控制流图中只有结点和控制流线或弧两种图形符号。结点以标有编号的圆圈表示,它代表了程序流程图中矩形框所表示的处理,菱形表示两至多个出口判断。控制流线或弧以箭头表示,它与程序流程图中的流线是一致的,表明了控制的顺序。

为便于在机器上表示和处理控制流图,我们可以把它表示成矩阵的形式,称为控制流图矩阵。图(c)表示了图(b)的控制流图矩阵。这个矩阵有 5 行 5 列,是由该控制图中含有 5 个结点决定的。矩阵中 6 个元素 a、b、c、d、e 和 f 的位置决定于它们所连接结点的号码。例如,弧 d 在矩阵中处于第 3 行第 4 列,那是因为它在控制流图中连接了结点 3 至结点 4。这里必须注意方向。图中结点 4 至结点 3 是没有弧的,矩阵中第 4 行第 3 列也就没有元素。

在程序结构中不应该包含以下 4 种情况:转向并不存在的标号、没有用的语句标号、从程序入口进入后无法达到的语句以及不能达到停机语句的语句。

在编写程序时稍加注意,做到这几点也是很容易的,目前对这 4 种情况的检测主要通过编译器和程序分析工具来实现。

2. 数据流分析

数据流分析最初是随着编译系统要生成有效的目标码而出现的,这类方法主要用于代码优化。近年来,数据流分析方法在确认系统中也得到了成功的运用,用以查找如引用未定义变量等程序错误。也可用来查找对以前未曾使用的变量再次赋值等数据流异常的情况。找出这些错误是很重要的,因为这常常是常见错误的表现形式,如错拼名字、名字混淆或是丢失了语句。这里将首先说明数据流分析的原理,然后指明它可揭示的程序错误。

如果程序中某一语句执行时能改变某程序变量 V 的值,则称 V 是被该语句定义的。如果一条语句的执行引用了内存中变量 V 的值,则说该语句引用变量 V。例如,语句 $X：=Y+Z$ 定义了 X,引用了 Y 和 Z,而语句 if $Y>Z$ then goto exit 只引用了 Y 和 Z。输入语句 $READ\ X$ 定义了 X。输出语句 WRITE X 引用了 X。执行某个语句也可能使变量失去定义,成为无意义的。例如,在 Fortran 中,循环语句 DO 的控制变量在经过循环的正常出口时就变成无意义的。

图 6-13 给出了一个小程序的控制流图,同时指明了每一语句定义和引用的变量。可以看出,第一个语句定义了 3 个变量 X、Y 和 Z。这表明它们的值是程序外赋给的。例如,该程序是以此 3 变量为输入参数的过程或子程序。同样,出口语句引用 Z 表明,Z 的值被送给外部环境。

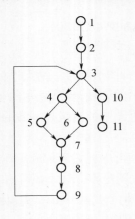

结点	被定义变量	被引用变量
1	X, Y, Z	
2	X	W, X
3		X, Y
4		Y, Z
5	Y	V, Y
6	Z	V, Z
7	V	X
8	W	Y
9	Z	V
10	Z	Z
11		Z

图 6-13 程序控制流图及定义和引用的变量

该程序中含有两个错误:语句 2 使用了变量 W,而在此之前并未对其定义;语句 5、6 使用变量 V,这在第一次执行循环时也未对其定义过。此外,该程序还包括两个异常:语句 6 对 Z 的定义从未使用过,语句 8 对 W 的定义也从未使用过。当然,程序中包含有些异常,也会引起执行的错误。不过,这一情况表明,也许程序中含有错误;也许可以把程序写得更容易理解,从而,能够简化验证工作,以及随后的维护工作(去掉那些多余的语句一般会缩短执行时间,但在此我们并不关心这些)。目前,通过编译器或程序分析工具通过数据流分析,可以查找出对未定义变量的使用和未曾使用的定义。

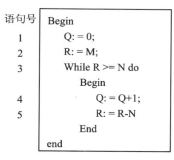

图 6 – 14　整除算法

3. 信息流分析

直到目前信息流分析主要用在验证程序变量间信息的传输遵循保密要求。然而,近来发现可以导出程序的信息流关系,这就为软件开发和确认提供了十分有益的工具。为了说明信息流分析的性质,以下给出整除算法作为例子,图 6 – 14 是这一算法的程序,图 6 – 15 是 3 个关系的表。

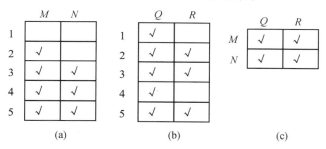

图 6 – 15　整除算法中输入值、语句与输出值的关系

其中第一个关系(a)给出每一语句执行时所用到其输入值的变量。例如,从图 6 – 14 的算法很明显地看出,M 的输入值在语句 2 中得到直接使用,由于这一语句将 M 的值传送给 R,M 的初值也间接地用于语句 3 和语句 5。而且,语句 3 中表达式 $R >= N$ 的值决定了语句 4 的重复执行次数,也即对 Q 多次重复赋值,即是说 M 的值也间接地用于语句 4。第二个关系(b)给出了其执行可能直接或间接影响输出变量终值的一些语句。可以看出,所有语句都可能影响到商 Q 的值。而语句 1 和语句 4 并未关系到余数 R 的值。最后的关系(c)表明了哪个输入值可能直接或间接地影响到输出值。

针对结构良好的程序快速算法(只需多项式时间)已经开发出来可用以建立这些关系,这在程序的确认中是非常有用的。例如,第一个关系能够表明对未定义变量的所有可能的引用。第二个关系在查找错误中也是有用的,例如假定某个变量的计算值在以前被错误地改写了,这可能因为有并不影响任何输出值的语句而被发现。在程序的任何指定点查出其执行可能影响某一变量值的语句,这在程序排错和程序验证中都是很有用的。第三个输入输出关系还提供一种检查,看看每个输出值是否由相关的输入值,而不是其他值导出。

6.3.2 逻辑覆盖

结构测试是依据被测程序的逻辑结构设计测试用例,驱动被测程序运行完成的测试。结构测试中的一个重要问题是,测试进行到什么地步就达到要求,可以结束测试了。这就是说需要给出结构测试的覆盖准则。

以下给出的几种逻辑覆盖测试方法都是从各自不同的方面出发,为设计测试用例提出依据的。为方便讨论,我们将结合一个小程序段加以说明:

$$\text{IF } ((A > 1) \text{ AND } (B = 0)) \text{ THEN } X = X / A$$
$$\text{IF } ((A = 2) \text{ OR } (X > 1)) \text{ THEN } X = X + 1$$

其中"AND"和"OR"是两个逻辑运算符。图 6-16 给出了它的流程图。a、b、c、d 和 e 是控制流上的若干程序点。

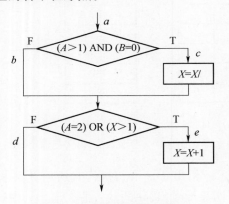

图 6-16 被测程序段流程图

1. 语句覆盖

语句覆盖的含意是,在测试时,首先设计若干测试用例,然后运行被测程序,使程序中的每个可执行语句至少执行一次。这时所谓"若干个",自然是越少越好。

在上述程序段中,如果选用的测试用例是:

$$A = 2, B = 0, X = 3 \quad \cdots\cdots\cdots\cdots\cdots\cdots\cdots\cdots \text{ CASE1}$$

则程序按路径 ace 执行。这样该程序段的 4 个语句均得到执行,从而做到了语句覆盖。但是如果选用的测试用例是:

$$A = 2, B = 1, X = 3 \quad \cdots\cdots\cdots\cdots\cdots\cdots\cdots\cdots \text{ CASE2}$$

程序按路径 *abe* 执行,便未能达到语句覆盖。

从程序中每个语句都得到执行这一点来看,语句覆盖的方法似乎能够比较全面地检验每一个语句。但它也决不是完美无缺的。假如这一程序段中两个判断的逻辑运算有问题,例如,第一个判断的运算符"AND"错成运算符"OR"或第二个判断中的运算符"OR"错成运算符"AND",这时仍使用上述前一个测试用例 CASE1,程序仍将按路径 *ace* 执行。这说明虽然也做到了语句覆盖,却发现不了判定中逻辑运算的错误。

此外,还可以很容易地找出已经满足了语句覆盖,却仍然存在错误的例子。如有一程序段:

$$
\begin{array}{ccc}
\cdots & & \cdots \\
\text{IF } (I > 0) & \text{如果错写成:} & \text{IF } (I > = 0) \\
\text{THEN } I = J & & \text{THEN } I = J \\
\cdots & & \cdots
\end{array}
$$

假定给出的测试数据确使执行该程序段时 I 的值大于 0,则称 I 被赋予 J 的值,这样虽然做到了语句覆盖,然而掩盖了其中的错误。

实际上,和后面介绍的其他几种逻辑覆盖比较起来,语句覆盖是比较弱的覆盖原则。做到了语句覆盖可能给人们一种心理的满足,以为每个语句都经历过,似乎可以放心了。其实这仍然是不十分可靠的。语句覆盖在测试被测程序中,除去对检查不可执行语句有一定作用外,并没有排除被测程序包含错误的风险。必须看到,被测程序并非语句的无序堆积,语句之间的确存在着许多有机的联系。

2. 判定覆盖

按判定覆盖准则进行测试是指,设计若干测试用例,运行被测程序,使得程序中每个判断的取真分支和取假分支至少经历一次,即判断的真假均曾被满足。判定覆盖又称为分支覆盖。

仍以上述程序段为例,若选用的两组测试用例是:

$$A = 2, B = 0, X = 3 \cdots\cdots\cdots\cdots\cdots\cdots \text{CASE1}$$

$$A = 1, B = 0, X = 1 \cdots\cdots\cdots\cdots\cdots\cdots \text{CASE3}$$

则可分成执行路径 *ace* 和 *abd*,从而使两个判定的 4 个分支 *c*、*e* 和 *b*、*d* 分别得到覆盖。

当然,我们也可以选用另外两组测试用例:

$$A = 3, B = 0, X = 3 \cdots\cdots\cdots\cdots\cdots\cdots \text{CASE4}$$

$$A = 2, B = 1, X = 1 \cdots\cdots\cdots\cdots\cdots\cdots \text{CASE5}$$

分别路径 acd 及 abe,同样也可覆盖4个分支。

我们注意到,上述两组测试用例不仅满足了判定覆盖,同时还做到语句覆盖。从这一点看似乎判定覆盖比语句覆盖更强一些,但让我们设想,在此程序段中的第2个判断条件 $X > 1$ 如果错写成 $X < 1$,使用上述测试用例CASE5,照样能按原路径执行(abe),而不影响结果。这个事实说明,只做到判定覆盖仍无法确定判断内部的错误。因此,需要有更强的逻辑覆盖准则去检验判断内的条件。

以上仅考虑了两个出口的判断,还应把判定覆盖准则扩充到多出口判断(如 CASE 语句)的情况。

3. 条件覆盖

条件覆盖是指,设计若干测试用例,执行被测试程序以后,要使每个判断中每个条件的可能取值至少满足一次。

在上述程序中,第一个判断应考虑到:

$A > 1$,取真值,记为T1;$A > 1$,取假值,即 $A < =1$,记为 F1。

$B = 0$,取真值,记为 T2;$B = 0$,取假值,即 $B \neq 0$,记为 F2。

第二个判定应考虑到:

$A = 2$,取真值,记为 T3;$A = 2$,取假值,即 $A \neq 2$,记为 F3。

$X > 1$,取真值,记为 T4;$X > 1$,取假值,即 $X < = 1$,记为 F4。

我们给出 3 个测试用例:CASE6,CASE7,CASE8,执行该程序段所走路径及覆盖条件如表 6 - 1 所列。从这个表中可以看到,3 个测试用例把 4 个条件的 8 种情况均作了覆盖。

进一步分析上表,覆盖了4个条件的8种情况的同时,把两个判断的4个分支 b、c、d 和 e 似乎也被覆盖。这样我们是否可以说,做到了条件覆盖,也就必然实现了判定覆盖呢?让我们来分析另一情况,假定选用两组测试用例是 CASE9 和 CASE8,执行程序段的覆盖情况如表 6 - 2 所列。

表 6 - 1　条件覆盖、分支覆盖测试用例

测试用例	A B X	所走路径	覆盖条件
CASE6	2 0 3	ace	T1, T2, T3, T4
CASE7	1 0 1	abd	F1, T2, F3, F4
CASE8	2 1 1	abe	T1, F2, T3, F4

表 6 - 2　条件覆盖测试用例

测试用例	A B X	所走路径	覆盖分支	覆盖条件
CASE9	1 0 3	ace	$b e$	F1, T2, F3, T4
CASE8	2 1 1	abe	$b e$	T1, F2, T3, F4

这一覆盖情况表明,覆盖了条件的测试用例不一定覆盖可分支。事实上,它只覆盖了 4 个分支中的 2 个。为解决这一矛盾,需要对条件和分支兼顾。

4. 判定—条件覆盖

判定—条件覆盖要求设计足够的测试用例,使得判定中每个条件的所有可能至少出现一次,并且每个判定本身的判定结果也至少出现一次。

例中两个判断各包含两个条件,这 4 个条件在两个判定中可能有 8 种组合,它们是:

(1) $A > 1$, $B = 0$, 记为 T1, T2;

(2) $A > 1$, $B \neq 0$, 记为 T1, F2;

(3) $A <= 1$, $B = 0$, 记为 F1, T2;

(4) $A <= 1$, $B \neq 0$, 记为 F1, F2;

(5) $A = 2$, $X > 1$, 记为 T3, T4;

(6) $A = 2$, $X <= 1$, 记为 T3, F4;

(7) $A \neq 2$, $X > 1$, 记为 F3, T4;

(8) $A \neq 2$, $X <= 1$, 记为 F3, F4。

这里设计了 4 个测试用例,用以覆盖上述 8 种条件组合,见表 6-3。

表 6-3 判定—条件覆盖测试用例

测试用例	A B X	覆盖组合号	所走路径	覆盖条件
CASE1	2 0 3	① ⑤	$a\,c\,e$	T1, T2, T3, T4
CASE8	2 1 1	② ⑥	$a\,b\,c$	T1, F2, T3, F4
CASE9	1 0 3	③ ⑦	$a\,b\,e$	F1, T2, F3, T4
CASE10	1 1 1	④ ⑧	$a\,b\,d$	F1, F2, F3, F4

注意到,这一程序段共有四条路径。以上 4 个测试用例固然覆盖了条件组合,同时也覆盖了 4 个分支,但又覆盖了 3 条路径,却漏掉了路径 acd。前面讨论的多种覆盖准则,有的虽提到了所走路径问题,但尚未涉及到路径的覆盖,而路径能否全面覆盖在软件测试中是个重要问题,因为程序要取得正确的结果,就必须消除遇到的各种障碍,沿着特定的路径顺利执行。如果程序中的每一条路径都得到了考验,才能说程序受到了全面检验。

5. 路径覆盖

按路径覆盖要求进行测试是指,设计足够多测试用例,要求覆盖程序中所有可能的路径。

针对例中的 4 条可能路径:ace 记为 L1,abd 记为 L2,abe 记为 L3,acd 记为

L4。我们给出 4 个测试用例：CASE1，CASE7，CASE8 和 CASE11，使其分别覆盖这 4 条路径，见表 6 - 4。

表 6 - 4　路径覆盖测试用例

测试用例	A B X	覆盖路径	测试用例	A B X	覆盖路径
CASE1	2 0 3	a c e(L1)	CASE8	2 1 1	a b e(L3)
CASE7	1 0 1	a b d(L2)	CASE11	3 0 1	a c d(L4)

这里所用的程序段非常简短，也只有 4 条路径。但在实际问题中，一个不太复杂的程序，其路径数都是一个庞大的数字，要在测试中覆盖这样多的路径是无法实现的。为解决这一难题，只得把覆盖的路径数压缩到一定的限度内，例如，程序中的循环体只执行了一次。

其实，即使对于路径数很有限的程序已经做了路径覆盖，仍然不能保证被测程序的正确性。例如，在上述语句覆盖一段最后给出的程序段中出现的错误也不是路径覆盖可以发现的。

由此看出，各种结构测试方法都不能保证程序的正确性。这一严酷的事实对热心测试的程序人员似乎是一个严重的打击。但要记住，测试的目的并非要证明程序的正确性，而是要尽可能找出程序中的错误。确实并不存在十全十美的测试方法，能够发现所有的错误，软件测试是有局限性的。

6. 最少测试用例数计算

为实现测试的逻辑覆盖，必须设计足够的测试用例，并使用这些测试用例执行被测程序，实施测试。我们关心的是，对某个具体程序来说，至少要设计多少个测试用例。这里提供一种估算最少测试用例数的方法。

我们知道，结构化程序是由 3 种基本结构组成。这 3 种基本结构就是：顺序型构成串行操作；选择型构成分支操作；重复型构成循环结构。为了把问题简化，避免出现测试用例极多的组合爆炸，把构成循环操作的重复型结构用选择型结构代替。也就是说，并不指望测试循环体所有的重复执行，而是只对循环体检验一次。这样，任一循环改造成进入循环体或不进入循环体的分支操作了。

图 6 - 17 给出了类似流程图的 N - S 图表示的基本控制结构（图中 A、B、C、D、S 均表示要执行的操作，P 是可取真假值的谓词，Y 表示真值，N 表示假值）。其中(c)和(d)两种重复型结构代表了两种循环。在作了如上简化循环的假设以后，对于一般的程序控制流，我们只考虑选择型结构。事实上它已能体现顺序型和重复型结构了。

(a)　　　　　　　　(b)　　　　　　　　(c)　　　　　　　　(d)

图 6 – 17　N – S 图表示的基本控制结构

（a）顺序型；（b）选择型；（c）DO WHILE；（d）DO UNTIL。

图 6 – 18 表达了两个顺序执行的分支结构。两个分支谓词 P1 和 P2 取不同值时，将分别执行 a 或 b 及 c 或 d 操作。显然，要测试这个小程序，需要至少提供 4 个测试用例才能做到逻辑覆盖。使得 ac、ad、bc 及 bd 操作均得到检验。

对于一般的、更为复杂的问题，估算最少测试用例数的原则也是同样的。现以图 6 – 19 所示的程序为例。该程序中共有 9 个分支谓词，尽管这些分支结构交错起来似乎十分复杂，很难一眼看出应至少需要多少个测试用例，但如果仍用上面的方法，也是很容易解决的。

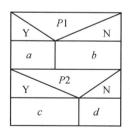

图 6 – 18　两个串行的
分支结构的 N – S 图

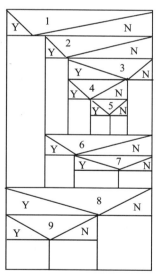

图 6 – 19　计算最少测试用例数实例

注意到该图可分上下两层：分支谓词 1 的操作域是上层，分支谓词 8 的操作域是下层。这两层正像前面简单例中的 P1 和 P2 的关系一样。只要分别得到两层的测试用例个数，再将其相乘即得总的测试用例数。这里需要首先考虑较为复杂的上层结构。谓词 1 不满足时，要做的操作又可进一步分解为两层。它们所需测试用例个数分别为 1 + 1 + 1 + 1 + 1 = 5 及 1 + 1 + 1 = 3。因而，两层组合,得到 $5 \times 3 = 15$。于是,整个程序结构上层所需测试用例数为 $1 + 15 = 16$。而下层十分显然为 3。故最后得到整个程序所需测试用例数至少为 $6 \times 3 = 48$。

7. 测试覆盖准则

1) Foster 的 ESTCA 覆盖准则

前面介绍的逻辑覆盖其出发点似乎是合理的。所谓"覆盖",就是想要做到全面,而无遗漏。但事实表明,它并不能真的做到无遗漏。甚至像前面提到的将程序段:

```
  ...              ...
  IF ( I > = 0 )   错写成:   IF ( I > 0 )
  THEN I = J                 THEN I = J
  ...                        ...
```

这样的小问题都无能为力。我们分析出现这一情况的原因在于,错误区域仅仅在 $I = 0$ 这个点上,即仅当 I 取 0 时,测试才能发现错误。它的确是在我们力图全面覆盖来查找错误的测试"网上"钻了空子,并且恰恰在容易发生问题的条件判断那里未被发现。面对这类情况我们应该从中吸取的教训是测试工作要有重点,要多针对容易发生问题的地方设计测试用例。

K. A. Foster 从测试工作实践的教训出发,吸收了计算机硬件的测试原理,提出了一种经验型的测试覆盖准则,较好地解决了上述问题。

Foster 的经验覆盖准则是从硬件的早期测试方法中得到启发的。我们知道,硬件测试中,对每一个门电路的输入、输出测试都是有额定标准的。通常,电路中一个门的错误常常是"输出总是 0",或是"输出总是 1"。与硬件测试中的这一情况类似,我们常常要重视程序中谓词的取值,但实际上它可能比硬件测试更加复杂。Foster 通过大量的实验确定了程序中谓词最容易出错的部分,提出了一套错误敏感测试用例分析 ESTCA(Error Sensitive Test Cases Analysis) 规则。事实上,规则十分简单:

[规则 1] 对于 A rell B(rell 可以是 <,= 和 >)型的分支谓词,应适当地选择 A 与 B 的值,使得测试执行到该分支语句时,$A < B$,$A = B$ 和 $A > B$ 的情况分别出现一次。

[规则 2] 对于 A rell C(rell 可以是 >,或是 <,A 是变量,C 是常量)型的分支谓词,当 rell 为 < 时,应适当地选择 A 的值,使 $A = C - M$,M 是距 C 最小的容器容许正数,若 A 和 C 均为整型时,$M = 1$。同样,使得测试执行到该分支语句时,$A < B$,$A = B$ 和 $A > B$ 的情况分别出现一次。当 rell 为 > 时,应适当地选择 A 的值,使 $A = C + M$。

[规则 3] 对外部输入变量赋值,使得在每一测试用例中均有不同的值与符

号,并与同一组测试用例中其他测试用例中其他变量的值与符号不一致。

显然,上述规则 1 是为了检测 rell 的错误,规则 2 是为了检测"差一"之类的错误(如本应是"$IF\ A>I$"而错成"$IF\ A>0$"),而规则 3 则是为了检测程序语句中的错误(如应引用一变量而错成引用一常量)。

上述三规则并不是完备的,但在普通程序的测试中确是有效的。原因在于规则本身针对着程序编写人员容易发生的错误,或是围绕着发生错误的频繁区域,从而提高了发现错误的命中率。

根据这里提供的规则来检验上述小程序段错误。应用规则 1,对它测试时,应选择 I 的值为 0,使 $I=0$ 的情况出现一次。这样一来,就立即找出了隐蔽的错误。

当然,ESTCA 规则也有很多缺陷。一方面是有时不容易找到输入数据,使得规则所指的变量值满足要求;另一方面是仍有很多缺陷发现不了。对于查找错误的广度问题,在变异测试中得到较好的解决。

2) Woodward 等人的层次 LCSAJ 覆盖准则

Woodward 等人曾经指出结构覆盖的一些准则,如分支覆盖或路径覆盖,都不足以保证测试数据的有效性。为此,他们提出了一种层次 LCSAJ 覆盖准则。

LCSAJ(Linear Code Sequence and Jump)意思是线性代码序列与跳转。一个 LCSAJ 是一组顺序执行的代码,以控制跳转为其结束点。它不同于判断—判断路径。判断—判断路径是根据程序有向图决定的。一个判断—判断路径是指两个判断之间的路径,但其中不再有判断。程序的入口、出口和分支结点都可以是判断点。而 LCSAJ 的起点是根据程序本身决定的。它的起点是程序第一行或转移语句的入口点,或是控制流可以跳达的点。几个首尾相接,且第一个 LCSAJ 起点为程序起点,最后一个 LCSAJ 终点为程序终点的 LCSAJ 串就组成了程序的一条路径。一条程序路径可能是有两个、三个或多个 LCSAJ 组成的。这是一个分层的覆盖准则:

[第 1 层]:语句覆盖。

[第 2 层]:分支覆盖。

[第 3 层]:LCSAJ 覆盖,即程序中的每一个 LCSAJ 都至少在测试中经历过一次。

[第 4 层]:两两 LCSAJ 覆盖,即程序中每两个首尾相连的 LCSAJ 组合起来在测试中都要经历一次。

……

[第 $n+2$ 层]:每 n 个首尾相连的 LCSAJ 组合在测试中都要经历一次。

他们说明了,越是高层的覆盖准则越难满足。

在实施测试时,若要实现上述的 Woodward 层次 LCSAJ 覆盖,需要产生被测程序的所有 LCSAJ。

6.3.3　程序插装

　　程序插装(Program Instrumentation)是一种基本的测试手段,在软件测试中有着广泛的应用。程序插装方法简单地说是借助往被测程序中插入操作来实现测试目的的方法。我们在调试程序时,常常要在程序中插入一些打印语句。其目的在于,希望执行程序时,打印出我们最为关心的信息。进一步通过这些信息了解执行过程中程序的一些动态特性。例如,程序的实际执行路径,或是特定变量在特定时刻的取值。从这一思想发展出的程序插装技术能够按用户的要求,获取程序的各种信息,成为测试工作的有效手段。

　　如果我们想要了解一个程序在某次运行中所有可执行语句被覆盖(或称被经历)的情况,或是每个语句的实际执行次数,最好的办法是利用插装技术。这里以计算整数 X 和整数 Y 的最大公约数程序为例,说明插装方法的要点。

　　图 6–20 给出了这一程序的流程图。图中,虚线框并不是原来程序的内容,而是为了记录语句执行次数而插入的。这些虚线框要完成的操作都是计数语句,其形式为:$C(i) = C(i) + 1, i = 1, 2, \cdots, 6$。

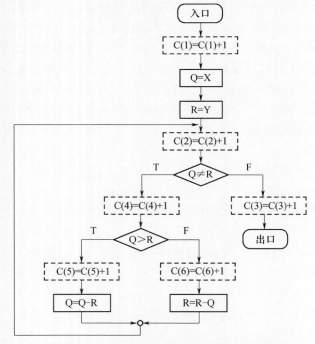

图 6–20　计算整数 X 和整数 Y 的最大公约数程序流程图

程序从入口开始执行,到出口结束。凡经历的计数语句都能记录下该程序点的执行次数。如果我们在程序的入口处还插入了对计数器$C(i)$初始化的语句,在出口处插入了打印这些计数器的语句,就构成了完整的插装程序。它便能记录并输出在各程序点上语句的实际执行次数。图 6-21 表示了插装后的程序,图中箭头所指均为插入的语句(原程序的语句已略去)。

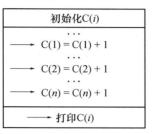

图 6-21 插装程序中
插入的语句

通过插入的语句获取程序执行中的动态信息,这一做法正如在刚研制成的机器特定部位安装记录仪表是一样的。安装好以后开动机器试运行,除了可以从机器加工的成品检验得知机器的运行特性外,还可通过记录仪表了解其动态特性。这就相当于在运行程序后,一方面可检验测试的结果数据;另一方面,还可借助插入语句给出的信息了解程序的执行特性。正是这个原因,有时把插入的语句称为"探测器",借以实现"探查"或"监控"的功能。

在程序的特定部位插入记录动态特性的语句,最终是为了把程序执行过程中发生的一些重要历史事件记录下来。例如,记录在程序执行过程中某些变量值的变化情况、变化的范围等。实践表明,程序插装方法是应用很广的技术,特别是在完成程序的测试和调试时非常有效。设计程序插装时,需要考虑的问题包括:

(1)探测哪些信息;

(2)在程序的什么部位设置探测点;

(3)需要设置多少个探测点。

其中前两个问题需要结合具体问题解决,并不能给出笼统的回答。至于第三个问题,需要考虑如何设置最少探测点的方案。例如,图 6-20 中程序入口处,若要记录语句 Q = X 和 R = Y 的执行次数,只需插入 $C(1) = C(1) + 1$ 这样一个计数语句就够了,没有必要在每个语句之后都插入一个计数语句。在一般的情况下,我们可以认为,在没有分支的程序段中只需一个计数语句。但程序中由于出现多种控制结构,使得整个结构十分复杂。为了在程序中设计最少的计数语句,需要针对程序的控制结构进行具体的分析。这里我们以 FORTURAN 程序为例,列举至少应在那些部位设置计数语句:

(1)程序块的第一个可执行语句之前;

(2)ENTRY 语句的前后;

(3)有标题的执行语句之后;

（4）DO、DO WHILE、DO UNTILE 及 DO 终端语句之后；

（5）BLOCK－IF、ELSE IF、ELSE 及 ENDIF 语句之后；

（6）LOGICAL IF 语句处；

（7）输入/输出语句之后；

（8）CALL 语句之后；

（9）计算 GO TO 语句之后。

6.3.4　其他白盒测试方法简介

1. 域测试

域测试（Domain Testing）是一种基于程序结构的测试方法。Howden 曾对程序中出现的错误进行分类，对程序错误分为域错误、计算型错误和丢失路径错误 3 种，这是相对执行程序的路径来说的。我们知道，每条执行路径对应于输入域的一类情况，是程序的一个子计算。如果程序的控制流有错误，对于某一特定的输入可能执行的是一条错误路径，这种错误称为路径错误，也叫做域错误。如果对于特定输入执行的是正确路径，但由于赋值语句的错误，致使输出结果不正确，则称为计算型错误。另外一类错误是丢失路径错误，它是由于程序中某处少了一个判定谓词而引起的。域测试主要针对域错误进行的程序测试。

域测试的"域"是指程序的输入空间。域测试方法基于对输入空间的分析。自然，任何一个被测程序都有一个输入空间。测试的理想结果就是检验输入空间中的每一个输入元素是否都产生正确的结果。而输入空间又分为不同的子空间，每一子空间对应一种不同的计算。在考察被测程序的结构以后，我们就会发现，子空间的划分是由程序中分支语句中的谓词决定的。输入空间的一个元素，经过程序中某些特定语句的执行而结束（当然也可能出现无限循环而无出口），那都是满足了这些特定语句被执行所要求的条件的。域测试正是在分析输入域的基础上，选择适当的测试点以后进行测试的。

域测试有两个致命的弱点，一是为进行域测试对程序提出的限制过多，二是当程序存在很多路径时，所需的测试点也就很多。

2. 符号测试

符号测试的基本思想是允许程序的输入不仅仅是具体的数值数据，而且包括符号值，这一方法也是因此而得名。这里所说的符号值可以是基本符号变量值，也可以是这些符号变量值的一个表达式。这样，在执行程序过程中以符号的计算代替了普通测试执行中对测试用例的数值计算。所得到的结果自然是符号公式或符号谓词。更明确地说，普通测试执行的是算术运算，符号测试则是执行代数运算。因此，符号测试可以认为是普通测试的一个自然的扩充。

符号测试可以看作是程序测试和程序验证的一个折中方法。一方面,它沿用了传统的程序测试方法,通过运行被测程序来验证它的可靠性;另一方面,由于一次符号测试的结果代表了一大类普通测试的运行结果,实际上是证明了程序接受此类输入,所得输出是正确的。最为理想的情况是,程序中仅有有限的几条执行路径。如果对这有限的几条路径都完成了符号测试,我们就能较有把握地确认程序的正确性了。

从符号测试方法使用来看,问题的关键在于开发出比传统的编译器功能更强,能够处理符号运算的编译器和解释器。

目前,符号测试存在一些未得到圆满解决的问题,分别是:

(1) 分支问题。当采用符号执行方法进行到某一分支点处,分支谓词是符号表达式,这种情况下,通常无法决定谓词的取值,也就是不能决定分支的走向,需要测试人员做人工干预,或是执行树的方法进行下去。如果程序中有循环,而循环次数又决定于输入变量,那就无法确定循环的次数。

(2) 二义性问题。数据项的符号值可能是有二义性的,这种情况通常出现带有数组的程序中。

我们来看以下的程序段:

```
...
X(I) = 2 + A
X(J) = 3
C = X(I)
...
```

如果 $I = J$,则 $C = 3$,否则 $C = 2 + A$。但由于使用符号值运算,这时无法知道 I 是否等于 J。

(3) 大程序问题。符号测试中总是要处理符号表达式。随着执行的继续,一些变量的符号表达式会越来越庞大。特别是当符号执行树很大时,分支点很多,路径条件本身变成一个非常长的合取式。如果能够有办法将其化简,自然会带来很大好处。但如果找不到化简的办法,那将给符号测试的时间和运行空间带来大幅度的增长,甚至使整个问题的解决遇到难于克服的困难。

3. Z 路径覆盖

分析程序中的路径是指:检验程序从入口开始,执行过程中经历的各个语句,直到出口。这是白盒测试最为典型的问题。着眼于路径分析的测试可称为路径测试。完成路径测试的理想情况是做到路径覆盖。对于比较简单的小程序实现路径覆盖是可能做到的。但是如果程序中出现多个判断和多个循环,可能的路径数目将会急剧增长,达到天文数字,以至实现路径覆盖不可能做到。

为了解决这一问题,我们必须舍掉一些次要因素,对循环机制进行简化,从而极大地减少路径的数量,使得覆盖这些有限的路径成为可能。我们称简化循环意义下的路径覆盖为 Z 路径覆盖。

这里所说的对循环化简是指限制循环的次数。无论循环的形式和实际执行循环体的次数多少,我们只考虑循环一次和零次两种情况。也即只考虑执行时进入循环体一次和跳过循环体这两种情况。图 6-22 中(a)和(b)表示了两种最典型的循环控制结构。前者先作判断,循环体 B 可能执行(假定只执行一次),也可能不执行。这就如同图(c)所表示的条件选择结构一样。后者先执行循环体 B(假定也执行一次),再经判断传出,其效果也与图(c)中给出的条件选择结构只执行右支的效果一样。

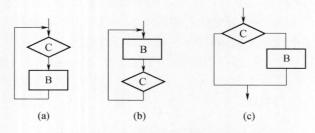

图 6-22　循环结构简化成选择结构

对于程序中的所有路径可以用路径树来表示。当得到某一程序的路径树后,从其根结点开始,一次遍历,再回到根结点,那就得到了所有的路径。

当得到所有的路径后,生成每个路径的测试用例,就可以做到 Z 路径覆盖测试。

4. 程序变异

程序变异方法与前面提到的结构测试和功能测试都不一样,它是一种错误驱动测试。所谓错误驱动测试方法,是指该方法是针对某类特定程序错误的。经过多年的测试理论研究和软件测试的实践,人们逐渐发现要想找出程序中所有的错误几乎是不可能的。比较现实的解决办法是将错误的搜索范围尽可能地缩小,以利于专门测试某类错误是否存在。这样做的好处在于,便于集中目标对软件危害最大的可能错误,而暂时忽略对软件危害较小的可能错误。这样可以取得较高的测试效率,并降低测试的成本。

错误驱动测试主要有两种,即程序强变异和程序弱变异。为便于测试人员使用变异方法,一些变异测试工具被开发出来。

6.4 软件测试工具

随着软件测试的地位逐步提高,测试的重要性逐步显现,测试工具的应用已经成为了普遍的趋势。目前用于测试的工具很多,这些测试工具一般可分为白盒测试工具、黑盒测试工具、性能测试工具,另外还有用于测试管理(测试流程管理、缺陷跟踪管理、测试用例管理)的工具。

总的来说,测试工具的应用可以提高测试的质量、测试的效率。但是在选择和使用测试工具时,也应该注意到:在测试过程中,并不是所有的测试工具都适合我们使用,同时,有了测试工具、会使用测试工具并不等于测试工具真正能在测试中发挥作用。

应用测试工具的目的很明确,一般而言,在测试过程中应用测试工具主要为了以下几个目的:

(1)提高测试质量;

(2)减少测试过程中的重复劳动;

(3)实现测试自动化。

在测试中应用测试工具,可以发现正常测试中很难发现的缺陷(例如,软件中的内存方面的问题)。

6.4.1 测试工具的分类

一般而言,可以将测试工具分为白盒测试工具、黑盒测试工具、性能测试工具、测试管理工具几个大类,如图 6 - 23 所示。

图 6 - 23 测试工具分类

图 6-24 是按照软件开发生命周期的 V 模型表示的测试工具的分类。

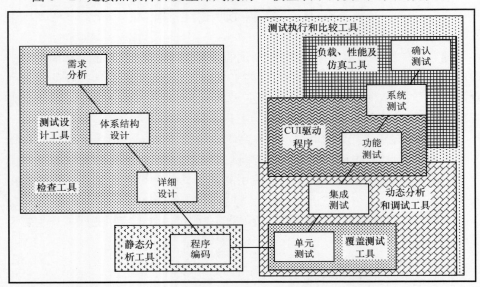

图 6-24　按照软件开发生命周期(V 模型)的测试工具分类

其中,测试设计工具用于决定需要执行什么测试,包括测试数据和测试用例生成器。GUI 测试驱动程序工具通过图形用户界面自动执行产品测试,是客户/服务器测试自动工具。负载、性能及仿真工具主要侧重于给系统施加重负载(特别是客户/服务器系统),这些工具通常也是 GUI 测试驱动程序。测试管理工具用于管理测试的全过程以及过程中产生的各类文档、报告等。测试实现工具用于实现所需的测试,如自动生成桩程序等。测试评价工具用于评价测试的质量,代码覆盖测试工具归于此类。静态分析工具用于分析程序而不执行之。

1. 白盒测试工具

白盒测试工具一般是针对代码进行测试,测试中发现的缺陷可以定位到代码级,根据测试工具原理的不同,又可以分为静态测试工具和动态测试工具。

(1)静态测试工具。静态测试工具直接对代码进行分析,不需要运行代码,也不需要对代码编译链接,生成可执行文件。静态测试工具一般是对代码进行语法扫描,找出不符合编码规范的地方,根据某种质量模型评价代码的质量,生成系统的调用关系图等。

静态测试工具的代表有 Telelogic 公司的 Logiscope 软件、PR 公司的 PRQA 软件。

（2）动态测试工具。动态测试工具与静态测试工具不同,动态测试工具的一般采用"插桩"的方式,向代码生成的可执行文件中插入一些监测代码,用来统计程序运行时的数据。其与静态测试工具最大的不同就是动态测试工具要求被测系统实际运行。

动态测试工具的代表有 Compuware 公司的 DevPartner 软件、Rational 公司的 Purify 系列。

2. 黑盒测试工具

黑盒测试工具适用于黑盒测试的场合,黑盒测试工具包括功能测试工具和性能测试工具。黑盒测试工具的一般原理是利用脚本的录制（Record）/回放（Playback）,模拟用户的操作,然后将被测系统的输出记录下来同预先给定的标准结果比较。黑盒测试工具可以大大减轻黑盒测试的工作量,在迭代开发的过程中,能够很好地进行回归测试。

黑盒测试工具的代表有 Rational 公司的 TeamTest、Robot,Compuware 公司的 QACenter,另外,专用于性能测试的工具包括 Radview 公司的 WebLoad、Microsoft 公司的 WebStress 等工具。

3. 测试管理工具

测试管理工具用于对测试进行管理。一般而言,测试管理工具对测试计划、测试用例、测试实施进行管理,并且,测试管理工具还包括对缺陷的跟踪管理。

测试管理工具的代表有 Rational 公司的 Test Manager、Compureware 公司的 TrackRecord 以及 Mercury Interactive 的 TestDirector 等软件。

4. 其他测试工具

除了上述的测试工具外,还有一些专用的测试工具,例如,针对数据库测试的 TestBytes,对应用性能进行优化的 EcoScope 等工具。

6.4.2　主流测试工具介绍

在众多测试工具厂商中,有几个著名的公司,它们就是 HP – Mercury Inter-active（MI）,IBM – Rational,Compuware、Segue Software、Parasoft,Radwiew 等,特别是前三家公司,均能提供一套完整的测试自动化解决方案。

1. HP Mercury Interactive 测试工具平台

H PMercury Interactive（MI）是全球最大的软件测试工具提供商,其产品主要包括测试管理工具 Quality Center（TestDirector）、功能测试工具 WinRunner 和性能测试工具 LoadRunner。

1）Quality Center（TestDirector）测试管理系统

TestDirector 是业界第一个基于 Web 的测试管理系统,它可以在公司组织内部或外部进行全球范围内测试的管理,后被整合入 Quality Center 软件包,它与 LoadRunner 和 WinRunner 有各自的接口,通过在一个整体的应用系统中集成了测试管理的各个部分,包括需求管理、测试计划、测试执行以及错误跟踪等功能,TestDirector 极大地加速了测试过程。

2）WinRunner 功能测试工具

WinRunner 是比较常用的自动化测试软件,主要用于检测应用程序是否能够达到预期的功能及正常运行。通过自动录制、检测和回放用户的应用操作,WinRunner 能够有效地帮助测试人员对复杂的企业级应用的不同发布版进行测试,提高测试人员的工作效率和质量,确保跨平台的、复杂的企业级应用无故障发布及长期稳定运行。但是目前已经逐步被 QTP 替代。

3）Quick Test Professional（QTP）

QTP 是一个非常强大的基于 Web 应用的自动化功能测试工具,主要应用在回归测试中。最新版本的 QTP 针对 GUI 应用程序,包括传统的 Windows 应用程序,以及现在越来越流行的 Web 应用都能快速有效地进行自动化测试。QTP 用于创建功能和回归测试时,自动捕获、验证和重放用户的交互行为,为每一个重要软件应用和环境提供功能和回归测试自动化最佳解决方案。

另外,QTP 通过对 Web 页面或应用程序所进行的操作录制成自动化测试脚本,然后运行回放测试脚本,并可以在其中插入各种检查点来实现对 Web 页面或应用程序的功能的检查。QTP 主要应用在回归测试中,这样可以节省大量的人力和时间,加快了测试或开发的进程。

4）LoadRunner 性能测试工具

LoadRunner 是一种较高规模适应性的、自动负载测试工具,它能预测系统行为,优化性能。LoadRunner 强调整个企业的系统,它通过模拟实际用户的操作行为和实行实时性能监测,来帮助更快地确认和查找问题。使用 LoadRunner 可以创建虚拟用户、创建真实的负载、定位性能问题、分析结果以精确定位问题所在、重复测试保证系统发布的高性能等。

2. IBM Rational 测试管理方案

IBM 是全球最大的信息技术和业务解决方案公司,作为 IBM 五大软件品牌之一的 Rational,其强大的软件开发和测试能力,使其成熟的产品已经在世界财富 100 强中的 98 家中得到应用,在中国,包括四大国有银行、交通银行以及中国台湾、香港等地的企业级客户也都陆续加入到 Rational 的阵营。IBM Rational 除了提供测试的成功经验之外,还提供了一整套的软件测试流程和自动化测试工具,使软件测试团队能够从容不迫地完成整个测试任务。以下详细介绍 Rational 测试工具包中各个套件的功能。

1) Rational TestManager

TestManager 是针对测试活动管理、执行和报告的中央控制台。从 IBM Rational TestManager 中心点可以管理功能测试、性能测试、手动测试、集成测试、回归测试、配置测试和构件测试等所有类型的测试活动。在同一个测试运行中,执行一个包含多种类型脚本(手动、Java、GUI、负载)的测试套件。在单机或整个网络中,同时执行功能测试和性能测试。当需求变更时,IBM Rational TestManager 会自动标识与变更有关的测试用例,从而节省测试人员的宝贵时间。一个集成的日志查看器为每次测试运行生成一个完整的日志,包括通过、失败、警告与信息标记。要了解失败的详细信息,只需双击测试。另外 IBM Rational TestManager 包含一系列预定义的图形和文本报告。还可以用 Crystal Reports 来定义和扩展其他关于测试指标、结果和通过失败状态的报告。

2) Rational Administrator

使用 RationalAdministrator 可以建立新的测试项目,包括测试需求、缺陷跟踪的数据库创建并建立数据之间的关联。

3) Rational ClearQuest

软件开发中的变更不是件容易的事,如今的开发过程,必须针对不断更新的程序模块跟踪错误修正(Bug Fix)的结果以增强其功能和变更相关文件,提供基于活动的变更和缺陷跟踪。Rational ClearQuest 提供用户弹性的变更需求管理环境,用户可以通过图示工具处理流程,并直接使用预设的变更需求管理流程。另外,Rational ClearQuest 具有浏览器的界面,可让远端的用户进行访问,并支持数据库 Access 和 SQL Server6.5,以及提供将数据从 Access 转移到 SQL Server 的功能。

4) Rational Robot

IBM Rational Robot 是业界最顶尖的功能测试工具,它集成在测试人员的桌面 IBM Rational TestManager 上,在这里测试人员可以计划、组织、执行、管理和报告所有测试活动,包括手动测试报告。这种测试和管理的双重功能是自动化测试的成功开始。它是一种可扩展的、灵活的功能测试工具,测试人员可以用它来修改测试脚本,改进测试的深度。

用 Rational Robot 工具可以进行完整的功能测试和性能测试,通过录制/回放脚本完成自动化测试,并加入验证点以测试对象状态,与 TestManager 结合使用时,可测试判断多用户下系统负载可以承受的范围。Robot 使用 SQABasic、VU 脚本创建和编辑自动化测试语言,提供非常适合测试环境且方便阅读的语言代码,并添加了测试专用命令,它同时扩展了对所有 GUI 对象的编程访问能力,使基于数据驱动的测试更加简单。目前 Rational Robot 对几乎所有流行的应用环境多有良好的支持和工作表现。尤其是对 HTML、Java 和. NET 应用、Visual Basic、PowerBuilder、Delphi、Oracle 表单和 MFC 控件(C 和 C + + 的应用中的最常用控件)有着非常强大的支持。

5) Rational Performance Tester(RPT)工具

RPT 是针对 Web 应用程序设计的一个强大的性能测试工具,它基于 Windows 和 Linux 的用户界面,通过模拟生成若干数量的并发用户,完成性能测试并产生一系列报告,并清晰标示 Web 页面的各项性能数据。它使用基于树型结构的测试编辑器,提供高级且详细的测试视图和测试数据以便查看。

3. Borland Segue

Borland Segue 测试平台主要包括:功能测试工具 SilkTest、负载测试工具 SilkPerformer、测试管理软件 SilkCentral TestManager 和缺陷管理工具 SilkCentral-IssueManager。

1) SilkTest

它是业界主流的黑盒测试工具之一,对于企业级应用进行功能测试的产品,可用于测试 Web、Java 或是传统的 C/S 结构。SilkTest 提供了用于测试的创建和定制的工作流设置、测试计划和管理、直接的数据库访问及校验等功能,使用户能够高效率地进行软件自动化测试。为提高测试效率,SilkTest 提供多种手段来提高测试的自动化程度,包括:从测试脚本的生成、测试数据的组织、测试过程的自动化、测试结果的分析等方面。在测试脚本的生成过程中,SilkTest 通过动态录制技术,录制用户的操作过程,快速生成测试脚本。

2) SilkPerformer

SilkPerformer 是一种企业级别的性能测试工具,它可以模拟成千上万的用户在多协议和多计算的环境下同时工作。不管 Web 应用的规模大小及其复杂性,通过 SilkPerformer 均可以预测其性能。通过可视化的用户界面、实时的性能监控和强大的管理报告可以迅速解决性能检测,加快软件产品投入市场的时间,通过最小的测试周期并充分保证系统的可靠性,全面优化系统性能。

3) SilkCentral TestManager 和 SilkCentral IssueManager

SilkCentral TestManager(SilkPlan Pro)是一个完整的测试管理软件,用于测试的计划、文档的管理和各种测试行为的管理。SilkCentral IssueManager(SilkRadar)是一个强大的缺陷管理工具,用于软件开发过程中,对软件缺陷进行记录及缺陷处理结果状态进行自动跟踪、记录、归类处理。

6.4.4　测试工具的选择

在一个项目中发挥出色的测试工具,可能对于另外一个项目的软件测试的帮助不大。如何选择合适的测试工具,在软件测试的哪个阶段引入测试工具,以及测试工具的使用技巧,都要依靠测试团队的经验。面对如此多的测试工具,对工具的选择就成了一个比较重要的问题。在考虑选用工具的时候,建议从以下几个方面来权衡和选择:

1. 功能

功能当然是我们最关注的内容,选择一个测试工具首先就是看它提供的功能。当然,这并不是说测试工具提供的功能越多就越好,在实际的选择过程中,适用才是根本。事实上,目前市面上同类的软件测试工具之间的基本功能都是大同小异,各种软件提供的 功能也大致相同,只不过有不同的侧重点。例如,同为白盒测试工具的 Logiscope 和 PRQA 软件,它们提供的基本功能大致相同,只是在编码规则、编码规则的定制、采用的代码质量标准方面有不同。

除了基本的功能之外,以下的功能需求也可以作为选择测试工具的参考:

(1)报表功能:测试工具生成的结果最终要由人进行解释,而且,查看最终报告的人员不一定对测试很熟悉,因此,测试工具能否生成结果报表,能够以什么形式提供报表是需要考虑的因素。

(2)测试工具的集成能力:测试工具的引入是一个长期的过程,应该是伴随着测试过程改进而进行的一个持续的过程。因此,测试工具的集成能力也是必须考虑的因素,这里的集成包括两个方面的意思,首先,测试工具能否和开发工具进行良好的集成;其次,测试工具能够和其他测试工具进行良好的集成。

(3)操作系统和开发工具的兼容性:测试工具可否跨平台,是否适用于目前使用的开发工具,这些问题也是在选择一个测试工具时必须考虑的问题。

2. 价格

除了功能之外,价格就应该是最重要的因素了。

3. 测试工具引入的目的是测试自动化,引入工具需要考虑工具引入的连续性和一致性

测试工具是测试自动化的一个重要步骤之一,在引入/选择测试工具时,必须考虑测试工具引入的连续性。也就是说,对测试工具的选择必须有一个全盘的考虑,分阶段、逐步地引入测试工具。

6.5　软件可靠性

随着社会的发展,软件在人们日常生活和工作中扮演着越来越重要的角色,同时软件也变得越来越复杂,而软件失效所造成的损失也越来越大,这使得对软件可靠性的度量已经变得越来越重要了。软件可靠性定义为软件在给定的环境、给定的时间无故障运行的概率。软件可靠性作为衡量软件质量的一个重要指标,一直是人们关注和研究的焦点。软件可靠性是软件质量的一个属性和一个关键因素,也是一个系统可靠性概念。软件排错和容错是软件可靠性工程中的两个主要方法。软件排错技术用于软件开发中发现并排除错误,以免这些错误在最终产品中出现。而软件容错技术是在软件运行中探测并容忍软件错误以保证提供的软件服务不被中断。主要的软件排错技术是软件测试。软件测试是一个发现错误的过程。通过测试,可以发现一个错误,一般并不清楚引起一个错误的确切原因。

目前,软件可靠性工程是一门虽然得到普遍承认,但还处于不成熟的正在发展确立阶段的新兴工程学科。国外从 20 世纪 60 年代后期开始加强软件可靠性的研究工作,推出了各种可靠性模型和预测方法,于 1990 年前后形成较为系统的软件可靠性工程体系。同时,从 80 年代中期开始,西方各主要工业强国均确立了专门的研究计划和课题,如 NASA 的可靠性研究中心,投入巨资对其使用的软件进行可靠性分析、评估,对每一个关键软件都采用不同的可靠性评估方法对其可靠性进行多方面的评估,以确保其软件具有高可靠性。

6.5.1　影响软件可靠性的主要因素

软件可靠性表明了一个程序按照用户的需求和设计的目标,执行其功能的正确程度。这要求一个可靠的程序应是正确的、完整的、一致的和健壮的。软件不能满足需求是因为软件中的差错引起了软件故障。软件中可能的差错有:①需求分析定义错误,如用户提出的需求不完整、用户需求的变更未及时消化、软件开发者和用户对需求的理解不同等;②设计错误、如处理的结构和算法错误、缺乏对特殊情况和错误处理的考虑等;③编码错误,如语法错误、变量初始化错误等;④测试错误,如数据准备错误、测试用例错误等;⑤文档错误,如文档不齐全、文档相关内容不一致、文档版本不一致、缺乏完整性等。软件可靠性对软件故障进行了量化,是软件质量中的主要因素。

影响软件可靠性的因素是多方面的,任何和软件开发相关的活动都有可能影响软件可靠性,它包括技术层面的、经济层面的乃至社会和文化层面的。从软件开发的角度而言,影响软件可靠性的主要因素包括:

（1）软件规模:随着计算机技术在各个领域的不断深入,应用软件的所要解决的问题更精、更难,所需代码量也是越来越大。正是因为软件规模的不断扩大,软件的可靠性问题才愈显突出。

（2）软件的运行剖面（Operational Profile）:根据软件可靠性的定义,软件的可靠性与其运行有关,不同的运行剖面下软件可靠性可能不同。因此,在测试过程中尽量使测试剖面和运行剖面一致,以保证通过测试得到的可靠性评估结果的真实性。

(3)软件的内部结构,即软件复杂度:软件的内部组织结构对可靠性影响非常大。一般来讲,软件内部结构越复杂,所包含的变化越多,它可能的内部缺陷也就越多,从而使得软件的可靠性越低。

(4)软件的开发方法:开发方法对软件可靠性也有显著影响。与非结构化方法相比,结构化的软件开发方法可以明显减少软件缺陷数。同时,程序语言和开发工具的选用对软件可靠性也有影响。

(5)软件可靠性管理。随着软件开发的工程化,软件可靠性管理旨在系统管理软件生存期各阶段的可靠性活动,使之系统化、规范化、一体化,避免许多人为错误,以提高软件可靠性。

(6)软件开发人员的能力和经验:CMU 的 SEI(Software Engineering Institute)将软件开发工厂(开发团队)分成不同的级别,不同级别的软件开发团队所开发的软件产品中残留的软件故障数不同,这反映了软件开发人员的能力和经验对软件可靠性的影响。

(7)软件开发的支持环境:研究表明,程序语言对软件可靠性有影响。例如,结构化语言 Ada 优于 Fortran 语言(缺陷数减少),而软件测试工具优劣则影响测试效果。

(8)软件可靠性设计技术:软件可靠性设计技术是指在软件设计阶段中采用的,以保证和提高软件可靠性为主要目的的软件技术,如避错设计、改错设计、容错设计等。可靠性设计技术为高可靠性软件的开发提供了思路。

(9)软件的测试与投入:软件中许多错误和缺陷可以通过大量的测试有效地排除。测试越完全,测试时间越长,软件的可靠性越有保障。但是测试需要投入大量的人力和物力。另外,研究表明,软件测试方法对软件可靠性也有不可忽视的影响。

因此,如何准确评价/预计软件的使用可靠性是软件工程的重大问题之一。

6.5.2 软件可靠性模型及其分类

1972 年由 Jelinske 和 Moranda 提出第一个软件可靠性模型以来,越来越多的学者关注并参与到软件可靠性模型的研究中来,并成立了相关的机构,例如 IEEE 软件可靠性工程技术委员会,被认为是可靠性研究领域的专业领导机构,并有很多研究成果在软件可靠性工程国际研讨会(ISSRE)以及《IEEE 软件工程会刊》(IEEE Trans. Software Engineering)和《IEEE 可靠性》会刊(IEEE Trans. Reliability)上发表,同时很多软件可靠性模型已经在工业界得到了使用,并取得了很好的效果。

软件可靠性模型旨在根据软件失效数据,通过建模给出软件的可靠性估计值或预测值。它不仅是软件可靠性预计、分配、分析与评价的最强有力的工具,而且为改善软件质量提供了指南。一个有效的软件可靠性模型应尽可能地将影响软件可靠性的各因素在软件可靠性建模时加以考虑,尽可能简明地反映出来。

软件可靠性建模是试图以数学模型来模拟软件的可靠性行为,并对这一可靠性行为以统计方法给出一种或多种定量的估计或预测。软件可靠性模型把软件失效过程表示为故障引入、故障排除和运行环境等因素的函数的数学表达式。建模过程通常由以下几个部分组成:

(1)模型假设:在软件可靠性建模时都要做出某些假设,其原因主要在于目前人们对软件可靠性行为中的某些特征还无法确知,或者某些特征本来就具有不确定性;其次是为了数学上处理的便利性。

(2)确定度量方式:在直接的、间接的、甚至辅助的各种度量中,根据需要选择其中一种或多种度量来估计软件的可靠性。

(3)建立数学模型:将已经选择的可靠性度量表示为软件产品的某些特性的函数。

(4)进行参数估计:对于某些通过模型无法直接获得的度量或参数,则需要使用某种参数估计方法来确定它们的值。

(5)确定数据输入域:通过收集故障数据来确定模型中的未知参数,而故障数据的收集是以软件运行(模拟运行或实际运行)为前提的,因此需要确定数据输入域。

早期可靠性模型的研究主要集中在可靠性增长模型建模(Software Reliability Growth Model,SRGM),在软件开发过程中的测试阶段使用。通常,这类模型使用统计方法对软件可靠性进行建模,使用的数据包括一段时间间隔内的错误数和错误之间的时间间隔。这些模型使用软件测试时获得的错误数据来估计模型参数或者校准模型。这类被称为"黑盒"方法的软件可靠性模型将软件看成一个单一的整体,并且在可靠性评估过程中只考虑与外界的交互,没有内部结构的建模。

20世纪90年代以来,随着软件规模的扩大以及复杂性的增加,软件体系结构作为提高软件系统质量、支持复杂软件开发和复用的重要手段,已经成为软件工程的一个重要研究领域。软件结构的研究对软件可靠性度量也带来了新的问题,由于构件、构件的组装以及构件与外部环境等关系的引入,传统基于"黑盒"的软件可靠性增长模型不再适用,需要有一种新的基于软件体系结构,对软件系统可靠性进行评估的建模方法。基于软件结构对软件系统进行可靠性评测属于

"白盒"方法,它主要基于软件中的单个构件的可靠性以及各个构件之间的交互关系,即软件的体系结构和运行剖面对整个软件系统进行建模,从而对软件系统进行可靠性分析,这种方法可以运用于软件的设计阶段,也可以使用在软件的测试和运行阶段。

1. 根据模型的用途分类

自 1972 年第一个软件可靠性分析模型发表以来,见之于文献的软件可靠性统计分析模型将近百种。这些可靠性模型大致可分为种子法、失效率分析、曲线拟合、可靠性增长模型、程序结构分析模型、输入域分类模型、执行路径分析方法模型、非齐次 Poisson 过程模型、马尔可夫(Markov)过程模型及贝叶斯(Bayesian)模型等 10 类。

1)种子法

这一类模型的基本思想是把一定数量的缺陷植入软件中,然后对软件进行测试,用测试所得的属于植入集的缺陷数与属于软件本身的缺陷数的比例关系来估算软件系统的缺陷数。比较有代表性的有 Mill 的超几何模型。

这是利用捕获—再捕获抽样技术估计程序中错误数。在程序中预先有意"播种"一些设定的错误"种子",然后根据测试出的属于植入集的错误数与属于软件本身的错误数的比例关系来估算软件系统的缺陷数。其优点是简便易行,缺点是植入集错误的"种子"与实际的软件本身错误之间的类比性估量困难。

2)失效率分析

这类模型用来研究程序的失效率。因为 MTBF(平均失效间隔时间)是失效率的倒数,所以以 MTBF 为分析直接变量的模型亦属于此类。这类模型有:

(1)Jelinski-Moranda 的 de-eutrophication 模型;

(2)Jelinski-Moranda 的几何 de-eutrophication 模型;

(3)Schick-Wolverton 模型;

(4)改进的 Schick-Wolverton 模型;

(5)Moranda 的几何 Poisson 模型;

(6)Goal 和 Okumoto 不完全排错模型。

3)曲线拟合

用回归分析的方法研究软件复杂性、程序中的缺陷数、失效率、失效间隔时间,包括参数方法和非参数方法。

4)可靠性增长模型

预测软件在检错过程中的可靠性改进,用一增长函数来描述软件的改进过程。这类模型有:Duane 模型、Weibull 模型、Wagoner 的 Weibull 改进模型、Yamada 和 Osaki 的逻辑增长曲线以及 Gompertz 的增长曲线等。

5）程序结构分析模型

程序结构模型是根据程序、子程序及其相互间的调用关系,形成一个可靠性分析网络。网络中的每一结点代表一个子程序或一个模块,网络中的每一有向弧代表模块间的程序执行顺序。假定各结点的可靠性是相互独立的,通过对每一个结点可靠性、结点间转换的可靠性和网络在结点间的转换概率,得出该持续程序的整体可靠性。在软件测试领域,有人形象地称这种方法为"白盒子"方法。这类模型有：Littewoood 马尔可夫结构模型和 Cheung 的面向用户的马尔可夫模型等。

6）输入域分类模型

这一类模型把输入空间划分为几个等价类,选取软件输入域中的某些样本"点"运行程序,根据这些样本点在"实际"使用环境中的使用概率的测试运行时的成功率/失效率,推断软件的使用可靠性。这类模型的重点(亦是难点)是输入域的概率分布的确定及对软件运行剖面的正确描述。这种方法不考虑软件的结构和运行路径及开发过程,亦称"黑盒子"方法（Black Box）。这类模型有两个：Nelson 模型和 Bastani 的基于输入域的随机过程模型。

7）执行路径分析方法模型

这类模型的分析方法与上面的模型相似,先计算程序各逻辑路径的执行概率和程序中错误路径的执行概率,再综合出该软件的使用可靠性。Shooman 分解模型属于此类。

8）非齐次 Poisson 过程模型（NHPP）

非齐次 Poisson 过程模型是以软件测试过程中单位时间的失效次数为独立 Poisson 随机变量,来预测在今后软件的某使用时间点的累计失效数。这类模型有：Musa 的指数模型、Goel 和 Okumoto 的 NHPP 模型、S－型可靠性增长模型、超指数增长模型以及 Pham 改进的 NHPP 模型等。

9）马尔可夫过程模型

这类模型有完全改错的线性死亡模型、不完全改错的线性死亡模型和完全改错的非静态线性死亡模型。

10）贝叶斯模型类

这一类模型使用贝叶斯技术来估算模型参数,其基本思想是利用失效率的前验分布和当前的测试失效信息来评估软件的可靠性。这是一类当软件可靠性工程师对软件的开发过程有充分的了解,软件的继承性比较好时具有良好效果的可靠性分析模型。这类模型有连续时间的离散型 Markov 链和 Shock 模型等。

2. 根据模型的特征分类

依据模型的如下 6 方面特征,Musa 和 Okumoto 提出了模型的另一种分类方法：

（1）时间域：有时钟时间和 CPU 时间两种。

时间域模型已经被应用在软件可靠性领域中，通常这种模型都做了如下假设：

① 失效间隔时间是独立的；

② 使用测试作为操作使用的代表；

③ 时间被用做失效率的基准。

这种模型通常被应用于软件开发阶段（包括测试和调试）。在软件开发阶段，执行程序被测试，如果发现有缺陷会被立刻改正。大多数模型都假设在改正程序中的缺陷时不会再引入新的缺陷。因此，利用这种模型，程序的可靠性增加了。这种模型叫做软件可靠性增长模型。失效间隔时间和缺陷数目这两个重要的度量被普遍用于这种模型。这种模型的可靠性估计结果是在测试过程中的失效历史中得来的。

（2）失效数类：在有限时间间隔内设定软件的失效数为有限还是无限。

（3）相对于时间系统失效数的统计分布形式。主要的两类是：Poisson 分布和二项分布。

（4）对有限失效数而言，用时间表示失效强度的函数形式。

（5）对有限失效数而言，用经验期望失效数表示的失效强度的函数形式。

3. 根据模型的应用阶段分类

Ramamoorthy 和 Shooman 提出了一种分类策略，可以根据模型的应用阶段来进行分类：

（1）软件开发阶段：J – M 模型、Musa 模型、Shooman 模型、Littlewood-Verral 模型。

（2）软件验证阶段：Nelson 模型、基于输入域的模型。

（3）软件操作运行阶段：马尔可夫过程模型。

（4）软件测试阶段：Seeding 模型、Halstead 模型。

6.5.3 经典的软件可靠性模型介绍

1. Jelinski-Moranda de-eutrophication 模型

由 Jelinski 和 Moranda 在 1972 年开发的 de-eutrophication 模型是最早的软件可靠性增长模型之一。它包括以下的简单假设：

（1）在测试初期，软件代码中有 u_0 个错误，u_0 是个固定数，但是未知。

（2）各个错误是相互独立的，即每个错误导致系统发生失效的可能性大致相同，各次失效的间隔时间也相互独立。

（3）不管错误什么时候发生，发生时立刻被排除，而且不会给软件带来新的错误。

（4）程序的失效率在每个失效间隔时间内是常数，其数值正比于程序中残留的错误数，在第 i 个测试区间，其失效率函数为

$$\lambda(x_i) = \phi(u_0 - i + 1)$$

其中的 ϕ 为比例常数，x_i 为第 i 次失效间隔中以 $i-1$ 次失效为起点的时间变量。

（5）程序测试环境与预期的使用环境相同。

在这些基本假设的基础上，J－M 模型认为，以第 $i-1$ 次失效为起点的第 i 次失效发生的时间是一个随机变数，它服从以 $\phi(u_0 - i + 1)$ 为参数的指数分布，其密度函数为：

$$f(x_i) = \phi(u_0 - i + 1)\exp\{-\phi(u_0 - i + 1)x_i\}$$

其分布函数为：

$$F(x_i) = 1 - \exp\{-\phi(u_0 - i + 1)x_i\}$$

其可靠性函数为：

$$R(x_i) = \exp\{-\phi(u_0 - i + 1)x_i\}$$

软件在 t 时刻的失效强度和预计还留在软件中的错误数量成比例，这被认为是 Jelinski－Moranda 模型的核心。

2. Goel-Okumoto 模型

Goel-Okumoto 模型是由 Goel 和 Okumoto 在 1979 年提出的，该模型是基于以下假设的：

（1）软件是在与预期的操作环境相似的条件下运行。

（2）在任何时间序列 $t_0 < t_1 < \cdots < t_m$ 构成的时间区间 (t_0, t_1)，(t_1, t_2)，$\cdots$，(t_{m-1}, t_m) 中检测到的错误数是相互独立的。

（3）每个错误的严重性和被检测到的可能性大致相同。

（4）在 t 时刻被检测出的累计错误数 $[N(t), t \geq 0]$ 是一个独立增量过程，$N(t)$ 服从期望函数为 $m(t)$ 的 Poisson 分布，在 $(t, t + \Delta t)$ 时间区间中发现的错误数的期望值正比于 t 时刻剩余错误的期望值。

（5）累计错误数的期望函数 $m(t)$ 是一个有界的单调递增函数，并满足

$$m(0) = 0$$
$$\lim_{t \to \infty} m(t) = a$$

式中的 a 为最终可能被检测出的错误总数的期望值。

（6）每当一个错误发生，错误的改正不会给软件带来新的错误。

从上述假设可以看出,G－O模型与众不同的特点是:模型将软件的固有错误数视为随机变量,认为从第 $i-1$ 次错误到第 i 次错误发生的间隔时间依赖于第 $i-1$ 次错误的发生时间。

3. 几何递减模型

几何递减模型的基本假设如下:

(1) 程序中的各个错误是相互独立的,各次失效间隔时间也相互独立。

(2) 测试过程的安排并不是每发现一个错误征兆就立即停止测试进行排错,而是要持续到发生系统失效时才进行排错。排错中造成系统失效的错误将肯定被排除,与此同时,已经积累的其他错误也可能被排除,排错的时间可以忽略不计,排错过程中没有新的错误引入。

(3) 程序的失效率在测试区间中是常数,但由于错误的排除,使相继的测试区间的失效率按几何规律递减,在第 i 个测试区间,程序失效率函数为:

$$\lambda(x_i) = DK^{i-1}$$

其中的 D 为第一个测试区间的失效率, K 为一个决定失效率衰减程度的常数,并满足 $0 < K < 1$。

从以上三点假设中可以看到,几何递增模型并没有对程序的固有错误数做特殊的假定。我们取 $i-1, i, i+1$ 三个测试区间来比较失效率的变化情况,从第 $i-1$ 个区间到第 i 个区间失效率的变化量为 $DK^{i-1} - DK^{i-2}$,从第 i 个区间到第 $i+1$ 个区间失效率的变化量为 $DK^i - DK^{i-1}$,二者之比为:

$$\frac{DK^{i-1} - DK^{i-2}}{DK^i - DK^{i-1}} = \frac{1}{K}$$

从上式可见,随着测试的进展,错误越来越难于发现,因此排错得到的可靠性增长效应也越来越小。

以第 $i-1$ 次失效为起点到第 i 次失效发生的时间是一个随机变量,服从参数为 DK^{i-1} 的指数分布,其密度函数为:

$$f(x_i) = DK^{i-1}\exp\{-DK^{i-1}x_i\}$$

其分布函数为:

$$F(x_i) = 1 - \exp\{-DK^{i-1}x_i\}$$

其可靠性函数为:

$$R(x_i) = \exp\{-DK^{i-1}x_i\}$$

4. S－W 模型

S－W模型是 Shick 与 Wolverton 于1973年提出的。这个模型认为程序的失效率不仅正比于程序中的错误数,而且也正比于测试时间,因为随着测试的进展,测试人员对程序的认识逐步加深,错误被发现的可能性也随之增加。

S – W 模型的基本假设如下:

(1)程序中的固有错误数是一个未知的常数 N。

(2)程序中的各个错误是相互独立的,每个错误导致系统发生失效的可能性大致相同,各次失效间隔时间也是相互独立的。

(3)测试中间检测到的错误都被排除,每次只排除一个错误,排错时间可以忽略不计,在排错过程中不引入新的错误。

(4)程序的失效率正比于程序中现存错误数和从上一次发生失效后测试所耗用的时间,因此在第 i 个测试区间内,其失效率函数为:

$$\lambda(x_i) = \phi(u_0 - i + 1)x_i$$

式中:ϕ 为比例常数;x_i 为第 i 次失效间隔中以 $i - 1$ 次失效为起点的时间变量。

(5)程序测试环境与预期的使用环境相同。

S – W 模型认为,以第 $i – 1$ 次失效为起点的第 i 次失效发生的时间是一个随机变量,它服从形状参数为 2 的 Weibull 分布,其密度函数为:

$$f(x_i) = \phi(u_0 - i + 1)x_i \exp\{ - \phi(u_0 - i + 1)x_i^2/2 \}$$

其分布函数为:

$$F(x_i) = 1 - \exp\{ - \phi(u_0 - i + 1)x_i^2/2 \}$$

其可靠性函数为:

$$R(x_i) = \exp\{ - \phi(u_0 - i + 1)x_i^2/2 \}$$

5. SHOOMAN 模型

SHOOMAN 模型由 Shooman 于 1972 年提出,该模型的基本假设为:

(1)程序中的固有错误数是一个未知的常数 N_0。

(2)程序中的各个错误是相互独立的,每个错误导致系统发生失效的可能性大致相同。

(3)测试中检测到的错误都被排除,排错过程中不引入新的错误,排错时间可以忽略不计。

(4)程序的失效率正比于程序中的错误残留数与程序总指令数的比值 $n_r(x)$,即:

$$\lambda(t) = Kn_r(x) = K((N_0/I) - n_c(x))$$

式中:I 为程序中总的指令数;x 为从系统综合开始的排错时间;$n_c(x)$ 为在排错期 x 中排除的错误总数对程序中的指令数的比值;K 为比例常数;t 为从系统启动开始计算的运行时间,通常用 CPU 时间表示。

程序运行时,发生失效的时间服从以 $K((N_0/I) - n_c(x))$ 为参数的指数分布，其密度函数为：

$$f(t) = K((N_0/I) - n_c(x)) \exp\{-K((N_0/I) - n_c(x))t\}$$

其分布函数为：

$$F(t) = 1 - \exp\{-K((N_0/I) - n_c(x))t\}$$

其可靠性函数为：

$$R(t) = \exp\{-K((N_0/I) - n_c(x))t\}$$

6. MUSA 时间模型

MUSA 模型由 Musa 于 1975 年提出，此后获得了较为广泛的应用。该模型以 CPU 时间为基础描述程序的可靠性特征，建立了 CPU 时间与日历时间的联系，并建立了程序的可靠性特征与测试过程资源消耗的关系。

MUSA 模型假设的基本内容如下：

（1）程序是在与预期操作条件相似的环境中运行。

（2）错误的检测是相互独立的。

（3）所有的软件失效都能观察到。

（4）各次失效间隔时间分段服从指数分布，即在任何一个测试区间内失效率为常数，进入下一个区间失效率改变为另一个常数。

（5）失效率正比于程序中残留的错误数。

（6）测试中错误改正率正比于错误发生率。

（7）错误识别人员、错误改正人员和计算机机时这 3 项资源的数量在测试过程中是固定的。

（8）程序的 MTBF 从 $T1$ 增加到 $T2$ 时，资源消耗增加量可近似的表示为：

$$\Delta y_k \approx \theta_k \Delta\tau + \mu_k \Delta m$$

式中：Δy_k 表示第 k 项资源消耗增量；$\Delta\tau$ 表示执行时间增量，用 CPU 时间表示；Δm 表示失效次数增量；θ_k 表示第 k 项资源消耗的时间系数；μ_k 表示第 k 项资源消耗的失效系数。

（9）在测试过程中，错误识别人员可以充分使用的计算机机时是常数。

（10）测试过程中错误改正人员的使用要受错误排队长度的影响，错误排队长度可由假定错误改正过程服从 Poisson 过程得出，所以错误排队长度也是一个随机变量。

在这 10 项假设中，前面六项是研究软件的可靠性特征所必须的假设，后面四项假设仅在研究软件可靠性特征与资源消耗的关系时用到。

MUSA 模型的一个与众不同的特点是它包括了资源消耗和执行时间、时钟时间的关系。软件测试中的资源——错误识别人员、错误改正人员和计算机机时,制约着测试的进程,例如错误改正人员不能迅速处理已经发现的错误,将会造成错误积压并减缓测试进程。测试过程中不同的阶段,受资源约束的状态是不同的,在测试初期,错误发现很多,这时起制约作用的因素是错误改正人员。随着测试的进展,程序失效间隔时间增大,错误改正人员的利用率下降,这时错误识别人员成为起制约作用的因素。在测试的后期,失效间隔时间很长,计算机的可用机时成为主导性的限制因素。

7. Littlewood 贝叶斯排错模型

1980 年 Littlewood 用贝叶斯方法对 J – M 模型进行了改造,提出了 Littlewood 贝叶斯排错模型。J – M 模型的一个重要假定是:程序中所有的错误对程序失效率的影响是相同的。Littlewood 不同意这个假设,他认为在测试初期出现的错误,其影响大于测试后期出现的错误,而且错误数的多少也不是唯一的决定性因素。例如在很少使用的部分存在着两个错误的程序,反而比只有一个错误,但是位于经常使用的部位的程序更加可靠,即错误对失效率的影响并不相同。他还认为 J – M 模型中的失效率不应该视为常数,而应看作随机变数。因此,Littlewood 认为程序的总失效率应该表述为:

$$\lambda_i(t) = \varphi_1 + \varphi_2 + \cdots + \varphi_{N_0-i+1}, t_{i-1} \le t < t_i$$

式中:t_i 为第 i 个错误出现的时间;φ 为随机变数。

如果上式中所有的随机变数 φ 都蜕化为相同数值的单点分布,则与 J – M 模型相同,从这个意义上讲,J – M 模型是 Littlewood 贝叶斯模型的一个特例。

Littlewood 贝叶斯模型的基本假设如下:

(1)程序中与每个错误对应的失效率是相互独立的随机变数,其验前分布为具有参数 α 和 β 的伽玛分布,即:

$$g(\varphi_i) = \frac{\beta^\alpha \varphi^{\alpha-1} e^{-\beta\varphi}}{\Gamma(\alpha)}$$

(2)对于给定的失效率 λ_i,其错误发生的间隔时间 x_i 为 $t_i - t_{i-1}$,具有参数为 λ_i 的指数分布,即:

$$f(x_i \mid \lambda_i) = \lambda_i e^{-\lambda_i x_i}$$

(3)在第 i 个错误改正后,程序的失效率为:

$$\lambda_{i+1} = \varphi_1 + \varphi_2 + \cdots + \varphi_{N_0-i}$$

(4)发现程序错误后立即改正,改错时无新的错误引入。

(5)程序是在与预期运行环境相似的条件下运行。

8. Nelson 模型

Nelson 模型是 Nelson 于 1973 年提出的,他认为计算机程序可以被看作是对

一个可计算函数 F 的说明,程序的输入数据域为 E。

$$E = \{E_i \mid i = 1, 2, \cdots, N\}$$

其中的 E_i 是能够使程序运行一次的数据,与程序中的一次实际运行相对应,因此 E 是全部输入数据的集合。其中的 N 是集合中的输入数据总数。输入数据 E_i 经程序运行后,得到的输出数据值为 $F'(E_i)$,用 $F(E_i)$ 表示函数的真值,用 Δi 表示允许出现的最大误差值。则当条件

$$|F'(E_i) - F(E_i)| \leqslant \Delta i$$

满足时,程序的运行是成功的。如果程序在运行中发生非正常中断的事件,发生无法终止运行的事件,或者程序运行得出的输出值 $F'(E_i)$ 使得

$$|F'(E_i) - F(E_i)| > \Delta i$$

时,程序运行发生失效。

将 E 划分为两个子集 E_n 和 E_f,即 $E = E_x \cup E_f$。其中的 E_n 为保证程序正常运行的输入数据的集合;而 E_f 为导致程序运行失效的输入数据的集合。

如果程序运行 m 次,每次运行输入数据的选择是独立的,则程序不发生失效的概率为:

$$R(m) = \left(\sum_{i=1}^{n} p_i (1 - y_i) \right)^m$$

其中的 P_i 为 E_i 被选用的概率,因为数据被选用与运行的要求有关,因此被选用的概率并不一致。其中的

$$y_i \begin{cases} 1, & E_i \in E_f \\ 0, & E_i \in E_n \end{cases}$$

6.6　基于体系结构的软件可靠性估计实例

随着软件的广泛应用,特别是软件在尖端领域的应用,使得各类系统对于软件的依赖性越来越强,对软件质量尤其是可靠性的要求也越来越高,软件可靠性成为一个非常重要的问题。

软件可靠性是指在给定的时间间隔内和特定的环境下,软件按规格说明无故障运行的概率。软件可靠性定义的要素包括①特定的环境:规定软件的使用环境（输入数据要求和环境）;②给定的时间间隔,时间间隔 t 是随机变量;③规定的功能以及④无故障运行。

对软件可靠性进行评价是软件可靠性工作的重要组成部分,而软件可靠性评测是主要的软件可靠性评价技术,它包括测试与评价两个方面的内容,既适用于软件开发过程,也可针对最终软件产品。在软件开发过程中使用软件可靠性评测技术,可以更快速地找出对可靠性影响最大的错误,与软件可靠性增长模型相结合,估计软件当前的可靠性。对于最终软件产品,可以对其进行可靠性验证测试,确认软件的执行与需求的一致性,确定最终软件产品所达到的可靠性水平。

6.6.1 基于软件体系结构的可靠性模型

近年来,软件可靠性的评估模型层出不穷,大致可分为黑盒模型和白盒模型两类。黑盒模型将软件看作一个整体,在分析软件可靠性时只考虑软件与外部环境的交互,不考虑软件本身的体系结构。白盒模型又称结构模型,基于结构的可靠性模型是将模块本身的可靠性和软件内部的体系结构相结合来进行软件的可靠性评估的方法。由于软件体系结构在软件生命周期的初期就可以确定,因此这类模型可以贯穿整个研制周期进行软件可靠性的预测及评估。

采用基于软件体系结构的可靠性模型来评估基于构件软件系统的可靠性,我们需要知道软件体系结构(构件之间互相作用的结构)、由操作剖面描述的软件使用(由转移概率决定的构件相互作用的相对频率),以及软件失效性能(构件的可靠性或故障率)。

由不同构件相互作用构成的软件的行为可以通过软件体系结构来定义。我们采用基于状态的方法构建基于体系结构的软件可靠性模型。这个方法使用控制流图来表示软件体系结构,其中,状态代表活动的构件,弧代表控制的转移。基于如下假设:两个构件之间控制的转移具有马尔可夫特性,故采用离散时间马尔可夫链(DTMC)作为体系结构的模型,该模型具有转移概率矩阵 $P = [p_{ij}]$,这里,$p_{ij} = P_r\{$控制从构件 i 转移到构件 $j\}$。我们分两个阶段构建马尔可夫链:结构阶段建立静态的软件结构,动态的统计学阶段建立构件相互作用的相对频率(如转移概率),用于确定软件的使用(如操作剖面)。依据软件生存周期的不同阶段,可以使用不同的信息资源来建立 DTMC(描述动态软件体系结构)。这些资源包括:相似产品的历史数据,从规格说明书和设计文档中获得的关于软件体系结构的高层信息(如 UML 用例及顺序图),或者通过使用 profiler 和测试覆盖工具获得的构件跟踪文件。

由转移概率表示的软件体系结构的动态信息明显地取决于软件的使用,即操作剖面。一般而言,操作剖面是一个系统怎样使用的定量描述。转移概率的定义如下:

$$p_{ij} = \frac{n_{ij}}{n_i}$$

式中：n_{ij} 表示控制从构件 i 转移到构件 j 的次数，$n_i = \sum_j n_{ij}$，即从构件 i 转移到其他构件的转移次数的总和。

基于软件体系结构的可靠性估计方法的步骤如图 6 – 25 所示。

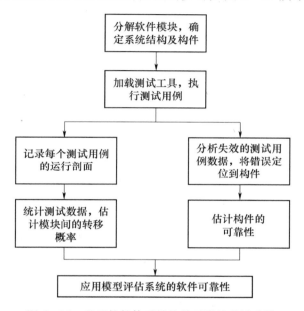

图 6 – 25　基于软件体系结构的可靠性估计步骤

步骤 1：我们采用离散时间马尔可夫链（DTMC）作为软件体系结构和操作剖面的模型。以下几个原因证明 DTMC 是一个很好的软件体系结构和操作剖面模型：从软件工程的观点看，可以在软件生命周期的早些或晚些阶段建立模型，一旦模型被建立，就可以在此模型上生成任意数量的典型的测试用例。从分析的观点看，离散时间马尔可夫链是具有成熟理论的随机过程。而且，该模型提供了建立几种不同的基于体系结构的可靠性模型的基础。

步骤 2：考虑构件的失效性能，即估计每个构件的可靠性。构件 i 的可靠性是构件正确执行其功能的概率 R_i。评估软件构件的可靠性明显依赖于以下一些因素：如是否提供了构件的源码、构件被测试的程度，以及构件是重用构件还是新构件。

步骤 3：是把软件体系结构和构件的失效特性结合起来。在描述软件体系结构的 DTMC 模型中增加 2 个吸收状态 C 和 F，分别表示正确输出和故障。转

移概率矩阵 P 按如下方式修改为 $\bar{P}$：构件 i 和构件 j 之间最初的转移概率 p_{ij} 修改为 $R_i p_{ij}$，这表示构件 i 产生正确结果并把控制转移到构件 j 的概率。构件 i 的失效用直接连到失效状态 F 的边表示，其转移概率是 $(1 - R_i)$。从退出状态 n 生成一条转移概率为 R_n 的到达状态 C 的边来表示程序的正确执行，程序的可靠性是到达 DTMC 中状态 C 的概率。令 Q 是通过删除矩阵 $\bar{P}$ 中分别代表吸收状态 C 和 F 所在行和列而得到的矩阵。矩阵 Q^k 的元素 $(1,n)$ 代表从状态 1 经过 k 次转移到达状态 n 的概率。从初始状态 1 到达最终状态 n，转移的次数可以从 0 到无限次。可以表示如下：

$$S = \sum_0^\infty Q^k = (I - Q)^{-1}$$

这表明矩阵 S 的第 $(1,n)$ 个元素代表了从状态 1 到达状态 n 的概率。这样可以得到整个系统的可靠性为：

$$R = s_{1,n} R_n$$

上式是依据模型得到的估计的系统可靠性，而实际的系统可靠性可以从测试中得到：

$$R_s = 1 - \frac{f_s}{n_s}$$

式中：f_s 为系统的失效次数；n_s 为系统的执行次数。

为了获得稳定而有效的测试数据，通常在软件开发周期的系统测试阶段进行可靠性评估。由于基于体系结构的可靠性分析是需要动态执行软件的，因此，在确定软件结构并分解系统模块之后需要执行测试用例，一方面，通过测试工具的记录与计算，估计出模块间的控制转移概率；另一方面，要分析导致系统失效的测试用例的执行情况，将错误定位到具体失效模块，累计模块的失效数，从而估计模块的可靠度。最后，应用可靠性分析模型，预测软件可靠性。

6.6.2　软件构件的可靠性

尽管软件构件还没有一个普遍认同的定义，但一般认为构件是系统中一个逻辑上独立的单元，用于完成系统中一个明确定义的功能。由此可以看出一个构件应该是可以独立地设计、实现和测试的。构件定义是一个用户级的任务，依赖于所分析的系统以及获得所需数据的可能性等因素，所以，同一个系统，构件划分的方式可以有多种。定义系统中的构件时，需要对构件的数量进行权衡。太多的小构件可能会在测量、参数化以及建立模型等方面引起一些困难；另一方面，太少的构件又可能导致无法观察到不同的构件是如何引发系统失效的。因此，系统的分解程度完全取决于构件的数量、它们的复杂度以及可得到的每个构件的信息等因素。

在软件生存周期的早期阶段,软件构件的可靠性可以依据专家的知识推测出来或依据历史数据估计出来。在测试及操作使用期间,可以使用几种技术来估计构件的可靠性。软件可靠性增长模型可以用于每一个软件构件,该技术使用了在测试中获得的故障数据。不过,由于缺乏故障数据,所以,软件可靠性增长模型并非总能使用。另一种估计构件可靠性的可能是考虑无故障执行(也可能包括一些故障)。在这种情况下,测试不是发现错误的一种活动,而是一个独立的验证活动。这些模型产生的问题是需要大量的执行次数来建立一个合理的统计数据来估计可靠性。

软件可靠性测试能有效地暴露在实际使用过程中影响可靠性要求的软件缺陷。软件可靠性测试是面向失效的测试,以用户将要使用的方式来测试软件,每一次测试代表用户将要完成的一组操作,使测试成为最终产品使用的预演。这就使得所获得的测试数据与软件的实际运行数据比较接近,可用于软件的可靠性评价。本实例中,我们采用故障注入技术来估计构件的可靠性。

故障注入是一种基于故障的测试技术,与故障相关的几个术语是错误、故障和失效。①错误(Error):错误是一个产生不正确结果的人为行为(IEEE 的定义)。②故障(Fault):故障是一个错误在软件中的表现(从开发者的角度看)。③失效(Failure):失效是由故障导致的软件行为与其期望的服务相背离的结果(从用户的角度看)。这几个概念的关系是:由错误导致软件故障,而软件故障导致软件失效。

故障可以用两种方式之一产生:一是直接修改代码,另一种是通过改变数据流或控制流来获得非直接的错误效果。

故障注入(Fault Injection):故障注入技术用于评估一个执行程序的代码或状态的改变对软件性能的影响。故障注入可以产生 3 种结果:了解真实错误的效果、反馈系统修正或增强的能力以及预测期望的系统行为。

有 4 种方法来实现故障注入:①硬件实现的故障注入;②通过仿真实现的故障注入;③软件实现的故障注入;④以上 3 种方法相结合的混合故障注入。硬件实现的故障注入技术需要特殊的硬件设备,仿真技术需要目标系统的合理的仿真模型。软件实现的故障注入技术采用特殊的软件改变系统的硬件/软件状态,就好像硬件故障发生了一样,从而引起系统进行响应。与另外几种技术相比,软件实现的故障注入技术具有一些潜在的优势,如允许在软件控制下在某个地方及时间注入故障或故障的表现(如错误),不需要外部硬件的支持,故需要的开发工作较少,费用低,并具有较强的可移植性。

依据注入故障的时间我们可以把软件实现的故障注入方法分为两类:编译

时间故障注入和运行时间故障注入。编译时间故障注入方法是指在程序加载和运行前对程序指令的修改。该方法把错误注入到源程序,以期能对错误的影响进行评估。在运行时间注入错误,需要一种机制来触发故障的注入。通常使用超时、硬件异常/软件中断、代码插入等触发机制来进行错误注入。

在可靠性评价阶段,故障注入测试的目的是确定构件的可靠性而不是发现错误,故要采用与缺陷测试不同的数据。

构件可靠性定义如下:

$$R_i = 1 - \lim_{n_i \to \infty} \frac{f_i}{n_i}$$

式中,f_i 为失效次数;n_i 为构件 i 的执行次数。

6.6.3　VC++面向对象软件的框架结构

文档和视图的概念是 MFC 框架的中心。MFC 中的文档/视结构(Document/View Architecture)将系统按功能划分为两个明确的部分,文档负责数据的处理和维护,而视作为用户接口,负责实现数据的表现,同时接受用户的反馈并传给文档进行处理。文档和视之间的关联,一部分由系统预先作了约定,通过一些固定的方式体现,这些往往是对多数应用场合都适用的部分;而另一些关联则需要针对不同的应用由设计者自己定义。

在文档/视应用程序中,CWinApp 对象拥有并控制文档模板,后者产生文档、框架窗口及视窗。正在运行的应用程序中的主要对象有:

(1)文档。文档类(从 CDocument 派生)指定应用程序的数据。如果应用程序中需要 OLE 功能,则从 COleDocument 或其派生类之一派生文档类,具体取决于所需的功能类型。

(2)视图。视图类(从 CView 派生)是用户的"数据窗口"。视图类控制用户如何查看文档数据以及如何与之交互。在某些情况下,可能需要一个文档具有多个数据视图。如果需要滚动,则从 CScrollView 派生。如果视图具有在对话框模板资源中布局的用户界面,则从 CFormView 派生。对于简单的文本数据,使用 CEditView 或从其派生。对于基于窗体的数据访问应用程序(如数据输入程序),从 CRecordView(对于 ODBC)派生。可用的还有 CTreeView、CListView 和 CRichEditView 类。

(3)框架窗口。视图显示在"文档框架窗口"内。在 SDI 应用程序中,文档框架窗口也是应用程序的"主框架窗口"。在 MDI 应用程序中,文档窗口是显示在主框架窗口中的子窗口。派生的主框架窗口类指定包含视图的框架窗口的样式和其他特性。如果需要自定义框架窗口,则从 CFrameWnd 派生以自定义 SDI

应用程序的文档框架窗口。从 CMDIFrameWnd 派生以自定义 MDI 应用程序的主框架窗口。另外从 CMDIChildWnd 派生一个类，以自定义应用程序支持的每种不同的 MDI 文档框架窗口。

（4）文档模板。文档模板编排文档、视图和框架窗口的创建。从 CDocTemplate 类派生的特定的文档模板类创建和管理一种类型的所有打开的文档。支持多种文档类型的应用程序具有多个文档模板。对 SDI 应用程序使用 CSingleDocTemplate 类，对 MDI 应用程序使用 CMultiDocTemplate 类。

（5）应用程序对象。应用程序类（从 CWinApp 派生）控制上面的所有对象，并指定应用程序的行为，如初始化和清理。应用程序仅有的一个应用程序对象创建和管理该应用程序支持的任何文档类型的文档模板。

（6）线程对象。如果应用程序创建单独的执行线程（如在后台执行计算的线程），则使用从 CWinThread 派生的类。CWinApp 本身是从 CWinThread 派生的，并且表示应用程序中的主执行线程（或主进程）。也可以在辅助线程中使用 MFC。

在一个正在运行的应用程序中，这些对象通过命令和其他消息绑定在一起，共同响应用户操作。一个应用程序对象管理一个或多个文档模板。每个文档模板创建和管理一个或多个文档（取决于应用程序是 SDI 还是 MDI）。用户通过包含在框架窗口中的视图查看和操作文档。图 6 – 26 显示 SDI 应用程序中这些对象之间的关系。

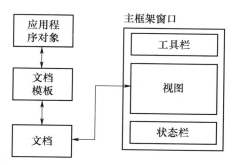

图 6 – 26　SDI 应用程序中的对象

6.6.4　VC + +集成环境下的测试工具

1. VC + +集成环境下的 Profile 工具

VC + +集成环境下提供的 Profile 工具能够分析并发现程序运行的瓶颈，找到耗时所在，同时也能发现不会被执行的代码，从而最终实现程序的优化。

Profile 组成包括 3 个命令行工具:PREP、PROFILE 和 PLIST。可以以命令行方式运行 Profile,其过程是:PREP 读取应用程序的可执行文件并生成一个. PBI 文件和一个. PBT 文件;PROFILE 根据. PBI 文件,实际运行并分析程序,生成. PBO 输出文件;PREP 再根据. PBO 文件和. PBT 文件,生成新的. PBT 文件;PLIST 根据. PBT 文件生成可阅读的输出。

Profile 的具体功能如下:

Function timing:对程序花费在执行特定函数上的时间进行评估。可以通过 Profile 对话框激活该功能。分析结果中,Func Time 一栏以毫秒为单位记录了函数运行所花时间,下一栏显示了该函数时间占总运行时间的百分比;Func + Child Time 栏记录了函数及其所调用的子函数运行所花的总时间,下一栏显示了前述时间占总运行时间的百分比;Hit Count 栏记录函数被调用的次数;Function 栏显示函数的名称。

Function coverage:记录特定函数是否被调用,可以用来确定代码中的未执行部分。可以通过 Profile 对话框激活该功能。分析结果列出所有被分析的函数,并使用 * 号标记执行过的函数。

Function counting:记录程序调用特定函数的次数。在 Profile 对话框中选择 Custom,并在 Custome Settings 中指定 fcount. bat。需要注意的是,在指定 fcount. bat 所在目录时,最好不要用长文件名的方式,这样有可能出错。

Line counting:记录程序所执行的代码中特定行的次数。在 Profile 对话框中选择 Custom,并在 Custome Settings 中指定 lcount. bat。该功能使用. EXE 中的调试信息启动 Profile,因此不需要. MAP 文件。分析结果中,Line 栏标示源代码的行号,Hit Count 栏记录该行执行次数,下一栏显示了该行执行次数占所有代码行执行次数的百分比,Source Line 显示了对应的源代码。

Line coverage:记录代码中的特定行是否被执行,可以用来确定代码中的未执行部分。可以通过 Profile 对话框激活该功能。分析结果列出所有被分析的代码行,并使用 * 号标记执行过的行。由于 Line coverage 只记录代码行是否被执行过,所以其执行开销要比 Line counting 小。

此外,Profile 对话框还提供了 Merge 功能,用以把多次运行 Profile 之后的统计结果组合起来。如果你正在使用 Function coverage 功能,则会看到是否测试了所有函数;如果你正在使用 Function timing 功能,则会看到以往分析与本次分析所有合并运行的累计时间。

2. IDE 环境下 Profile 的使用方法:

1) 对于涉及函数分析的功能

(1) 选择 Project – > Settings – > Link,选择 Enable profiling 复选框

（2）重建项目

（3）选择 Build – > Profile，弹出 Profile 对话框

（4）做必要设置后，选择 OK，开始运行程序

2）对于涉及行分析的功能

（1）选择 Project – > Settings – > Link，选择 Enable profiling 复选框和 Generate debug info 复选框

（2）选择 Project – > Settings – > C/C + +，选择 Line Numbers Only

（3）重建项目

（4）选择 Build – > Profile，弹出 Profile 对话框

（5）做必要设置后，选择 OK，开始运行程序

3. 配置 Profile 的 3 种方式

1）修改 profiler. ini 文件

在 profiler. ini 的[profiler]段中，可以指定不参与分析的 LIB 文件或 OBJ 文件。例如：[profiler]exclude：user32. libexclude：gdi32. lib

2）在 Profile 对话框中指定选项

若选择了 Funciton timing、Function coverage 或 Line coverage 选项，则可以在 Advanced settings 中指定进一步的范围，例如：希望 Profile 只分析 SampleApp. cpp 文件中特定范围内的代码，可以在 Advanced settings 中填入：/EXCALL /INC SampleApp. cpp（30 – 67）。又如：希望 file1. obj 和 file2. obj 不参与分析，则可以在 Advanced settings 中填入：/EXC file1. obj /EXC file2. obj 。再如：希望只描述指定函数，则可以在 Advanced settings 中填入：/SF？SampleFunc@ @ YAXPAH @ @ ，紧跟 SF 参数的是特定函数的修饰符名，获取该名称的最简单的方式是在创建项目时生成的 MAP 文件中查找。

SF，EXCALL，EXC，INC 都是 PREP 的命令行参数，有关其他参数的详细说明可以通过在命令行提示符输入 PRE P/H 得到。

3）编写批命令文件

可以参考 fcount. bat、fcover. bat、ftime. bat、lcount. bat 以及 lcover. bat。

4. 从 Profile 中输出数据

PLIST /T 命令允许 PLIST 将. PBT 文件内容以制表格式输出到文本文件中，该格式适合输入到电子表格或数据库中。例如：PLIST /T MYPROG > MYPROG. TXT，生成的 MYPROG. TXT 可以利用 profiler. xlm 导入到 Microsoft Excel 电子表格中。

5. Profile 的使用限制

通常，分析整个程序的意义不大，因为大多数 Windows 应用程序，主要

时间花费在消息等待上,因此精确定位要分析的代码,可以加快 Profile 的执行速度,提高其分析准确度。在 Profile 执行期间尽量关闭其他不相干的应用程序。

若启用了远程调试,则不能够从 Build 菜单中调用 Profile 功能。

对于 inline 函数,编译器以实际代码替换函数调用,因此 inline 函数不生成 . MAP 文件或 CALL 指令,所以当执行这样的函数时,Profile 将无法得知花费时间、运行次数等数据都归属于调用该函数的函数。Profile 可以提供有关 inline 函数的行一级的运行次数和覆盖信息。

对于多线程应用程序,Profile 的行为取决于所选择的分析方式,对于 Line counting 和 Line coverage,Profile 并未区分线程之间有何不同,它将包含当前运行的所有线程。对于 Function timing、Function coverage 和 Function counting,分析结果取决于线程,可以用以下方式分析一个独立线程:

(1)将线程的主函数声明为初始函数(用 PRE P/SF 选项);

(2)包含程序中的所有函数(不要使用 PRE P/EXC 选项)。

否则,分析结果很难解释。

6.6.5　VC++集成环境下的软件可靠性估计

1. 基于立方体全景图的虚拟场景漫游

虚拟空间的漫游过程实际上就是基于全景图的视景绘制过程。全景图是采集到的场景视觉信息集合,是场景的一种表示模式。视景绘制是依据视点和视角方向对全景图进行重采样,通常是将全景图的可见部分重投影到视平面上来实现。

立方体全景图是由 6 幅广角为 90°的画面组成,易于全景图像数据的存储,而且屏幕像素对应的重采样区域边界为多边形,非常便于显示,另外,这种立方体映射方式可以实现水平和垂直方向的 360°旋转,即任意角度的旋转,可达到最大自由度的观察。

利用作者提出的对立方体全景图进行实时交互浏览的基本重投影算法及其加速算法,实现了一个立方体全景图浏览器,为用户浏览虚拟场景提供了方便、自然的交互方式。该系统的主要功能有:

(1)当鼠标位于显示窗口区时,按下鼠标左键,随着鼠标的移动可以完成左右环视、俯视、仰视、斜视等任意方向的动作,速度与鼠标相对于初始位置的距离成正比。

(2)按下显示窗口右边的方向按钮可以以一定的角速度完成左右水平环视、垂直俯视、垂直仰视等动作。

（3）变焦距观察。按下 ZOOM + 按钮可进行拉长焦距观察,按下 ZOOM −
按钮可进行收短焦距观察,RESIZE 按钮可恢复初始焦距。

该浏览器可以随着用户的动作实时地显示出相应的视景画面,使用户可以
对任意方向进行观察,获得给定视点处的最大观察自由度,并可进行变焦距观
察。它能够提供方便、自然、符合人的心理特点的交互方式。

2. 系统的软件体系结构

立方体全景图漫游系统是在 VC + + 集成环境下开发的,软件的结构具有
一般性,如图 6 – 27 所示。为了获得以离散时间马尔可夫链为模型的系统的软
件体系结构,首先依据图 6 – 27 获得系统的类,如表 6 – 5 所列。

表 6 – 5　类及父类的名称及标号

类标号	类及父类的名称
1	CcubeNavigatorApp，CWinApp
2	CmainFrame，CFrameWnd
3	CimageView，CView
4	CcubeNavigatorDoc，CDocument
5	CcontrolPane，CFormView
6	CmyButton，CButton

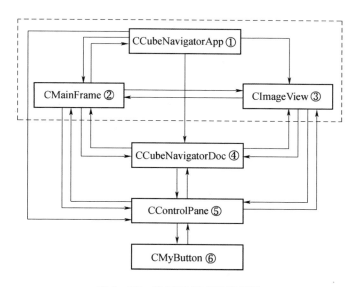

图 6 – 27　类图及相应的类标号

各类之间的关系如图 6-27 所示。本软件具有 VC++集成环境下软件的框架结构,包括应用程序对象类(CCube-NavigatorApp)、框架窗口类(CMainFrame)、文档类(CCubeNavigatorDoc)和视图类(CImageView),以及用户设计的 CControlPane 和 CMyButton 类。由于在 VC++集成环境下采用的是面向对象技术,类的设计通过继承关系实现,为了全面统计类之间的调用关系,必须考虑各类的父类,分别是 CWinApp、CFrameWnd、CDocument 、CView 以及 CFormView 和 CButton 类。

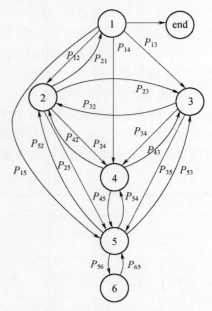

为了获得以离散时间马尔可夫链表示的系统体系结构,需要对各类之间的调用关系进行统计,如图 6-28 所示,其中,end 为系统的退出状态。

通过采用 VC++的 Profile 功能,多次运行该软件,获得各类之间的转移概率为:

图 6-28　静态软件体系结构

	1	2	3	4	5	6	end
1	0	0.481502	0.235356	0.237933	0.045197	0	1.2E-05
2	0.200967	0	0.511012	0.082242	0.205779	0	0
3	0	0.000925	0	0.569434	0.429641	0	0
4	0	0.000195	0.5004410	0	0.499364	0	0
5	0	0.982604	0.009235	0.000577	0	0.007584	0
6	0	0	0	0	1	0	0
end	0	0	0	0	0	0	0

3. 基于真实故障注入的软件构件可靠性估计

为了对构件的可靠性进行估计,设计了 36 个测试用例,分别对每一个系统功能进行测试,如表 6-6 所列。表中设计了 12 种类型的测试功能,其中每种功能又分为实时反走样、静止反走样、不进行反走样等 3 种情况进行测试。

表 6-6　测试用例

类型编号	漫 游 功 能	类型编号	漫 游 功 能
1	客户区漫游	7	缩小场景＋客户区漫游＋恢复初始场景＋客户区漫游
2	按钮区漫游	8	放大场景＋按钮区漫游
3	客户区漫游＋按钮区漫游	9	缩小场景＋按钮区漫游
4	放大场景＋客户区漫游	10	放大场景＋按钮区漫游＋恢复初始场景＋按钮区漫游
5	缩小场景＋客户区漫游	11	缩小场景＋按钮区漫游＋恢复初始场景＋按钮区漫游
6	放大场景＋客户区漫游＋恢复初始场景＋客户区漫游	12	客户区漫游＋放大场景＋按钮区漫游＋恢复初始场景＋客户区漫游＋缩小场景＋按钮区漫游

对于漫游系统,浏览虚拟场景的基本顺序定义为右→上→左→下,本系统提供了在客户区和按钮区 2 种用户交互方式。

为获得构件的可靠性数据,对构件 5(CControlPane 类)注入了一个在软件测试过程中的一个真实故障后,在系统上运行上述测试用例,得到如下数据:系统运行了 72 次,其中 CControlPane 类执行了 3348307 次,系统失效了 3 次。构件的可靠性和实际的系统可靠性如下:

$$R_5 = 1 - 3/3348307 = 0.999999104$$

$$R_s = 1 - 3/72 = 0.9583333$$

4. 系统可靠性模型及可靠性估计

把系统的软件体系结构与构件的可靠性结合后,得到如下的系统可靠性模型,如图 6-29 所示。

为了建立一个高质量的软件系统,依据软件工程的基本原理,系统各构件之间的耦合应该最小。通过对 VC++ 程序的框架结构及相关源程序的仔细分析,发现应用程序对象类、框架窗口类和视图类之间具有很强的相关性,而文档类、用户设计的 CControlPane 和 CMyButton 类则相对独立。因此,我们把应用程序对象类、框架窗口类和视图类作为一个构件看待(构件编号是 1′),得到图 6-29 所示的基于软件体系结构的软件可靠性模型,其中状态 S 为系统的初始状态,E 为系统的退出状态,C 为系统的正确输出状态,F 为系统的失效状态。

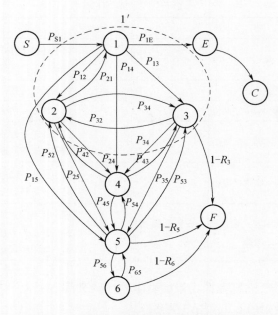

图 6 – 29　基于软件体系结构的软件可靠性模型

考虑到构件的可靠性及转移概率,得到:

$$
Q = \begin{bmatrix}
0 & 1 & 0 & 0 & 0 & 0 \\
0 & 0 & 0.557435 & 0.4425486 & 0 & 0.0000164 \\
0 & 0.50063597 & 0 & 0.499364031 & 0 & 0 \\
0 & 0.99183885 & 0.00057717 & 0 & 0.007583978 & 0 \\
0 & 0 & 0 & 1 & 0 & 0 \\
0 & 0 & 0 & 0 & 0 & 0
\end{bmatrix}
$$

依据公式,计算得到估计的系统的软件可靠性 R 为:$R = s_{1,n} R_n = 0.96181692$,其中下标 1 代表初始状态,$n$ 代表退出状态。由式可知实际的系统可靠性 R_s 为 0.9583333。可见由模型估计的系统可靠性与实际测得的系统可靠性误差只有 0.36%

6.6.6　影响系统可靠性的因素分析

如果不考虑系统中各类之间的相互关系,对各类进行随机组合,并且,采用不同的构件可靠性,那么,估计的系统的可靠性如表 6 – 7 所列。

表 6 – 7　影响系统可靠性的因素

体系结构中构件的组合	估计的系统可靠性	
	构件可靠性为 0.99999612	构件可靠性为 0.999999104
1,2,3,456	2.00%	8.13%
12,3,456	6.33%	22.65%
1,2,356,4	11.43%	35.85%
12,356,4	29.76%	64.57%
1,234,56	39.60%	73.96%
1,2,3,4,5,6	40.49%	74.66%
1,2,34,56	42.48%	76.18%
1,256,3,4	44.07%	77.33%
1,2,3,4,56	44.31%	77.51%
14,23,56	57.19%	85.61%
1,23,4,5,6	61.36%	87.30%
1,23,4,56	61.93%	87.57%
1234,56	73.33%	90.29%
12,3,4,5,6	69.31%	90.72%
12,3,4,56	69.49%	90.79%
12,34,56	69.68%	90.87%
1256,3,4	73.98%	92.49%
124,3,56	67.77%	92.81%
156,2,3,4	76.16%	93.27%
123,4,5,6	85.33%	96.18%

由表 6 – 7 可以看到,软件构件的可靠性对系统的可靠性的影响是直接的,随着构件可靠性的提高,系统的可靠性得到显著的改善。同时看到的是软件体系结构决定了系统的可靠性,不合理的软件体系结构使得系统的可靠性没有保障,严重影响了软件系统的质量。

6.7　本 章 小 结

（1）根据软件工程的不同开发阶段,软件测试可以分成单元测试、集成测试、确认测试和系统测试。

（2）软件测试方法主要有黑盒测试方法和白盒测试两类。黑盒测试是在完全不考虑程序内部结构和内部特性的情况下，检查输入与输出之间关系是否符合要求。白盒测试是在已知程序内部结构的情况下设计测试用例的测试方法。白盒测试适合在单元测试中运用，而在独立测试阶段多采用黑盒测试方法。

（3）黑盒测试方法包括等价类划分、因果图、正交实验设计法、边界值分析、判定表驱动法、功能测试等。白盒测试分为语句测试、循环测试、路径测试和分支测试等 4 种类型。

（4）测试工具分为白盒测试工具、黑盒测试工具、性能测试工具、测试管理工具等几个大类。

（5）软件可靠性是指在给定的时间间隔内和特定的环境下，软件按规格说明无故障运行的概率。软件可靠性定义的要素包括特定的环境（规定软件的使用环境，如输入数据要求和环境）、给定的时间间隔（时间间隔 t 是随机变量）、规定的功能以及无故障运行。

第七章　软件项目管理

7.1　项目管理过程

项目管理是指为了完成一个特定的目标,应用一定的规范或规章制度对项目资源进行全面的规划、组织、协调、控制并使之系统化的过程,即在规定的时间、预算和质量目标范围内完成项目的各种工作。项目管理过程的各阶段如图7−1所示,图中的箭头表示工作结果的流向,从图中可以看出这5个阶段相互交错相互影响,在每个阶段内进行的各种管理活动之间又相互关联。

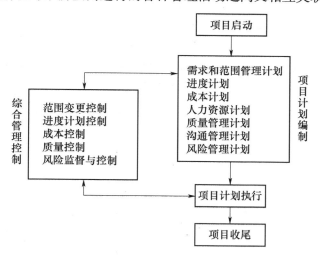

图7−1　项目管理过程的各阶段

（1）项目启动:根据可行性分析、技术评估等得到的结果,批准一个项目的运行。

（2）项目计划编制:收集和编写项目所需要的各种资料,进行各种计划活动并制订相应的计划,将各种计划的结果汇总成连贯、一致的文档,即项目计划文档。在软件项目中,具体的活动包括需求和范围管理计划、进度计划、人力资源计划、成本计划、沟通计划、风险计划等。

（3）项目计划执行:通过进行项目计划所规定的各种活动,实施项目计划。

（4）项目收尾：项目或阶段的正式接收并达到有序的结束。

（5）综合管理控制：在项目计划实施的过程中，对各种活动进行监控，协调并控制整个项目期间的变更。在软件项目中，主要的活动包括范围变更控制、进度计划控制、成本控制、质量控制、风险监督与控制等。其中，项目的中间过程（计划、执行和控制）是一个循环反复的过程。项目计划是计划执行和计划控制的基准；计划执行的结果受到计划控制的监控；计划控制根据比较计划执行的结果与项目计划的偏差，以及各种因素引起的变更，对项目计划进行修正，从而形成下一个循环的项目基准。

软件开发项目是一个用计算机程序和相关技术文档把思想表达出来的过程。随着软件开发的深入，各种技术的不断创新以及软件产业的形成，人们越来越意识到软件过程管理的重要性，管理学的思想逐渐融入软件开发过程中，软件项目管理日益受到重视。软件项目管理是为了使软件项目能够按照预定的成本、进度、质量顺利完成，而对成本、人员、进度、质量、风险等进行分析和管理的活动。

一个软件项目的成败，不仅仅在于其项目组的技术人员的技术水平，还在于是否采用合适的管理方式。好的管理方式不一定能使项目完全成功，但是一个不合适的管理模式肯定会导致软件项目的失败。由于软件项目的特殊性，项目管理在应用于软件项目的管理时，会有其独特的一面。首先，软件是纯知识产品，软件项目所涉及到的内容大多是无形的东西，既看不到质，也看不到量，其开发进度和质量很难估计和度量，生产效率也难以预测和保证，软件项目的管理难度加大。其次，软件系统的复杂性也导致了开发过程中各种风险的难以预见和控制。

7.2　软件项目计划管理

软件项目计划管理在软件开发过程中处于十分重要的地位，这是因为软件项目计划体现了对客户的理解，并为软件工程的管理和运作提供可行的计划，是有条不紊地开展软件项目管理活动的基础和跟踪、监督、评审计划执行情况的依据。没有完善的工作计划常常会导致事倍功半，或者使项目在质量、日期和成本上达不到要求，甚至使软件工程失败。因此制定周密、简洁和精确的软件项目计划是成功的开发软件项目的关键。

软件项目计划或者计划的集合称为软件开发计划，应该包括以下内容：

（1）软件项目的目的、目标、范围、对象。

（2）软件生命周期的选择。

（3）精选的供软件开发维护用的规程、方法和标准。这些软件标准和规程有软件开发策划、软件配置管理、软件质量保证、软件设计、问题跟踪与解决和软件测量。

（4）待开发软件工作产品的确定和更改。

（5）估计软件工作产品的规模，软件项目管理的工作量和成本，预计关键计算机资源的使用情况。

（6）软件项目的进度，包括确定里程碑和评审。

（7）识别和评估软件项目的风险。

（8）提出项目软件工程实施和支持工具的计划。

通常，软件项目计划可以有多种实现过程，如图7－2所示的实现过程把软件项目计划分为6个阶段。

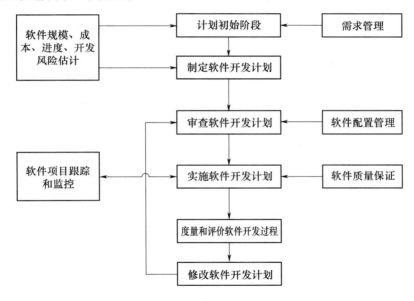

图7－2 软件项目开发计划的实现过程

（1）计划初始阶段

首先检查项目的工作描述，明确初始需求，对成本、资源和进度需求进行初步估计，指明项目的初始风险和限制，收集初始的计划数据。

（2）制定软件开发计划

采用软件项目估算方法估计软件工作产品的规模，软件项目管理的工作量、成本以及进度，预计关键计算机资源的使用情况，识别软件项目风险，编制软件项目开发计划。

（3）审查软件开发计划

对软件开发计划进行严格的技术检查，对查出的问题提交解决办法，并对计划作一体化的修改更新，提交软件开发计划的文档检查报告。

（4）实施软件开发计划

项目人员执行软件开发计划规定的任务，开展相应的活动。在这个过程中，要执行软件质量保证，检查软件质量报告。同时进行项目跟踪和监控，确保计划的完成。

（5）度量和评价软件开发过程

在实施过程中根据开发人员提出的意见，找出计划和执行情况的差距，找出造成差距的原因，对过程提出修改意见，估计改进后的效果，为重新制定软件开发计划提供根据。

（6）修改软件开发计划

分析过程改进后的影响，决定是否需要对软件开发计划进行修改，提交软件开发计划的问题报告和修改意见。

在软件开发项目中，项目开发计划的制定需要考虑到软件开发项目的特殊要求，由于软件的特点，导致软件开发项目制定过程中需要注意开发周期估算、软件规模估算、成本估算。在以下各节中主要分析制定软件项目开发计划的内容和方法。

7.3　软件项目估算

任何工程项目都必须采用定量的描述手段，软件工程项目也不例外。例如，不能定量地描述软件工程项目的规模就无法估算软件项目的成本以及所需的人力和时间，而这个问题是软件项目管理人员和客户都非常关心的。

软件项目估算管理是试图通过一定的方法估计软件项目的规模和风险，预测所需要的工作量、成本和完成各项任务的跨度时间的过程。软件项目估算是有效的软件项目管理必不可少的。软件项目估算根据估算对象的不同，一般可以分为对软件项目规模的估算、对软件项目工作量和成本的估算、对软件项目进度的估算和对软件项目风险的估算等几个方面。由于软件项目风险估算与软件规模、工作量、进度、成本估算关联不大，因此一般是单独进行的。而软件规模、工作量和成本、进度估算是关联的，应一步一步估算。软件规模、工作量、进度、成本四者的估算关系如图 7 - 3 所示。

规模估算：软件规模通常指的是软件的大小，规模估算指的是对软件大小的估算。规模估算是估算工作量的基础。

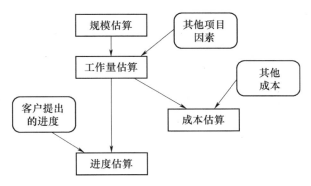

图 7 - 3　软件规模、工作量、成本、进度估算关系

工作量估算：工作量估算是对开发软件产品所需的人力的估算。这是任何软件项目所共有的主要成本。工作量估算是软件项目管理中最难但也是最重要的活动之一。如果已知工作量的估算，进度估算就变得容易多了。

进度估算：进度是项目开始日期到项目结束日期之间的一个时间段。进度估算是项目（或阶段）级的而不是详细的个体级。进度估算是项目计划和控制的基础，倘若用户要求比第一次估算的时间更早得到软件，那么需要对工作量估算做出修改以满足客户提出的进度要求。

成本估算：对一个软件项目的成本做出估算。成本的主要组成部分是人力成本（工作量），此外也有其他的成本，如出差费用、通信工具、用于项目的培训、项目团队所使用的软硬件等。这些成本与人力成本一起构成项目的总成本。

在大多数情况下，软件项目估算是非常复杂的，想一次性整体解决比较困难，因此，可以将问题进行分解，分解成一组较小的接近于最终解决的可控的子问题，再定义它们的特性。

7.3.1　软件项目分解

当一个待解决的问题过于复杂时，可以把它进一步分解，直到分解后的子问题变得容易解决为止。然后分别解决每一个子问题，并将这些子问题的解答综合起来，从而得到原问题的解答。这是解决复杂问题最自然的方法。

对于复杂的软件项目，科学的结构分析是进行高水平项目管理的前提和基础。项目的设计和计划控制不可能笼统地以整个项目为对象，而必须考虑项目中的各个细节，考虑详细的项目活动。结构分析就是将项目按照系统规则和要求分解成相互独立、相互影响的项目单元，将它们作为对项目进行设计、计划、责任分解、成本核算和实施控制等一系列项目管理工作的对象。

软件结构分解是进行软件项目估算的第一步，工作结构分解（Work Breakdown Structure,WBS)是软件结构分解后做的具体细化工作,定义了项目中关键工作及其结构,它将软件规模转变为项目开发的具体工作量。工作分解结构通常为树状结构,每细分一层都表示对项目元素的更细致的描述。处于工作分解结构的最低层次的任务通常被称为工作包,这些工作包还可以作为子项目进一步进行子项目的工作分解。

工作分解结构的标准应该使分解后的活动结构清晰,所有活动都必须清晰地定义,并且考虑了项目中所有关键因素。项目活动的识别对于整体项目计划十分重要,因为它可用于估计项目的工期,决定需要的资源和工作进度。目前,常用标识项目活动或任务的方法有3种,它们分别是基于活动的方法、基于产品的方法以及混合方法。

基于活动的方法是以创建项目所需要的所有活动为基础得到项目的任务列表。在生成任务列表的过程中,可选用WBS来创建任务列表。WBS具有多层结构,如第一层代表项目的主要任务,然后把这些主要任务分解为较低层次的任务。

基于产品的方法是由产生产品分解结构(Product Breakdown Structure,PBS)和产品流程图(Product Flow Diagram,PFD)两部分组成。对于每一个产品,PFD规定了该产品所有需要的输入产品。因此,通过识别产品之间的转换关系,PFD可以很容易地转化为一个有序的活动列表。

混合方法实际上是综合了基于活动和产品的方法。它首先基于项目的产品,构成WBS的上层结构,每一个结点都是一个可交付物。然后根据这些可交付物,构建创建该可交付物所需要的活动,并产生WBS的下层结构。

在确定项目的活动之后,需要对项目的每个活动估计所需的工作量。

7.3.2 软件规模估算

软件项目估算是指提交给客户的软件系统的规模、完成它所需要的工作量和成本估计。软件规模估算是进行工作量估算、进度估算以及成本估算的前提条件。为了估算软件项目的工作量和完成期限,首先需要预测软件规模。目前,国际上已有许多软件规模估计方法和模型,在这里主要介绍两种常用的软件规模度量方法:代码行(Lines of Code,LOC)和功能点(Function Points,FP)。因此,基于软件工程的项目规模的估算可以从两个完全不同的观点出发,即开发者的技术观点和用户的功能观点。基于开发者的技术观点出发的估算技术有LOC技术,基于用户的功能观点出发的估算技术有很多种,其中最具代表性的技术是功能点估计,其他的方法都是对功能点估计法的扩展,如特征点法、对象点法、3-D功能点法、Bang度量法、全面功能点法等。

1. LOC 估计

LOC 是常用的源代码程序长度的度量标准,LOC 指所有的可执行的源代码行数。LOC 估计就是估计软件的程序量为多少代码行数。由于 LOC 作为软件程序量的单位时比较小,在实际工作中,也经常用千代码行(kLOC)表示程序的长度。

代码行 LOC 是一种定量估算软件规模的方法。该方法是估计实现一个功能需要的原程序行数,它依据的是以往开发类似产品的经验和历史数据。因此,当有类似项目的历史数据可供参考时,用该方法估计出的数据比较准确。最后只要把实现每个功能需要的源程序行数累加起来,就得到实现整个软件需要的源程序行数。

为了使得对程序规模的估算值更接近实际值,可以由多名有经验的软件工程师分别做出估计。每个人都估计程序的最小规模 a、最大规模 b 和最可能规模 m,分别算出这 3 种规模的平均值 $\bar{a}$,$\bar{b}$ 和 $\bar{m}$ 之后,再用下式计算程序规模的估计值:

$$L = \frac{\bar{a} + 4\bar{m} + \bar{b}}{6}$$

采用代码行对软件规模进行度量时,软件开发组织建立一个面向规模的数据表格,记录项目的有关信息:项目名称、工作量(人月)、成本(元)、代码行(kLOC)、文档页数、错误数(第一年内)、项目开发参加人数,如表 7 - 1 所列。

表 7 - 1 面向规模的度量

项目	工作量(人月)	成本/元	代码行(kLOC)	文档页数	错误数	参加人数
a - 01	20	18000	12	360	30	3
b - 02	24	12800	9.9	500	80	5
c - 03	45	32000	20	840	94	6
…	…	…	…	…	…	…

对于某一个项目,可以根据表中列出的基本数据进行一些简单的面向规模的生产率和质量的度量。对所有的项目可计算出平均值:

生产率 = kLOC/PM(人月)

质量 = 错误数 /kLOC

成本 = 元 /LOC

文档 = 文档页数 /kLOC

根据表 7 - 1 中的数据可以方便地计算出各个项目的各种度量,以项目

a – 01为例：

$$生产率 = 12kLOC/20PM = 600\ LOC/PM$$

$$质量 = 30\ 个/12kLOC = 2.5\ 个/kLOC$$

$$成本 = 18000\ 元/12000LOC = 1.5\ 元/LOC$$

$$文档 = 360\ 页/12kLOC = 30\ 页/kLOC$$

用代码行数估算软件规模简单易行。其缺点是：代码行数的估算依赖于程序设计语言的功能和表达能力；采用代码行估算方法会对设计精巧的软件项目产生不利的影响；在软件项目开发前或开发初期估算它的代码行数十分困难；代码行估算只适用于过程式程序设计语言，对非过程式的程序设计语言不太适用，等等。

2. FP 估计

FP 估计（Function Point Analysis,FPA）是由 IBM 的 Albrecht 在 1979 年首先开发的,其中心思想是,任何软件都包含若干种功能,每种功能又包含具有不同复杂度的若干个功能点。功能点是用系统的功能数量来测量其规模,它以一个标准的单位来度量软件产品的功能。该方法主要是为了克服代码行规模度量对语言的依赖性,与实现产品所使用的语言和技术没有关系。它是在需求分析阶段基于系统功能的一种规模估计方法。该方法包括两个评估,即评估产品所需要的内部基本功能和外部基本功能,然后根据技术复杂度因子对它们进行量化,产生产品规模的最终结果。

功能点的计算公式是：

$$FP = UFP \times TCF$$

步骤 1：计算功能计数项。

在计算功能计数项时,通过计算 4 类系统外部行为或事务的数目,以及一类内部逻辑文件的数目来估算由一组需求所表达的功能点数目,这 5 类功能计数项分别是：

第一种,外部输入（EI）：用户向软件输入的数据项,这些输入给软件提供面向应用的数据,例如屏幕、表单、对话框、控件、文件等。计算每个用户输入,输入应该与查询区分,分别进行计算。

第二种,外部输出（EO）：软件向用户输出的数据项,它们向用户提供面向应用的信息,例如报表、出错信息等。计算每个用户输出。注意：一个报表中的单个数据项不单独计算。

第三种,外部查询（EQ）：要求回答的交互式输入项。一个查询被定义为一次联机输入,它导致软件以联机输出的方式产生实时响应。每一个不同的查询都要计算进去。

第四种,外部文件(ELF):机器可读的全部接口(如磁带或磁盘上的数据文件)的数量,用这些接口把信息传送给另一个系统。

第五种,内部文件(ILF):系统里的逻辑主文件项。如数据的一个逻辑组合,它可能是某个大型数据库的一部分或者一个独立文件。

步骤2:确定未经调整的功能点数(UFP)。

未经调整的功能点数反映了应用向用户提供的功能的数量。计量用户功能的原则是数出"该应用向客户提供了什么功能",而不是"这些功能是怎么提供的"。在估算中对5类功能计数项中的每一类功能计数项按其复杂性的不同分为简单、一般和复杂3个级别。表7-2是5类功能计数项的复杂度等级。产品中所有功能计数项加权的总和,就形成了该产品的未调整功能点计数,用下式计算未调整的功能点数 UFP:

$$UFP = a_1 \times EI + a_2 \times EO + a_3 \times EQ + a_4 \times ELF + a_5 \times ILF$$

其中,$a_i(1 \leqslant i \leqslant 5)$是5类功能计数项的加权因子,其值由相应特性的复杂级别决定,如表7-2所列。

表7-2 五类功能计数项的复杂度权重

复杂级别 / 加权因子	简单	一般	复杂	复杂级别 / 加权因子	简单	一般	复杂
外部输入 a_1	3	4	6	外部文件因子 a_4	5	7	10
外部输出数因子 a_2	4	5	7	内部文件数因子 a_5	7	10	15
外部查询数因子 a_3	3	4	6				

步骤3:评估影响系统功能规模的14个技术复杂性因子(TCF)。

这一步将度量14种技术因素对软件规模的影响程度,这些因素包括高处理率、性能标准(如响应时间)、联机更新等,在表7-3中列出了全部技术因素,并用 $F_i(1 \leqslant i \leqslant 14)$ 代表这些因素。根据软件特点,为每一个因素分派一个从0~5的值,分别表示没有影响的、偶然的、适中的、普通的、重要的、极重要的。然后,用下式计算技术因素对软件规模的综合影响程度 DI:

$$DI = \sum_{i=1}^{14} F_i$$

技术复杂因子 TCF 由下式计算:

$$TCF = 0.65 + 0.01 \times DI$$

因为 DI 的值在0~70之间,所以 TCF 的值在0.65~1.35之间。

表 7 – 3　计算功能点的校正值

序号	F_i	技 术 因 素
1	F_1	系统是否需要可靠的备份和恢复?
2	F_2	是否需要数据通信?
3	F_3	是否有分布处理的功能?
4	F_4	性能是否关键?
5	F_5	系统是否运行在既存的高度使用化的操作环境中?
6	F_6	系统是否需要联机更新?
7	F_7	联机数据项是否需要输入处理以建立多重窗口显示或操作?
8	F_8	主文件是否联机更新?
9	F_9	输入、输出、文件、查询是否复杂?
10	F_{10}	内部处理过程是否复杂?
11	F_{11}	程序代码是否被设计成可复用的?
12	F_{12}	设计中是否包括转换和安装?
13	F_{13}	系统是否被设计成可重复安装在不同机构中?
14	F_{14}	应用是否被设计成便于修改和易于用户使用?

步骤4:计算功能点数。

功能点数由下式计算:

$$FP = UFP \times TCF$$

一旦计算出功能点,就可以仿照 LOC 的方式度量软件的生产率、质量和其他属性:

$$生产率 = FP/PM$$
$$质量 = 错误数/FP$$
$$成本 = 元/FP$$
$$文档 = 文档页数/FP$$

功能点度量的优点是:①与程序设计语言无关,它不仅适用于过程式语言,也适用于非过程式语言;②因为软件项目开发初期就能基本上确定系统的输入、输出等参数,所以功能点度量能用于软件项目开发初期。缺点是:①它涉及到的主观因素比较多,如各种权函数的取值;②信息领域中某些数据有时不容易采集;③FP 的值没有直观的物理意义。

3. 功能点的扩充

1986 年 Jones 推广了功能点的概念,把软件项目中的算法复杂性因素引入到功能点计算中来。为了避免混淆,我们把 Altrecht 定义的功能点称为简单功能点,用 FP 表示,把 Jones 推广的功能点称为特征点,用 FPs(Feature Points)表示,适合于算法复杂性高的应用。推广的功能点包括计算机程序中用于各类问题求解的算法因素(ARI),如求解线性代数方程组、遍历二叉树的各个结点、处理中断等。计算特征点 FPs 时,只需将上述计算未调整的功能点数 UFP,加上一个算法的加权计数即可,即:

$$UFP = a_1 \times EI + a_2 \times EO + a_3 \times EQ + a_4 \times ELF + a_5 \times ILF + a_6 \times ARI$$

其中,a_6 为算法的复杂等级加权因子。

4. FP 估计与 LOC 估计的比较

FP 估计方法是结构化的,权重的确定是主观的,要求估算人员要仔细地将需求映射为外部和内部行为,必须避免双重计算。所以,FP 估计方法存在一定的主观性。LOC 估计很方便,容易查对,大多数开发环境是把计算代码行数作为一个尺度。估算的 LOC 估计容易监控。所以,LOC 估计有一定的客观性。

FP 估计对复杂度重视不够,粗略的分为简单、一般、复杂 3 种。LOC 估计虽然不存在这方面的问题,但是 LOC 估计在定义源代码的行时,往往含糊不清。

FP 估计可以用在现代开发环境中,例如:应用屏幕画笔类似的工具的开发环境中,而 LOC 估计就比较难用此类环境中。FP 估计对于不同的语言估算的结果具有可比性,然而不同语言的 LOC 估计结果不可比,多种语言开发的系统没有复合 LOC 计数。

对一个软件产品的开发,项目前期 FP 估计用得比较多,而项目后期 LOC 估计应用广泛。应用软件包括很多输入输出或文件活动时一般用 FP 估计,但 FP 估计无法自动度量。一般的做法是:在早期估算中使用功能点,然后依据经验将 FP 转化为软件规模测量更常用的 LOC,再使用 LOC 估计继续进行估算。

代码行度量依赖于程序设计语言,而功能点不依赖于程序设计语言。Albrecht 和 Jones 等人对若干软件采用事后处理方式分别统计出不同程序设计语言每个功能点于代码行数的关系,用 LOC/FP 的平均值表示。它们之间的关系如表 7-4 所列。

表 7-4　建立一个功能点所需平均代码行数

程序设计语言	LOC/FP(平均值)	程序设计语言	LOC/FP(平均值)
汇编语言	300	Ada	70
COBOL	100	面向对象语言	30
FORTRAN	100	第四代语言(4GL)	20
Pascal	90	代码生成器	15

7.3.3　软件工作量估算

软件项目成本估算是对完成软件项目所需要的费用的估计和计划,是软件项目计划中的一个重要的组成部分。软件项目成本的主要组成部分是人力成本(工作量)。成本估算模型经常采用经验导出模型。经验导出模型是对大量的项目数据进行数学分析后导出的模型,而支持大多数估算模型的经验数据都是从有限的一些项目样本中得到的,因此,还没有一种模型能够适用于所有的软件类型和开发环境,从这些模型中得到的结果必须慎重使用。

1. 回归估算模型

一个典型的估算模型是通过对以前的软件项目中收集到的数据进行回归分析而建立的模型,是一种静态单变量模型。其结构加下:

$$E = A + B \times L^{C}$$

式中:A、B 和 C 是由经验估计的常数;E 是以人月为单位的工作量;L 为估算变量(LOC 或 FP)。

当估算变量为 LOC 时,估算模型有(L 单位以 kLOC 计):

(1) Walston – Felix 模型(又称 IBM 模型):

$$E = 5.2 \times L^{0.91}$$

(2) BaileyObasili 模型:

$$E = 5.5 + 0.73 \times L^{1.16}$$

(3) Bochm 的简单模型:

$$E = 3.2 \times L^{1.05}$$

(4) Doty 模型:

$$E = 5.288 \times L^{1.047} (L > 9)$$

当估算变量为 FP 时,估算模型有:

(1) Albrecht 和 Gaffiney 模型:

$$E = -13.39 + 0.0545L$$

(2) Kemerer 模型:

$$E = 60.62 \times 7.728 \times 10^{-8} \times L^{3}$$

(3) Maston、Barnett 和 Mellichamp 模型:

$$E = 585.7 + 5.12 \times L$$

对于相同的 LOC 和 FP 值,用不同模型估算可以得出不同的结果。主要原因是,这些模型多数都是依据若干应用领域的有限项目的经验数据推导出来的,适用范围有限。因此必须根据当前项目的特点选择适用估算模型,并根据实际项目的特征(如问题的复杂性、开发人员的经验、开发环境等)适当地调整估算模型。

2. 软件生命周期模型(Software LIfecycle Model,SLIM)

SLIM 是 Putnam 引用 Peter Norden 于 20 世纪 50 年代开发出的生命周期人力模型的概念,并通过对雷利曲线(Rayleigh Curve)分析而获得的。SLIM 把软件开发生命周期定义为一系列小的开发活动的时间序列之和,并且这些小的开发活动与整个生命周期的工作量分布形状相似。

SLIM 估算模型是一种动态多变量模型,它是在假设软件开发的整个生命周期中的一个特定的工作量分布基础上推导出来的。这个特定的工作量分布是依据一些大型项目(总工作量达到或超过 30 人年)中收集的工作量数据导出的曲线,如图 7 - 4 所示。该曲线称为 Rayleigh - Norden 曲线。

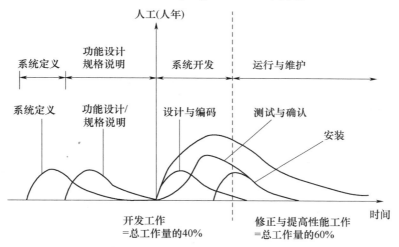

图 7 - 4　大型项目的工作量分布情况

根据曲线,著名学者 Putnam 在估算软件开发工作量时得出如下公式:

$$E = \frac{L^3}{C_k^{\,3} \cdot t_d^{\,4}}$$

式中,E 表示工作量(单位:人年),L 表示源代码行数(以 LOC 计),t_d 表示开发时间(单位:年),C_k 表示技术状态常数。

C_k 反映了总体的过程成熟度及管理水平、开发环境、软件项目组的技术与经验等。它的典型值为:当开发环境差时(没有系统的开发方法,缺乏文档和复审,批处理方式),$C_k = 2000$;当开发环境好时(有合适的系统开发方法,有充分的文档和复审,交互执行方式),$C_k = 8000$;当开发环境优时(有自动开发工具和技术),$C_k = 11000$。

值得提出的是,t_d 对应于 Rayleigh-Norden 曲线的最大值,表示软件交付时工作量最大,参与软件项目的人最多。当工作量估算出来之后,利用每人年的开销(元/人年)可以估算成本。

软件开发工作量的计算公式表明,开发软件项目的工作量与开发时间的四次方成反比,将 $0.9t_d$ 代替式中的 t_d 计算 E,我们发现,提前 10% 的时间要增加 52% 的工作量,降低了软件开发生产率。因此,软件开发过程中人员与时间的折中是一个十分重要的问题。

图 7 – 5(a)所示曲线表明,软件开发项目每年所需要的人年数与开发时间 t_d 的关系满足 Rayleigh – Norden 分布,相应的累计人年数与开发时间 t_d 的关系如图 7 – 5(b)所示。

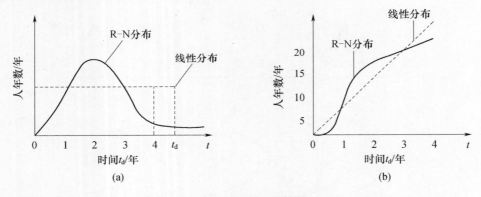

图 7 – 5　软件开发时间与人力投入的关系
(a) 概率密度;(b) 分布函数。

曲线表明:软件开发项目的工作量随着时间 t_d 的增加并不呈线性增长趋势。因此,参加软件项目开发的人员数不应该是一成不变的。如果按照线性分布方案配备人员,即每年的人数是常数,那么起始段一部分人力是多余的,而峰值段人力又不够,到项目后期再增加人力为时已晚,造成浪费。由于人力调度的不合理,不得不延长项目开发时间,增加一部分额外工作量。

SLIM 模型虽然揭示了软件项目的工作量、软件开发时间和程序代码长度 3 者之间的关系,但它没有反映软件产品属性、软件项目属性、软件开发人员属性、计算机软硬件资源属性等。因此,用 SLIM 模型进行软件项目的成本估算是十分粗糙的。

3. COCOMO 模型

1981 年,Boehm 提出了"构造性成本模型(Constructive Cost Model)",简称

COCOMO 模型。该模型是为软件项目提供准确的成本和进度估算的一个构造性的标准化模型。它将软件进行分割,估算出各部分的工作量和开发时间,最终汇总为项目预算,是一种精确、易使用的成本估算方法。

在 COCOMO 模型中,按照软件的应用领域和复杂程度将它们分为组织型、嵌入型和半独立型 3 种类型。

(1)组织型:相对较小、较简单的软件项目。对这种软件的要求通常不苛刻,开发人员对软件产品开发目标理解充分,工作经验丰富。对软件的使用环境熟悉,软硬件的约束较少,程序规模一般不大(小于 50000 行代码)。简单的管理信息系统即为此类型。

(2)嵌入型:这种软件要求在紧密联系的硬件、软件和操作的限制条件下运行,通常和某些硬件设备紧密结合在一起,对这类软件的要求通常十分苛刻。例如,航天控制系统。

(3)半独立型:对这种软件的要求通常介于上述两种软件之间,但是软件的规模比较大(可达 300000 行代码)。例如,新的操作系统、大型生产控制系统。

Boehm 把 COCOMO 模型分为基本、中间、详细 3 个层次,分别用于软件开发的 3 个不同阶段。基本 COCOMO 模型用于系统开发的初期,估算整个系统的工作量(包括软件维护)和软件开发所需要的时间。中间 COCOMO 模型用于估算各个子系统的工作量和开发时间、详细 COCOMO 模型用于估算独立的软部件,如子系统内部的各个模块。

(1)基本 COCOMO 模型。基本 COCOMO 模型中,使用的基本变量有开发工作量 E(单位为人月),开发进度 T(单位为月),估计提交的代码行 L(单位为 kLOC)。表 7 - 5 给出了通过统计 63 个项目的历史数据得到的基本 COCOMO 模型工作量和进度公式,其形式为:$E = r \times L^c$;$T = b \times E^d$。

利用这些公式,可以求得软件项目或分阶段求得各软件任务的开发工作量和开发进度。

(2)中间 COCOMO 模型。在中间 COCOMO 模型中,将以 LOC 为自变量的函数所计算的软件开发工作量称为名义工作量,在此基础上,再用成本驱动因子来调整工作量的估计。成本驱动因子被分为 4 个主要类型:产品属性、硬件属性、人员属性及项目属性,共 15 个属性,每个属性的取值从"很低"到"很高"分为 6 个等级(根据重要性或价值)。根据这个取值,可以从 Boehm 提供的表中确定工作量因素 f_i,所有工作量因子的乘积就是工作量调整因子,其典型值是在 0.9 ~ 1.4 之间。表 7 - 6 给出了中间 COCOMO 模型的名义工作量和进度公式。

表 7-5　基本 COCOMO 模型的工作量和进度公式

总体类型	工作量	进度
组织型	$E = 2.4 \times L^{1.05}$	$T = 2.5 \times E^{0.38}$
半独立型	$E = 3.0 \times L^{1.12}$	$T = 2.5 \times E^{0.35}$
嵌入型	$E = 3.6 \times L^{1.20}$	$T = 2.5 \times E^{0.32}$

表 7-6　中间 COCOMO 模型的工作量和进度公式

总体类型	工作量	进度
组织型	$E = 3.2 \times L^{1.05}$	$T = 2.5 \times E^{0.38}$
半独立型	$E = 3.0 \times L^{1.12}$	$T = 2.5 \times E^{0.35}$
嵌入型	$E = 2.8 \times L^{1.20}$	$T = 2.5 \times E^{0.32}$

表 7-7 给出了 15 种影响软件工作量的因素按等级打分的情况。

表 7-7　影响软件工作量的 15 种因素 f_i 的等级分

	工作量因素 f_i	非常低	低	正常	高	非常高	超高	例题取值
产品因素	软件可靠性	0.75	0.88	1.00	1.15	1.40		1.00
	数据库规模		0.94	1.00	1.08	1.16		0.94
	产品复杂性	0.70	0.85	1.00	1.15	1.30	1.65	1.30
硬件因素	执行时间限制			1.00	1.11	1.30	1.66	1.10
	存储限制			1.00	1.06	1.21	1.56	1.06
	虚拟机易变性		0.87	1.00	1.15	1.30		1.00
	环境周转时间		0.87	1.00	1.07	1.15		1.00
人员因素	分析员能力		1.46	1.00	0.86			0.86
	应用领域实际能力	1.29	1.13	1.00	0.91	0.71		1.10
	程序员能力	1.42	1.17	1.00	0.86	0.82		0.86
	虚拟机使用经验	1.21	1.10	1.00	0.90	0.70		1.00
	程序语言使用经验	1.41	1.07	1.00	0.95			1.00
项目因素	现代程序设计技术	1.24	1.10	1.00	0.91	0.82		0.91
	软件工具的使用	1.24	1.10	1.00	0.91	0.83		1.10
	开发进度限制	1.23	1.08	1.00	1.04	1.10		1.00

这样，中间 COCOMO 模型的工作量计算公式为：

$$E = r \times \prod_{i=1}^{15} f_i \cdot L^c$$

例如一个规模为 10kLOC 的商用微机远程通信的嵌入型软件，使用中间 COCOMO 模型进行软件成本估算，其要求见表 7-8。

程序名义工作量：$E = 2.8 \times 10^{1.20} = 44.38$ 人月

程序实际工作量：$E = 44.38 \times \prod_{i=1}^{15} f_i = 44.38 \times 1.17 = 51.5$ 人月

开发所用时间：$D = 2.5 \times 51.5^{0.32} = 8.9$ 月

如果分析员与程序员的工资都按每月 6000 美元计算，则该项目的开发人员的总工资金额为：

$$51.5 \times 6000 = 309000 \text{ 美元}$$

（3）详细 COCOMO 模型。详细 COCOMO 模型的名义工作量公式和进度公式与中间 COCOMO 模型相同。但分层、分阶段给出工作量因素分级表（类似于表 7 - 7）。针对每一个影响因素，按模块层、子系统层、系统层，有 3 张不同的工作量因素分级表，供不同层次的估算使用。每一张表中工作量因素又按开发各个不同阶段给出。

例如，关于软件可靠性（RELY）要求的工作量因素分级表（子系统层），如表 7 - 8 所列。使用这些表格，可以比中间 COCOMO 模型更方便、更准确地估算软件开发工作量。

表 7 - 8　软件可靠性工作量因素分级表（子系统层）

阶段 RELY 级别	需求和产品设计	详细设计	编程及单元测试	集成及测试	综合
非常低	0.80	0.80	0.80	0.60	0.75
低	0.90	0.90	0.90	0.80	0.88
正常	1.00	1.00	1.00	1.00	1.00
高	1.10	1.10	1.10	1.30	1.15
非常高	1.30	1.30	1.30	1.70	1.40

4. COCOMO Ⅱ 2000 软件开发工作量估算模型

COCOMO 经过不断的改进，已经从 COCOMO81 发展到 COCOMO Ⅱ。COCOMO Ⅱ 2000 模型是 Barry W. Boehm 教授在 2000 年重新研究和调整原有的 COCOMO 模型后，并通过对大量软件开发项目进行评估测算提出的符合未来软件市场发展趋势，用于软件成本估算的新型构造性成本模型。

COCOMO Ⅱ 2000 是实现软件项目开发工作量估算的具体工具。其估算方法划分为两个步骤：其一为功能点划分，其二为工作任务分配。

在 COCOMO Ⅱ 2000 中，工作量用人月（Person Months，PM）表示，即一个人在一个月内从事软件开发的时间数。根据不同情况，工作量可用标称进度（Nominal-Schedule，NS）表示，也可用调整进度（Adjusted-Schedule，AS）。标称

（项目进度没有压缩状况下）进度公式不包括要求的开发进度（SCED）成本驱动因子。SCED 反映项目面临的进度压力。具体计算公式如下：

标称进度工作量 PM 估算公式为：

$$PM_{NS} = A \times (Size)^E \times \prod_{i=1}^{17} EM_i \qquad (7-1)$$

调整进度工作量 PM 估算公式为：

$$PM_{AS} = PM_{NS} \times SCED \qquad (7-2)$$

COCOMO Ⅱ 模型中，A 表示倍乘常数，取值为 2.94，规模表示为源代码千行数（KSLOC），在公式（7-1）中用 Size 表示。

$$Size = FP \times LOC/FP \qquad (7-3)$$

$$FP = IFP \times TCF \qquad (7-4)$$

其中 LOC/FP 为功能点源代码转换系数，具体值参照模型的初始功能点数估算表见表 7-2，FP 为调整后的功能点数，IFP 为初始功能点数，TCF 为技术复杂因子。项目管理人员首先确定开发软件中包含的初始功能点基本数 N，然后根据初始功能点数估算表结合以往项目经验判断加权因子。根据公式（7-5）：

$$IFP = N \times 加权因子 \qquad (7-5)$$

得出初始功能点数。

对于 TCF 则是根据公式（7-6），由 14 个技术复杂因子加权求和而成。具体加权值可以结合项目经验参考 COCOMO Ⅱ 的权重表。

$$TCF = 0.65 + 0.01 \times \sum_{i=1}^{14} F_i \qquad (7-6)$$

完成了软件规模 Size 的估算后，在成本估算中就需要涉及到规模估算和功能点分配的问题了，根据公式（7-1），指数 E 体现了不同规模的软件项目具有的相对规模经济和不经济性。当 E 的值大于 1 时，所需工作量的增加速度大于软件规模的增加速度，体现出规模不经济性；E 值小于 1 时表示规模经济性。指数 E 的计算公式为：

$$E = 0.91 + 0.01 \times \sum_{j=1}^{j=5} SF_j \qquad (7-7)$$

公式中的比例因子 SF 涉及先例性、开发灵活性、体系结构/风险化解、团队凝聚力、过程成熟度。比例因子涉及到开发规模控制的问题。EM 是工作量乘数，表示成本驱动因子对开发工作量的影响程度。在公式（7-1）中如果作为乘数的成本驱动因子等级导致更多的软件维护工作量，则相应的 EM 高于 1.0。相反，如果等级减少开发工作量，则相应的 EM 小于 1.0。成本驱动因子涉及到产品、人员、项目和平台 4 大因素,具体又分为 17 个小类,这里具体的乘数就涉及到项目管理中的项目管理和功能点任务分配问题。

7.3.4　软件进度估算

一般的,软件系统的最终交付日期是确定的,制定进度表是指如何在指定期限内分配工作量。进度安排是一项困难的任务,计划者要协调可用资源与项目的工作量,考虑各项任务之间的互相依赖,并在可能情况下并行安排一些工作,预见潜在的问题、提供意外情况处理等。特别地,进度表应把文档编写和评审明确加以考虑。

管理复杂的工程项目非常困难,最好的方法是将它分解成一个个比较容易管理的子任务(作业)。计划者在制定进度计划时除了要定义全部项目任务外,还要对工程有个总体情况的了解和管理,识别出关键任务,跟踪关键任务的进展情况,安排这些作业的顺序,确定每项任务所需时间以及作业开始和终止时间。

计划者在软件项目进度安排时,把项目划分成若干个可以管理的活动和任务后,要明确这些任务之间的从属关系,也就是这些任务的相互依赖性,哪些任务必需顺序完成,哪些任务可以并发进行,确定各个任务的先后次序和衔接,确定各个任务完成的持续时间。同时,每个任务都应该制定具体的负责人,都应该有一个定义好的输出结果。项目负责人应注意构成关键路径的任务。这些都是进度安排的一般原则。

软件项目的进度安排与任何其他任务工程工作的进度安排几乎没有太大区别,所以通用的项目进度安排工具和技术不必做太多修改就可以应用于软件项目。由于各个任务之间进度存在相互依赖关系,因此往往采用图形方法比使用语言描述更清楚。

1. 甘特图

甘特图,又称线形图或横道图,是在 20 世纪初由亨利·甘特发明的,它是一种历史悠久、应用较为广泛的进度计划编制工具,许多项目管理软件如 Microsoft Project 都可以根据项目活动的信息自动产生甘特图。在项目工作分解、工期估算以及活动的先后顺序确定之后,甘特图用横线表示每项活动的持续时间,甘特图的时间维度决定项目计划的粗略程度,根据项目计划的需要,可以选择小时、天、周、月等作为项目度量的时间单位。线段的起点和终点分别表示项目活动的开始和结束时间,线段长度表示完成任务所需时间。

图 7-6 给出了一个具有 5 项任务的甘特图(任务名分别为 A、B、C、D、E)。如果这 5 条线段的长度分别代表完成任务计划时间,则在横坐标方向附加一条可向右移动的纵线。该纵线随着项目的进展,表明已完成的任务(纵线扫过的)

251

和有待完成的任务(纵线尚未扫过的)。从甘特图上可以很清楚地看出各个子任务在时间上的对比关系。

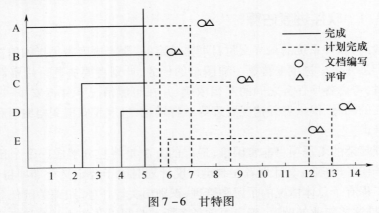

图 7 − 6　甘特图

在甘特图中,每一项任务完成的标准,不是以能否继续下一阶段任务为标准而是以必须交付应交付的文档与通过评审为标准。因此在甘特图中。文档编制与评审是软件开发进度的里程碑。甘特图的优点是标明了各个任务的计划进度和当前进度,能动态地反映软件开发进展情况;缺点是难以反映多个任务之间存在的复杂的逻辑关系。

当把一个项目分解成许多任务,并且它们彼此之间的逻辑关系比较复杂时,仅仅用甘特图作为编制项目进度计划的工具是不够的,不仅难于编制出既节省资源又保证进度按期完成的计划,而且还容易产生差错。另外,采用甘特图方法绘制项目进度计划时,其对项目中各个任务的具体信息的描述十分有限。因此,在编制项目进度计划时,为了清楚地表达项目各任务之间的相互依赖关系以及任务的具体信息,还可以使用项目网络图方法。

2. PERT 法

项目网络图是由一组结点和箭线组成的图表,例如程序评估和评审技术(Program Evaluation and Review Technique,PERT)。在绘制项目网络图之前,需要确定项目的事件和活动。事件用来表示一个项目活动的开始或结束,因此,事件可以进一步分为开始事件和结束事件。项目活动是指具体需要完成的工作,其执行过程需要消耗时间、资源并增加成本。项目活动前置事件的发生是表明项目活动能够顺利完成的必要条件。在绘制项目网络图时,用结点表示活动,而箭线表示活动的逻辑关系。

在明确了项目活动和逻辑关系之后,需要估算项目活动的工期。在 PERT 技术中,采用了三点估计的方法来确定项目活动的工期。三点估计通过项目活动工期的乐观值、悲观值和最可能值来计算工期的期望时间 T_e。

$$T_e = \frac{(O + 4M + P)}{6}$$

式中:O 表示乐观值(Optimistic time),P 表示悲观值(Pessimistic Time),M 表示最可能值(Most likely Time)。

PERT 图不仅可以清晰地表示项目活动之间的逻辑关系,由于各个活动使用方框而不是横条来表示,通过扩展方框的内容,PERT 图能够显示更多的信息。这些信息包括活动名称、活动工期、最早/晚开始时间(ES/LS)、最早/晚完成时间(EF/LF)、浮动时间等。对这些信息进行简单的分析之后,就可以求出项目计划的关键路径。

3. 关键路径法

关键路径(CPM)法是 20 世纪 50 年代,由美国海军开发的一种确定项目起始和结束时间的方法。该方法的结果是找出项目中的一条关键路径,即从项目开始到结束由若干项活动组成的一条不间断的活动链。在关键路径上,任何活动的延迟或提前完成都会影响到整个项目的工期。项目的管理人员应该密切注视关键活动的进展情况、如果关键活动的开始时间比预计的时间晚,则会拖累整个项目的工期。相反,如果希望缩短项目的工期,只有增加关键活动所需要的资源才能见效。

关键路径的网络计划技术是目前为止应用较为广泛的计划编制方法,在实际应用中取得很大成功。关键路径法通过甘特图或网络图的形式,利用结点和箭线图直观地表示出所有项目工序相互之间的依赖关系以及工序的逻辑顺序,结点表示了供需,箭线图的方向代表了工序间的逻辑关系和先后顺序,箭线图与结点共同组成一个整体的网络图。由关键路径所形成的网络图可以更直观地看出每一项工作的开始和结束时间。关键路径方法汇集了各种数据,以甘特图或网络图的形式展现出来,方便团队成员查看项目计划、对比项目进度、分析详细的资源信息后调配资源。因此关键路径法不仅是进度计划制定的理论依据,同时也是进度控制的工具。

关键路径的确定是关键路径法的重点所在。项目网络图中每条路径所有活动的历时分别相加,得到最长的那条路径即是关键路径,关键路径的长度就等于项目的总工期。关键路径上的活动称为关键活动或关键工序。因此关键路径就是网络图中由一系列活动构成的活动工期最长的那条路径,如果关键路径上的某项关键任务没有按照计划完成,则意味着整个项目的工期将受到影响,因此说关键工序是整个项目的瓶颈。关键路径法确定关键路径的方法除了找出最长的路径外,还有一种常用的方法,就是利用浮动时间,找到其浮动时间为零的活动,即每一项活动的最迟完成时间减去最早完成时间,如果差值为零,则该项活动为关键工序。

表 7-9 描述了关键路径中涉及到的术语及其计算公式。具体计算步骤为:

(1) 从项目开始到结束(由左至右)依次求取各个活动的最早开始和结束时间;

(2) 从项目结束到开始(由右至左)倒推各个活动的最晚开始和结束时间;

(3) 计算各个活动的浮动时间;

(4) 所有浮动时间为零的活动即为关键路径上的任务。

表 7-9 关键路径法标识符号及公式

术语	计算公式	术语	计算公式
持续时间(D_i)	期望的工期	最晚开始时间 LS	$LF_i - D_i$
最早开始时间 ES	$Max\{EF_j \| j \in$ 当前任务 i 的紧前任务$\}$	最晚结束时间 LF	$Min\{LS_j \| j \in$ 当前任务 i 的紧后任务$\}$
最早结束时间 EF	$ES_i + D_i$	浮动时间	$EF - ES$ 或 $LF - LS$

利用关键路径方法制定项目计划的实例有很多,其优点:

(1) 通过甘特图或网络图,可以清晰地看到项目中每一个活动之间的逻辑关系。

(2) 通过对每一个活动自由时差的计算,可以得到整个项目的关键路径,这样有利于管理人员更集中精力关注关键路径上的任务,及时进行资源调配。

(3) 利用每一道工序的最早开始时间和最迟开始时间可以计算出工序间的预留时间,方便资源协调,管理人员可以合理利用这些空余时间进行其他工作安排,从而降低不必要时间成本的浪费。

(4) 目前微软公司开发的 MS Project 软件即是利用关键路径法的原理进行项目计划编制,给实际工作带来了很大的方便。

4. 软件进度估算实例

下面举例说明怎样用本节介绍的技术来制定软件的进度计划。

1) 建立 PERT 图

图 7-7 是一个简单软件项目的 PERT 图(又称网络图)。图中的每一圆框都代表一项开发活动。框内的数字表示完成这一活动所需的时间,框间的箭头代表活动发生的先后顺序。例如在图 7-7 中,完成分析要 3 个月,完成设计要 4 个月。设计发生在分析之后,即只有在分析结束后,才能开始设计等。

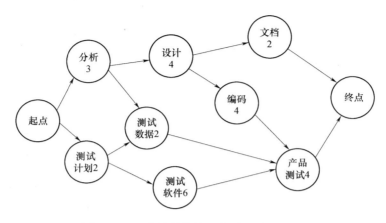

图 7 - 7 一个简单软件开发项目的 PERT 图

经验表明,采取从后向前建立 PERT 图的方法,常常比较容易。也就是说,首先画出终点,然后逐步前推,画出每个活动,直至项目的起点。

2)找出关键路径(Critical Path)

从起点到终点,可能有多条路径。其中耗时最长的路径就是关键路径,因为它决定了完成整个工程所需要的时间。

与建立 PERT 图不同,寻找关键路径是从项目起点开始的。其方法是,从起点到终点,在每个活动框的上方标出该项活动的起止时间。如图 7 - 8 所示,起点上方的(0,0)表示其起止时间都是"0";分析活动始于"0",终于"3",历时 3 个月;设计活动始于"3",终于"7",历时 4 个月;依此类推。显而易见,图中用加黑箭头标出的路径需时最长(共 15 个月),是本例中的关键路径。

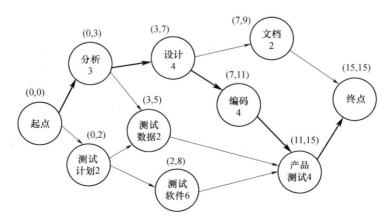

图 7 - 8 某软件开发项目的关键路径

3）标出最迟开始时间

以图 7-8 为例，测试数据和测试软件两项任务分别在第 5 月末和第 8 月末即可完成，但因为编码要在第 11 月末才完，仍无法开始产品测试。如果把测试数据和测试软件两项活动均推迟到第 11 月末完成，对整个项目的完成时间并无影响。因此，这项活动的最迟起止时间可分别记为(9,11)和(5,11)，把每一活动的最迟起止时间均标在该活动的下方，就可得到图 7-9。

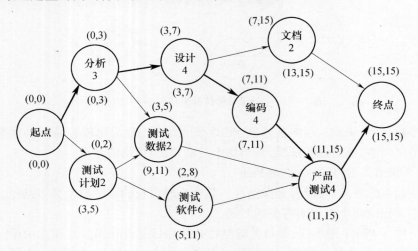

图 7-9 注有最迟开始时间的 PERT 图

4）PERT 图的使用

利用 PERT 图，可以进行下列工作：

（1）确保关键路径上的各项活动按时完成。因为在该路径上的任何活动如有延期，整个项目将随之延期。

（2）通过缩短关键路径上某活动的时间，达到缩短项目开发时间的目的。例如在图 7-9 中，如果把设计时间从 4 个月缩短为 3 个月，编码从 4 个月缩短为 2 个月。则项目开发时间要将从原来的 15 个月缩短为 12 个月。这时，PERT 图中将出现两条关键路径，如图 7-10 所示。

显然，此时即使把分析活动从 3 个月压缩为 2 个月，也不能再将开发时间缩短。但是，如果把处于两条关键路径上的公共活动——产品测试从 4 个月缩短为 3 个月，就可以把项目开发时间进一步缩短为 11 个月。

对于不处在关键路径上的活动，可根据需要或者调整其起止时间，或者延缓活动的进度。例如在图中，可以把"测试数据"活动的起止时间调整为(8,10)，使测试软件和测试数据两项活动可以交给同一个人去完成。又如文档活动的起

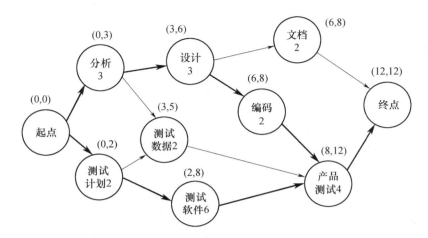

图 7 - 10   原关键路径缩短后，出现两条关键路径

止时间可调整为(7,13)，即将其完成期限从 2 个月放宽到半年，这样，参加这一任务的人员就可以适当减少。

7.4 风险管理

随着软件项目规模的日益庞大，软件的复杂性急剧增加，其开发成本和进度变得更加难以预料，软件的开发与管理日益复杂，软件的风险也随之增大。尤其是在进行大型的软件项目开发中，往往需要采用许多新的、复杂的技术，投入巨额的资金，组织庞大的研制队伍，以及持续相当长的研制时间。这些都会带来种种难以预见的不确定性因素，造成失败的风险。软件风险管理正日益受到人们的重视，成为软件工程领域内保证软件质量必不可少的关键过程之一。

软件风险是软件开发过程中某个时间点以后的关于软件的不确定性因素对于软件开发过程的影响，风险会造成的损失可能是经济上的，也可能是时间上的，或者是无形的其他损失等。如果项目风险变成现实，就可能会影响项目的进度，增加项目的损失，甚至使软件项目不能实现。如果软件开发项目不关注风险管理，结果会造成极大的损失。因此任何一个系统开发项目都应该将风险管理作为软件项目管理的重要内容。软件风险管理的重要目的在于标识、定位和消除各种风险因素，在其来临之前阻止或最大限度减少风险的发生，从而避免不必要的损失，以使项目成功操作或使软件重写的几率降低。

风险管理主要涉及 3 个重要过程：风险识别、风险评估、风险驾驭和监控，如图 7 - 11 所示。

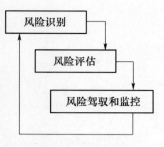

图 7 - 11　风险管理的
主要步骤

1. 风险识别

可以用不同的方法对风险进行分类，从宏观上，可以将风险分为项目风险、技术风险和产品质量风险。项目风险识别潜在的预算、进度、个人（包括人员和组织）、资源、用户和需求方面的问题，以及他们对软件项目的影响。如项目复杂性、规模和机构、管理模式、人员水平等都可以构成风险因素。技术风险识别潜在的设计、实现、接口、检验和维护方面的问题。此外，规格说明的多义性、技术上的不确定性、技术陈旧、最新技术（不成熟）也是风险因素。产品质量风险是指因软件质量问题而造成的风险，涉及各种缺陷、错误及对其进行改进维护的风险。

在这些风险中，有些是可以预见的，如员工离职；而有些是不可预见的。可以预见的风险不会造成根本性的损失，不可预见的风险有时会造成系统的彻底失败。

识别风险就是要识别属于上述类型中某些特定项目的风险，确定系统中的各种风险因素和事件，并预测它的不良后果和发生情况。风险识别可以通过项目组集体讨论完成，或凭借管理者的经验进行。一般来说，可以通过识别下列几种常见的类型中已知的及可预测的风险来识别软件项目的风险：

（1）产品规模风险：指与要建造或要修改的软件的总体规模相关的风险。

（2）商业影响风险：指与管理或市场相关的风险，威胁到开发的软件生存能力，常常危害项目或产品。

（3）客户特性风险：指与客户的素质以及开发者和客户定期通信的能力相关的风险。

（4）过程定义风险：指与软件过程被定义的程度以及它们被开发组织所遵守的程度相关的风险。

（5）开发环境风险：指与用以建造产品的工具的可用性及质量相关的风险。

（6）技术风险：指与待开发软件的复杂性及系统所包含技术的"新奇性"相关的风险。

（7）人员数目及经验风险：指与参与工作的软件工程师的总体技术水平及项目经验相关的风险。

2. 风险评估

风险评估（又称风险分析、风险估计、风险评价）主要涉及两方面问题，一是估计风险发生的可能性，二是估计风险对项目产生的负面影响。

风险发生的可能性,通常使用定性的概率(表7-10)尺度来评估,例如用5等制,将概率发生的可能性用以下值描述:极高、高、中、低、极低;也可以使用9等制,即按照风险发生的可能性大小赋予10%,20%,…,90%的概率值。

表7-10　风险发生概率的定性等级

Ⅰ5等制

等级	A	B	C	D	E
等级说明	极可能的	可能的	普通的	罕见的	极罕见的

Ⅱ9等制

等级	1	2	3	4	5	6	7	8	9
等级说明	90%	80%	70%	60%	50%	40%	30%	20%	10%

风险对项目的影响,可以根据风险参照水准来定量评价。对大多数软件项目来说,成本、进度、性能就是典型的风险参照水准。我们根据风险对参照水准的影响,用定量的尺度来评价(表7-11),例如采用5等制,将风险的影响用以下值来描述:崩溃性的、致命的、严重的、可承受的、轻微的;另外为了量化风险影响,还可以使用风险损失带来的费用来评价。

表7-11　风险后果影响的定性等级

等级	5	4	3	2	1
等级说明	崩溃性的	致命的	严重的	可承受的	轻微的

评价风险的一个重要方法是建立风险清单(见表7-12),清单上列举出在软件开发不同阶段可能遇到的风险,最重要是对清单的内容进行维护,更新风险清单,并向所有成员公开。风险清单给项目管理提供了一种简单的风险预测技术,它实际上是一个三元组$[R_i, P_i, L_i]$,其中R_i是风险,P_i是风险出现的概率,L_i是风险的影响。风险分析表如表7-12所列,$P_i L_i$可以刻画该风险对于软件开发过程潜在的影响,而风险管理的目标就是要尽量减小$P_i L_i$的值。

表7-12　风险清单

风险R_i	风险出现的概率P_i	风险的影响L_i	风险排序
风险1	0.6	5	0.30
风险2	0.6	4	2.40
⋮	⋮	⋮	⋮
风险n	0.01		0.05

风险清单中,风险的概率值可以由项目组成员个别估算然后加权平均,得到一个有代表性的值;也可以通过做个别估算而后求出一个代表性的值来完成。对风险产生的影响可以用影响评估因素进行分析。一旦完成了风险清单的内容,就要根据 P_iL_i 的值进行排序,该值大的风险排在前面,以此类推。项目管理者对排序进行研究,并划分重要的和次要的风险,对次要的风险再进行一次评估并排序,对重要的风险进行管理。从管理角度来考虑,风险影响和出现概率对驾驭参与有不同的影响。一个具有较高影响但出现概率极低的风险因素应当不占用很多有效管理时间。然而,具有中等到高概率的高影响的风险和具有高概率的低影响的风险,应当首先列入管理之中。项目组应该定期复查风险清单,评估每一个风险,以确定新的情况是否引起风险的概率及影响发生改变。

3. 风险驾驭和监控

风险驾驭和监控是指利用某些技术和方法,如原型化、软件自动化、软件心理学、可靠性工程学以及某些项目管理方法避开或者转移风险,使风险对项目的影响尽可能地减小,如无法避免则应该使它降低到一个可以接受的水平。

风险驾驭一般有 3 种应对方法:一是风险避免(Risk Avoidance),不使风险发生。例如,改善工作环境、购入较好开发工具;调整开发组,提高并调动人员积极性;增加评审人,使工作有更多人知道,除了问题大家解决,或立即替补,关键问题是设 A,B 角等。

第二种方法是风险最小化(Risk Minimization),力图将风险损失降到最小。例如,为了使由于人员流失造成的风险减小,一面寻找培训替补员工,一面要求走的人最后一周交代清楚,以保持连续性。

第三种方法是应急计划(Contingency Planning),应对可能发生的危险。例如,调整人力、调整项目进度、临时增加费用、与客户协商调整目标等。

对于大型项目,风险管理要和项目计划一起,制定风险驾驭与监控计划(PMMP),并由项目经理实施,是项目计划的一部分。

一旦制定出 PMMP,且项目已经开始执行,风险监控就开始了。风险监控是一种项目追踪活动,它有 3 个主要目标:

(1) 做里程碑时间跟踪和主要风险因素跟踪,判断一个预测的风险事实上是否发生了;

(2) 进行风险再估计,确保只对某个风险制定的消除步骤正在合理地使用;

(3) 收集可用于将来的风险分析的信息。

多数情况下,项目中发生的问题总能追踪到许多风险。风险监控的另一项工作就是要把"责任"(什么风险导致什么问题发生)分配到项目中去。

7.5　软件配置管理

7.4.1　软件配置管理的概念

随着软件产品规模增大,生命周期延长,中间产品不断增多,软件开发的管理工作变得十分困难。配置管理是软件开发管理的核心。在 Wayne Babich 的 *SCM Coordination for Team Productivity* 一文中,对软件配置管理(Software Configuration Management,SCM)进行了定义:"协调软件开发使得混乱减到最小的技术叫做配置管理。配置管理是一种标识、组织和控制修改的技术,目的是使错误达到最小并最有效地提高效率。"配置管理贯穿整个软件生命周期,并应用于整个软件工程过程,是软件工程中用来管理软件开发的规范。

随着软件开发工作开展,会得到许多工作产品或阶段产品,还会用到许多工具软件,所有这些独立的信息项都要得到妥善管理,以便于在提出某些特定要求时,将它们进行约定的组合来满足使用目的。这些信息项是配置管理对象,称为软件配置项(Software Configurement Item,SCI),它可以是不同版本的程序、描述计算机程序的文档及相关的数据。在软件工程过程中创建的所有信息总称为软件配置。软件配置实际上是一个动态的概念,一方面,随着软件生存周期的向前推进,SCI 的数量不断地增多,一些文档经过转换生成另一些文档,并产生一些信息;另一方面,随时会有新的变更出现,形成新的版本。

7.4.2　软件配置管理的任务

软件配置管理是软件质量保证的重要一环,其主要责任是控制变更。任何关于 SCM 的讨论均涉及一系列复杂问题:一个组织如何标识和管理程序(及其文档)的很多现存版本,以使得变更可以高效地进行? 一个组织如何在软件发布给客户之前和之后控制变更? 谁负责批准变更,并给变更确定优先级? 我们如何保证变更已经被恰当地进行? 采用什么机制去告知其他人员已经实行的变更? 这些问题导致我们对 5 个 SCM 任务的定义:配置标识、版本控制、变更控制、配置审计和配置状态报告,如图 7 – 12 所示。

1. 配置标识

在软件开发过程中,为了控制和管理方便,所有的软件配置项都应该按照一定的方式来命名和组织,这是进行软件配置管理的基础。每个软件的配置对象都包括名字、描述、资源列表和实现 4 个部分。此外,在对配置项进行标识时,还要考虑配置项之间的关系。

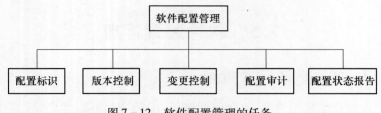

图 7 - 12　软件配置管理的任务

配置标识的主要活动是：

（1）选择配置项：配置项是配置管理的最小单元，它一般由一个或多个文件组成。可以根据不同的原则选择配置项，把一个软件系统分成便于进行配置管理的各个配置项。

（2）指定配置项标识方案：选择好配置项后就要为其选择适当的标识方案。配置项的标识使配置项被唯一识别，并且标识方案可以显示软件演进的层次结构和可追溯性。

（3）存取方案：要建立软件配置库，存放软件配置。这个配置库应使软件项目组的所有成员都可存取其中的配置项，同时必须协调各成员之间的关系，使每个成员所能执行的权限不超过其应有的范围。

2. 版本控制

版本控制是配置管理的基本要求，它可以保证在任何时刻恢复任何一个配置项的任何一个版本。版本控制还记录了每个配置项的发展历史，这样就保证了版本之间的可追踪性，也为查找错误提供了帮助。版本控制也是支持并行开发的基础。

软件的每一版本都是 SCI 源代码、文档、数据的一个集合，且各个版本都可能由不同的变种组成。版本的演变有两种方式：一种是串行演变；另一种是并行演变。软件产品投入使用以后，经过一段运行提出了变更的要求，如需要作较大的修正或纠错，需要进一步增加功能和提高性能，这种修正不止进行一次，于是得到了一系列产品，每次演化出的产品称为一个版本，每个版本都可以说出它是从哪个版本导出的演化过程，这就是串行演变方式。在串行演变中，各版本按演变过程形成一个版本链，这种演变方式是按一对一的映射关系进行的。而另一方面，为满足不同用户的不同使用要求，如适用于不同运行环境或不同平台的系列产品，它们之间在功能和性能上是相当的，原则上没有差别，是并列的系列产品，这种版本的演化可称为并行演变方式，并行演变形成二维或更高维版本，称为分支版本。图 7 - 13 为系统不同版本的演变图，在图中的各个结点都是聚合对象，是一个完全的软件版本。

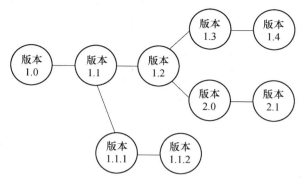

图 7 – 13 版本的变种

演变版本的存储通常采用改变量存储技术,即只存储源文件版本演变过程中版本间的内容差异。这种技术有两种方式,一种是前进法,存储初始版本的全部内容,其后继版本则存储与它们的父版本的差异;另一种是后推法,存储当前最新版本的全部内容,而对老版本存储它们与其子版本之间的差异。前进法是一种比较直观的技术;后推法则比较快捷,效率较高。

3. 变更控制

变更是软件项目一个突出特点,软件配置管理的一个重要任务是对变更加以有效的控制和管理,防止复杂的、无形的软件在多变情况下失控,出现混乱,造成工作损失。变更管理主要是进行基线管理以及对基线更改控制过程的处理。

基线是软件生存周期各开发阶段末尾的特定点,也称里程碑,在这些特定点上,阶段工作已结束,并且已形成了通过正式复审和批准的阶段产品。IEEE(IEEE Std. 610. 12 – 1990)定义基线如下:"已经通过正式复审和批准的某规约或产品,它因此可以作为进一步开发的基础,并且只能通过正式的变更控制过程进行改变。"最常见的软件基线如图 7 – 14 所示。

使用基线概念将各开发阶段工作划分得更加明确,使得本来连续开展的开发工作在这些点上被分割开,有利于检验和肯定阶段工作的成果,有利于进行变更控制,基线在形体上体现为一组冻结了的软件配置项,可以禁止跨越里程碑去修改另一开发阶段的工作成果。

在软件配置管理项变成基线之前,只需要进行非正式的变更控制。配置对象的开发者可以进行任何被管理和技术需求证明是否合适的修改。一旦开发人员认为工作已告完成,对象已经经过正式的技术复审并已被认可,则创建了一个基线,此时项目级的变更控制就开始实施了。这时,为了进行修改,开发者必须提交变更请求和变更报告,获得项目管理者的批准才能进行修改。变更控制记

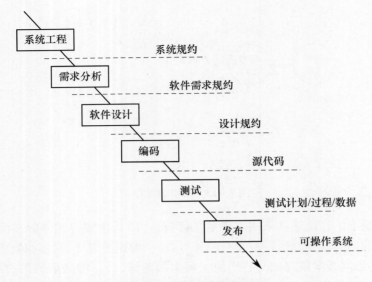

图 7 – 14　最常见的软件基线

录每次变更的相关信息,查看这些记录信息,有助于追踪出现的各种问题。记录正在执行的变更信息,有助于做出正确的管理决策。

变更控制过程如图 7 – 15 所示。一个修改请求被提交和评估,以评价技术指标、潜在副作用、对其他配置对象和系统功能的整体影响以及对于变更的成本预测。评估的结果以变更报告的形式给出,变更控制审核者(Change Control Authority,CCA)对变更的状态及优先级作最终决策。按照变更的优先级别,每一个被批准的变更进入变更队列。将被修改的配置项从项目数据库中"检出(Check out)"进行修改,并应用于合适的 SQA 活动,然后,将对象"检入(Check in)"进数据库,并使用合适的版本控制机制去建立软件的下一个版本。

访问和同步控制流程如图 7 – 16 所示。基于一个经过批准的变更请求,软件工程师提取出配置项,访问控制功能保证该软件工程师有权限提取该配置项,而同步控制对项目数据库中的该配置项加锁,使得当前提取出的版本在被放回以前不能对它作任何其他修改。注意,可以提取出其他的备份,但是,不能进行其他修改。基线对象的备份,称为"提出版本(Extracted Version)",由软件工程师修改,在经过恰当的 SQA 和测试后,提交对象修改后的版本,且解锁新的基线对象。

4. 配置审计

配置审计的主要作用是作为变更控制的补充手段,来确保某一变更需求已被切实实现。配置标识、版本控制和变更控制帮助软件开发者维持秩序,否则情

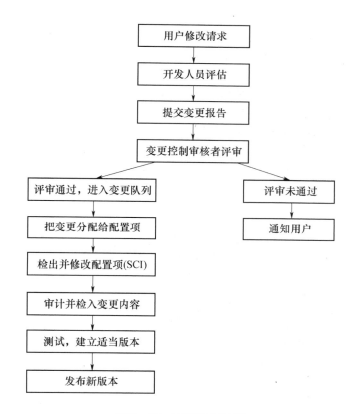

图 7 - 15 变更控制过程

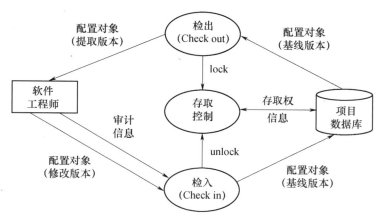

图 7 - 16 存取和同步控制

况可能将是混乱和不固定的。然而,即使最成功的控制机制也只能在变更报告评审通过后才可以跟踪变更。我们如何保证变更被合适的实现呢?回答是两方面的:①正式的技术复审;②软件配置审计。

正式的技术复审关注已经被修改的配置对象的技术正确性,复审者评估 SCI 以确定它与其他 SCI 的一致性、遗漏及潜在的副作用,正式的复审应该对所有变更进行,除了那些最琐碎的变更之外。

软件配置审计通过评估配置对象的通常不在复审中考虑的特征,而形成正式复审的补充。审计询问并回答如下问题:

(1) 在通过评审的变更报告中说明的变更已经完成了吗?加入了任意附加的修改吗?

(2) 是否已经进行了正式的技术复审,以评估技术的正确性?

(3) 是否适当地遵循了软件工程标准?

(4) 变更在 SCI 中被"显著地强调(Highlighted)"了吗?是否指出了变更的日期和变更的作者?配置对象的属性反应了变更吗?

(5) 是否遵循了标注变更、记录变更并报告变更的 SCM 规程?

(6) 所有相关的 SCI 被适当修改了吗?

在某些情况下,审计问题被作为正式的技术复审的一部分而询问,然而,当 SCM 是一个正式的活动时,SCM 审计由质量保证组单独进行。

5. 配置状态报告

配置状态报告(Configuration Status Reporting,CSR)有时称为 Status Accounting,是一个 SCM 任务,它回答下列问题:①发生了什么事? ②谁做的此事? ③此事是什么时候发生的? ④将影响别的什么吗?配置状态报告的信息流如图 7-17 所示,每次当一个 SCI 被赋上新的或修改后的标识时,则一个 CSR 条目被创建;每次当一个变更被 CCA 批准时,一个 CSR 条目被创建;每次当配置审计进行时,其结果作为 CSR 任务的一部分被报告。CSR 的输出可以放置到一个联机数据库中,使得软件开发者或维护者可以通过关键词分类访问变更信息。此外,CSR 报告被定期地生成,并允许管理者和开发者评估重要的变更。

配置状况报告在大型软件开发项目的成功中扮演了重要角色,当涉及到很多人员时,有可能会发生"左手不知道右手在做什么"的综合征。两个开发者可能试图以不同的或冲突的意图去修改同一个 SCI;软件工程队伍可能花费几个月的工作量针对过时的硬件规约建造软件;能认识到被建议的修改有严重副作用的人并不知道该修改已经进行。CSR 通过改善所有相关人员之间的通信,而帮助排除这些问题。

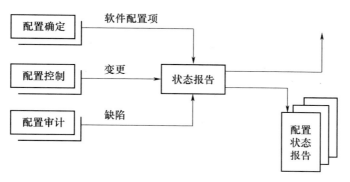

图 7 – 17　配置状态报告

7.4.3　软件配置工具

1. 配置管理工具的发展

软件配置管理工具从最初只能实现单一的版本控制,发展到现在的空间管理、过程管理、变更管理、并行开发支持等一系列全面的管理功能,并且已经形成了一套完整的理论体系并在不断的实践中得到一步一步地完善。软件配置管理工具经历了 3 个发展阶段:

第一代软件配置管理工具,基于文件(File Based)。这一时期以版本控制为主要特征,支持 check-out/check-in 模型以及简单分支,但所有配置项及元数据的存储主要以文件形式存放。第一代配置管理工具以 Unix 操作系统附带的 RCS(Revision Control System)和 SCCS(Source Code Control System)为代表,它们是软件配置管理的鼻祖,许多软件配置管理工具都使用它作为文件归档工具。

第二代软件配置管理工具,基于项目库(Project Based)。20 世纪 70 年代末 80 年代初,随着软件项目规模越来越大,复杂度也变得越来越高,开始出现基于项目库(Project Based)的、将元数据与配置项分开存储管理的第二代软件配置管理工具,即所有配置项的元数据,如用户、标签、分支及其他管理信息均放在一个数据库中,与存放配置项的文件存档相分离,从而更好地支持并行开发以及团队协作,并且提供了实现过程管理的良好基础。但第二代配置管理工具面临的一个挑战是不能从其他工具,如文本编译器等直接访问受控配置项,而只能将配置项从库中复制到工作目录中,这导致了同一配置项多个本地副本的扩散,增加了管理成本。

第三代的软件配置管理工具能够实现文件访问透明,它在保持所有第二代配置管理特征的前提下,提供了更多的特性,通过专有的多版本文件系统 MVFS 所提供的对文件访问的透明性,开发人员可以在不保留本地副本的情况下直接访问受控配置项。同时这一代的支持工具更加强调软件配置管理和软件变更管理、软件系统分析设计以及软件测试等各个软件开发环节的结合,从而形成了更加全面完整地软件开发管理方案。这一代典型的代表方法就是 Rational ClearCase。

2. 几种典型的软件配置管理工具

软件配置管理是一项十分繁琐的工作,完全通过手工来完成是不可能的,同时又和整个软件的开发活动紧密地联系在一起,所以在实际工作中更需要有得力的工具辅助。目前常用的配置管理工具主要有 Microsoft 公司的 Visual Source Safe,Platinum 公司的 CCC /Harvest,Linux 操作系统附带的 CVS,SVN,Rational ClearCase 等,这些工具各有所长,但功能实现上却有很大的差别,价格也相差非常大,因而要根据项目的预算和开发组织的实际情况来选择。

1)版本控制工具 Visual Source Safe(VSS)

Visual Source Safe 是微软公司开发的一个管理代码的产品,它是基于客户服务器的结构,在服务器端建立 VSS 的数据库,共享该数据库,客户端指定连接到该数据库,并且支持用户级管理,对中文的支持也比较全面。

VSS 使用反向增量技术,确保一个文档的所有版本是可用的。VSS 使用不同的机制存储文本文件和二进制文件。在实际使用中,VSS 提供了在网络应用系统开发中的文件共享和文件锁定特性,可确保团队开发中代码的完整性和一致性。它可以使开发人员对源代码和由 Visual J + +,Visual Basic,Visual C + + 和 Visual FoxPro 开发的部件进行管理,对软件版本开发进度进行管理和控制,并可以防止由于网络文件锁定导致的版本冲突。此外,VSS 还可以与 Visual Inter-Dev 紧密集成,管理动态 Web 应用系统中的各种部件,这样可以大大提高团队开发中进度管理的有效性。

2)面向过程的配置管理系统 CCC/HAVEST

CCC/HAVEST 是 CA(Platinum)公司的产品,是一个基于团队开发的,提供以过程驱动为基础的,包含版本管理、过程控制等功能的配置管理工具。

CCC/HAVEST 中的 CCC 代表 Configuration & Change Control,即配置变更控制。CCC/HAVEST 可帮助用户在异构平台、远程分布以及并行开发活动的情况下保持工作的协调和同步。它还可以有效跟踪复杂的企业级开发的各种变更的差异,从而使用户可以在预定的交付期限内提交高质量的软件版本。CCC/HAVEST 能确保开发团队开发出支持已定义和可重复过程的软件产品,使得开发产品遵循严格的标准、过程和策略。

3)SVN

SVN 是 Subversion 的简称,它是一个用来替代 CVS 的、免费的开源版本控制系统。Subversion 管理随时间改变的数据,这些数据放置在一个版本库(repository)中。这个版本库很像一个普通的文件服务器,但是它会记录文件和目录的每次改动。这样就可以把数据恢复到旧的版本,或是浏览数据的变动历史。

SVN 提供了两种服务模式,一种是利用自定义的协议 SVN 访问的 Svnserve 服务器,另一种是与 Apache 集成通过网络访问的 Apache 服务器。支持异地跨平台并行开发,丰富的 API,能够满足中小软件企业的对配置管理的需要。

4)Rational ClearCase

ClearCase 是 Rational 公司推出的软件配置工具,它主要基于 Windows 和 UNIX 的开发环境,提供了包括版本控制、工作空间管理、建立管理和过程控制等比较全面的配置管理功能,而且无需软件开发人员改变他们现有的环境、工具和工作方式,给那些经常跨越复杂环境(如 Windows 和 UNIX 系统)进行复杂项目开发的团队带来了巨大效益。此外,ClearCase 也支持广泛的开发环境。ClearCase 主要支持 CICO 模型,数据存储在一个可访问的版本对象库(Version Object Base,VOB)中,ClearCase 把所有版本控制的数据存放在一个永久、安全的存储区中,即版本对象库。项目团队(或管理者)可以决定他们所需要的 VOB 数量,可以决定什么样的目录或文件需要被维护。ClearCase 不仅可以对软件组件的版本进行维护和控制,也可对一个非文本文件、目录的版本进行维护。ClearCase 的先进功能直接解决了原来开发团队所面临的一些难以处理的问题,并且通过资源重用使开发的软件更加可靠。

7.6 本章小结

(1)软件项目管理是软件工程的保护性活动。它先于任何技术活动之前开始,且持续贯穿于整个计算机软件的定义、开发和维护之中。

(2)项目管理过程包括项目启动、项目计划编制、项目计划执行、项目收尾和综合管理控制等 5 个阶段。

(3)软件项目估算是有效的软件项目管理必不可少的。如果对项目的估算不准确、不现实,那么即使项目管理控制得再好,也很难达到预期的目标。软件项目估算包括规模估算、工作量和成本估算、进度估算和风险估算。软件项目估算的每一个部分都要用到一定的估算管理方法。

① 对软件项目规模的估算。对软件项目规模的估算也就是对软件的程序量进行估算。软件的程序量是用代码(LOC)或功能点(FP)来表示的。LOC 是指所有的可执行的源代码行数。FP 是指系统的功能数量,它以一个标准的单位来度量软件产品的功能。

② 对软件项目工作量和成本的估算。软件项目工作量和成本的估算与软件的规模估算有关。对软件项目工作量的估算是对开发软件产品所需要的人力的估算。它通常是以人天、人月或人年的形式来衡量。软件项目工作量的估算是估算软件成本的基础。软件项目成本估算包括人力成本加上硬件成本、软件成本、通信成本、差旅费用、培训费用等。人力成本是软件项目的主要成本,是通过软件项目工作量计算出来的。

③ 对软件项目进度的估算。软件项目的进度估算与软件工作产品的规模估算、软件工作量估算有关。进度是项目开始日期到项目结束日期之间的一个时间段。软件项目的进度估算是估计任务的持续时间,即历时估计。

④ 对软件项目风险的估算。对软件项目风险的估算大致包括两个步骤:对软件风险的识别和对软件风险的估计。通过对识别出来的软件风险进行分析才能对软件风险进行估计。

(4) 软件配置管理贯穿整个软件生命周期,并应用于整个软件工程过程,是软件工程中用来管理软件开发的规范。软件配置管理的主要任务包括配置标识、版本控制、变更控制、配置审计和配置状态报告。

第八章 综合应用实例

作为迎接国内外旅客的第一窗口,民航机场信息系统的建设是为广大旅客提供各类信息服务的基础,直接关系到整个民航机场信息的管理和发布水平。信息技术在民航机场的应用极大地推动了民航机场的发展,适应了高速增长的民航业务的需要。民航机场信息系统为全面、迅速、准确地提供各类信息服务提供了技术保障,为民航事业的持续发展奠定了基础。

8.1 民航机场信息系统的发展过程

民航机场信息系统的发展过程与信息系统平台的发展过程是密切相关的。随着计算机技术和网络技术突飞猛进的发展,信息系统平台模式经历了巨大的变革,共产生了4种模式:

(1) 主机—终端模式:由于硬件选择有限,主机—终端模式已被逐步淘汰。

(2) 文件服务器模式:对于文件服务器模式,系统的总体开销和维护成本都较高,并且仅适用于小规模的局域网。

(3) 客户机/服务器模式(C/S):客户机/服务器模式解决了执行效率与容量不足的问题,使企业信息系统网络化成为现实;随着系统规模的扩大,此模式也存在开发成本高、移植困难、用户界面繁杂不便于使用和系统维护困难等问题。

(4) Web 浏览器/服务器模式(B/S):近年来,Internet 技术发展迅速并得到了广泛应用,使得以 Web 技术为基础的 Web 浏览器/服务器模式正显示出其先进性,成为许多大型信息系统的首选模式。

与信息系统平台模式的发展相对应,我国民航机场信息系统的建设也可以大致分为以下几个过程:

(1) 采用单机控制的方式,以计算机作为系统的控制核心,各应用系统单独运行。在 20 世纪 90 年代初,国内大多数民航机场候机楼的信息系统都采用单机控制的方式,以计算机作为系统的控制核心,各系统单独运行。候机楼内各分系统之间信息的传送、录入、修改、编辑等工作都由手工完成,劳动强度大,信息服务的实时性和准确性难以保证,系统维护和管理难度大,远不适应民航事业的发展要求。

(2)随着计算机技术、通信技术和网络技术的迅速发展,建立了以网络为基础的信息系统。这类信息系统的信息资源存放在文件服务器上。

(3)随着客户及数据量的激增,系统会产生网络瓶颈。为了解决执行效率与容量不足的问题,对于大规模的民航机场信息系统,采用了客户机/服务器模式。

(4)由于 Internet 技术的发展,构建基于 Web 的信息系统已是一种必然的趋势。通过 Internet 网,大型民航机场可以方便地共享网上的各类相关信息,同时,它也可以通过 Internet 网向外发送民航机场的有关信息,扩大了国际机场之间的信息交流与共享。

8.2　Web 浏览器/服务器模式及其应用

Web 浏览器/服务器模式(B/S)由浏览器、Web 服务器和数据库服务器 3 个层次组成,如图 8-1 所示。在 B/S 模式下,客户端使用一个通用的浏览器,取代各类应用软件接口,用户的所有操作都通过浏览器来完成,用户界面统一、规范。该结构的核心是 Web 服务器,它负责接受远程或本地的 HTTP 查询请求,并根据查询条件到数据库服务器获取相关数据,再将查询结果翻译成 HTML 和各种 Script 语言传回提出请求的浏览器。数据库服务器中存放用户所需的各类数据。

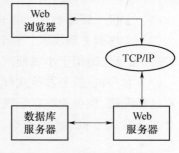

图 8-1　B/S 模式的结构

对于民航机场信息系统而言,民航机场内各类信息的安全性是极为重要和关键的,因此,不能把它们完全暴露给所有用户。结合民航机场的实际,民航机场环境下的信息系统的结构一般采取客户机/服务器模式与 Web 浏览器/服务器模式相结合的形式,如图 8-2 所示。

民航机场的各子系统一般采用上述结构。对于民航机场内部信息的处理采用上图 I 部分(内网),对于远程用户、通用查询等不直接参与民航机场信息处理的用户,采用上图 II 部分(外网)的结构。由于民航机场信息系统与 Internet 相连接,因此,信息系统的安全将是一个不可忽视的重要问题。为了改善和加强 MIS 的安全,通常采用防火墙技术,以保护信息系统不受来自外部的非授权用户的访问。

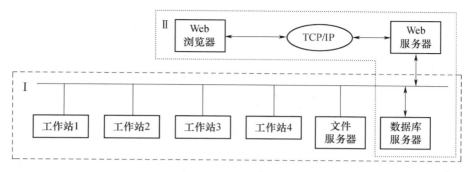

图 8 - 2 民航机场环境下信息系统结构

8.3 基于软件体系结构的开发方法

传统的软件开发过程如图 8 - 3(a)所示,由需求分析、设计、实现、测试、维护等阶段组成,各阶段按顺序逐步完成,无法并发执行。在传统的系统开发技术下,庞大的软件开发越来越困难、开发周期越来越长、维护费用越来越高。

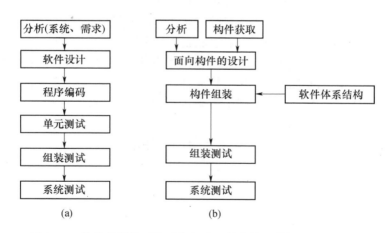

图 8 - 3 传统的软件开发过程与基于软件体系结构的开发过程

所有软件开发方法都要解决从需求到实现之间的转换问题。在早期的软件开发中,主要靠开发人员个人的技巧和才干得到满足要求的系统。为了提高开发软件产品的效率,提出了一些设计方法,形成了在不同的设计、开发方法指导下,遵照一定的、明确的步骤来实现的满足需求的系统。随着软件需求的不断增长和软件技术的迅猛发展,提出了基于软件体系结构的开发模式,见图 8 - 3(b),它强调软件体系结构的设计,并在体系结构的约束下补充一定的设计方法来实现要求的应用系统。

软件体系结构代表了系统的高层次的抽象,包含了相对独立的模块、这些模块接口之间的交互机制和一系列组织管理这些操作的规则。同一领域中的系统的需求和功能必然具有显著的共性,其实现也常常具有共性,因此,研究和开发领域专用的软件体系结构是最具有经济效益的工作,特别是与设计模式、标准化部件技术结合起来,就可以以最好的性能来产生特定领域的软件产品族。

领域专用的软件体系结构(Domain-Specific Software Architecture:DSSA)是一门以软件重用为核心,研究软件应用框架的获取、表示和应用等问题的软件方法学。与面向对象技术相结合,领域专用的软件体系结构强调应用领域内重复出现的大粒度问题及其解的抽象提取。它是领域内应用软件的部分或整体的可重用设计,适应于该领域内一组相关问题的求解,可作为应用程序的半成品,具有较大的重用粒度。

面向对象的领域专用软件体系结构是通过采用相关设计模式的一组具体表达抽象设计的类,表达一组相关的问题;是对某领域内应用软件公用部分的抽象,为用户提供了直接使用其内置功能和修改及扩充其功能的途径。对 DSSA 的复用主要采用白盒复用和黑盒复用两种方式。其中,白盒复用主要依靠面向对象的继承和动态绑定机制实现其可扩充性。用户可以直接使用体系结构提供的功能函数,也可以继承体系结构的特征并重载其中预定义的 hook 方法,实现其可扩充性。黑盒复用使用对象组合和代理方法,通过定义构件界面使其可插入到体系结构中去的机制实现其可扩充性。用户可以定义特定界面的构件,并将其插入到体系结构中。在实例主要采用了白盒复用方法,在软件体系结构的框架下,实现所需的系统。

随着软件构件技术的成熟,已有大量的构件作为现成的商品出现在软件市场,使得软件开发从代码开发转移到了在软件体系结构框架下的对已测试、已使用并能互操作的构件的集成,实现了软件设计级的重用,减少了软件的开发费用、能够快速地集成系统以及减少与支持升级大型系统相关的维护费用,从而使软件开发者处于有利的竞争地位。本方法中构件主要是遵循已有的 COM/DCOM、CORBA 以及 JAVABEAN 构件标准的构件。

8.4 民航机场领域的基本需求

民航机场信息管理系统涉及航班信息、气象信息、显示信息以及机场营运等信息的综合处理,为旅客提供及时周到的信息服务,同时也是保证机场正常运行的信息化手段。随着全国民航乃至世界民航信息化进程的加快,民航各机场、各航空公司网络之间的互联,以及与 Internet 的互联都成为发展的必然趋势。因此,即使是中小机场,其信息系统也必将纳入整个民航信息系统之中,成为其系统组成部分,所以在需求上具有以下特点:

(1)信息种类较多,处理流程较复杂。为旅客提供全过程、及时周到的航班信息服务是民航信息系统最基本也是最重要的任务,因此航班信息必须全面细致准确,航班进程清晰,航班数据的变化能及时地反映到机场各相关部门和所有旅客。

(2)各机场管理模式不完全相同,需求存在一定差异,需求变化较快。不同民航机场的组织机构形式不同,其指挥调度模式也不尽相同,因此指挥调度子系统必须具有一定的灵活性。

(3)使用方便,易学易用。民航机场信息管理系统要满足多人并行操作使用的需要,或者一人操作多个子系统的需要。同时,考虑到民航现有工作人员和维护人员的计算机水平,因此,系统应具有友好的人机界面,操作简便灵活,各子系统的用户界面在外观上和操作方式上必须协调一致。

除了上面的几个特点之外还要具有较高的可靠性和可用性,易于维护管理,具有良好的系统可扩展性和性能价格比,最重要的是系统能适应不同的机场和企业的发展,能方便的升级和改动。因此,该系统的适应性维护的要求较高,同时由于企业的发展或者处理逻辑的变化,功能上就会有相应的变化,每个民航机场都会提出新的功能要求,其完善性维护的要求也较高。

机场信息系统是各类民航机场的信息中枢,它的安全性、可靠性和准确性保证了整个机场的正常运转。为了开发满足机场领域系统需求的信息系统,我们对多个民航机场进行了深入、细致的需求调查和分析,获取了民航机场的领域需求,提出了民航机场领域中信息系统(内网)的软件功能结构,如图 8 - 4 所示。

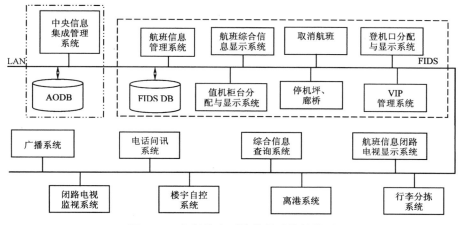

图 8 - 4 机场信息系统软件功能结构图

1. 中央运营数据库（Airport Operating Data Base，AODB）与中央信息集成管理系统

为了保障整个机场信息系统的正常运行，机场运营数据库是整个系统的数据中心，存储支持机场正常运行的主要数据，包括机场基础数据、航班信息、资源信息以及历史记录等管理和运营信息。这些数据允许授权的系统用户、机场集成范围内的各计算机信息系统和其他有关的系统访问，同时一旦 AODB 的数据发生更新时，AODB 也会通知相关系统的数据进行同步更新。AODB 将采用符合工业标准的关系型数据库（如 Oracle、Sysbase 等）。

基于中间件技术开发而成的中央信息集成管理系统是机场信息系统集成的平台，也是机场信息系统与中央数据库以及各信息系统之间的接口系统。它负责航班信息的录入、动态信息的更新以及其他相关数据的录入和更新，以及与其他子系统之间的信息交互。

2. 航班信息显示系统（Flight Information Display System，FIDS）

航班信息显示系统自身拥有独立数据库，实时接收中央数据库通过中间件平台发来的航班信息、资源管理信息、运营信息等综合信息，经过信息处理后，实时更新分布在候机楼各显示点的显示内容和格式，及时准确地发布当前的航班动态。同时，系统把信息或处理后的信号传送给电话问讯系统、有线电视系统、广播系统、综合信息查询系统等，另外，系统也把一些实时的运营信息上传给中央数据库。

航班信息管理系统每天在规定的结束时间接收中央数据库次日航班计划，如果与中央数据库的交互中断，系统把储存在本系统的数据库内的季度航班计划和周航班计划作必要处理后，自动生成次日航班计划，供第二天使用。在第二天的开始时间，系统自动把次日航班计划转化为当天航班动态，开始接收中央数据库传送过来的实时信息，如果与中央数据库的交互发生故障或遗漏信息时，授权的工作人员通过本系统提供的人工输入界面，及时更新 FIDS 数据库的信息。FIDS 数据库的数据一旦更新，系统根据更新的数据，选择预定好的显示格式，刷新显示内容，在指定的一台、一组、一类或全部的显示点显示，同时，系统也把更新的数据传送给外部相关系统。航班信息管理系统的功能结构如图 8-5 所示。

根据机场的业务需要，航班信息显示可分为综合信息显示、值机信息显示、登机口信息显示、行李信息显示和其他信息显示，如图 8-6 所示。

显示的信息包括航班信息、气象信息、通告和广告影像等。系统统一控制管理信息显示的格式、内容、方式以及设备等，包括：对显示格式的编排，显示内容的筛选、指定、更新，显示方式的选择，显示设备的监控、管理。授权的系统管理

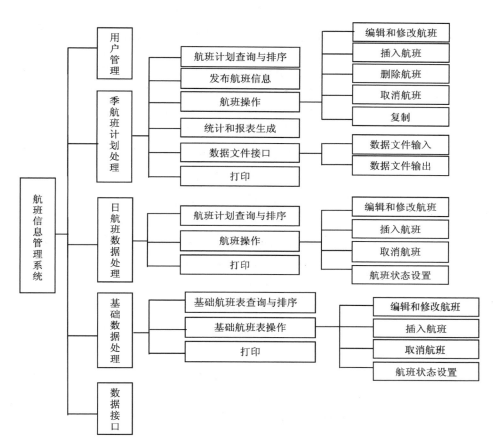

图 8-5 航班信息管理系统

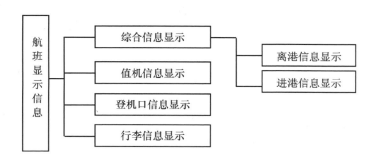

图 8-6 航班信息显示内容

人员通过系统提供的管理控制软件对 FIDS 的显示进行有效的管理控制;同时,值机人员也可通过系统提供的值机信息显示控制软件,对经系统管理人员授权的显示进行格式编排、内容输入等一些简单的控制。在到达行李搬运工作区,系统提供智能输入设备,以便工作人员输入第一件和最后一件行李的时间。一旦FIDS 不能及时准确地获得由离港系统控制的登机门开关时间,系统在登机门处也提供智能输入设备,作为控制登机门显示的备份设备。

3. 其他相关系统

航站楼广播系统是一个实时航班自动分区广播系统。各种不同的音源内容可经不同的通道同时向不同的负载区域进行广播。航班信息广播除了使用广播站进行人工广播外,系统还支持自动广播,按时播送航班信息或运行方面的其他消息。

闭路电视系统为航站楼提供娱乐电视、航班信息及其他宽带电视服务。通过插播字幕的方式提供有关航班登机、延误及气象等通告或信息。

电话问讯系统和综合查询系统是面向广大社会公众服务的计算机信息系统,公众可以通过电话、本地查询终端或 Internet 查询到各种民航信息,包括航班计划、航班动态、航空服务、机场服务、乘机指南、票务信息、寻求帮助等。该系统的一部分信息来源于航班信息系统。

离港控制系统是一个面向用户的实时航班生产控制系统,是一套提供给航空公司及其代理、机场工作人员、地面服务人员的计算机事务处理系统,用以保证旅客顺利、高速、有效地办理登机手续;保证航班正点安全离港;保证航班飞机实现安全配载和提高配载效率。

行李分拣系统通过中央信息集成管理系统从中央数据库取得航班计划、动态信息以及资源管理信息等后自动分配行李分拣槽口,并把分配信息通过送到中央数据库,同时控制行李转盘把行李分发到指定的分拣槽口。航班信息系统需要获取行李分拣槽口的分配信息,并在各槽口显示相关信息。

楼宇自控系统对航站楼内水、暖、电、通道、机电等设备进行自动控制及运行状态监测,以实现节能、省时、省人力、合理调配设备及管理设备的目的。通过闭路电视监视系统,工作人员可以根据需要在室内利用彩色电视监视器,观察由彩色摄像机摄取的航站楼、停车楼等地的画面,使整个航站区得到统一管理,集中控制。

通过对机场领域信息系统的上述需求分析,我们提出的系统的功能结构图,能够满足各类机场的通用功能需求。

8.5　软件体系结构设计

8.5.1　客户/服务器型软件体系结构风格

软件体系结构的设计是整个软件开发过程中关键的一步。对于当今世界上庞大而复杂的系统来说,没有一个合适的体系结构而要有一个成功的软件设计几乎是不可想象的。不同类型的系统需要不同的体系结构,甚至一个系统的不同子系统也需要不同的体系结构。航班信息管理用了层次型的软件体系结构风格。

层次型的软件体系风格有许多可取的属性。首先它支持基于抽象程度递增的系统设计,这使得设计者可以把一个复杂系统按递增的步骤分解开。其次它支持功能增强,像管道结构的系统一样,因为每一层至多和相邻的上下层交互,因此功能的改变最多影响相邻的上下层。它还支持复用。和抽象数据类型一样,只要提供的服务接口定义不变,同一层的不同实现可以交换使用。这样,就可以定义一组标准的接口,而允许各种不同的实现方法。它的这些优点符合我们的要求。图 8-7 显示了客户/服务器型 3 层体系结构风格的 DCOM 实现。

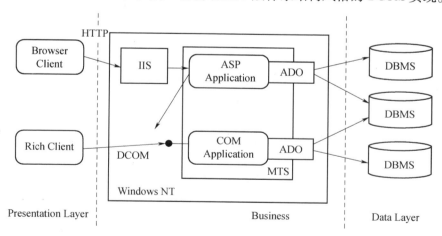

图 8-7　客户/服务器型体系结构风格的 DCOM 实现

图 8-7 中,表示层为浏览器客户和胖客户,Internet 信息服务器(Microsoft Internet Information Server,IIS)担负页面的服务和管理工作,或者是普通应用程序负责与客户的交互;客户通过使用 HTTP 或 DCOM 来存取业务逻辑和数据,COM/DCOM 是微软提出的组件之间进行通信的标准,是使组件彼此交互的一种

二进制接口标准。微软事务处理服务器（Microsoft Transaction Server,MTS）是一个分布式事务管理器,为构造分布式应用程序提供了关键的高性能执行环境。MTS 自动创建事务,提供资源支持和管理事务,MTS 屏蔽了低层实现的复杂性,有效地提高了软件的开发效率。业务层只能采用 Windows NT 操作系统,具体业务实现可以是 ASP 应用或 COM 应用;ADO（Microsoft ActiveX Data Objects）提供连接各种关系数据库的统一接口。

8.5.2 民航机场信息系统软件体系结构模式

领域专用的软件体系结构（Domain-Specific Software Architecture, DSSA）是一门以软件重用为核心,研究软件应用框架的获取、表示和应用等问题的软件方法学。与面向对象技术相结合,领域专用的软件体系结构强调应用领域内重复出现的大粒度问题及其解的抽象提取。它是领域内应用软件的部分或整体的可重用设计,适应于该领域内一组相关问题的求解,可作为应用程序的半成品,具有较大的重用粒度。研究实践表明,软件复用在特定领域内更容易获得成功,领域工程受到高度重视。

民航机场信息系统是各类民航机场的信息中枢,它的安全性、可靠性和准确性保证了整个机场的正常运转。为了开发满足机场领域系统需求的信息系统,我们对多个机场的各种需求进行了认真的分析和研究,提出了机场领域信息系统的 3 种软件体系结构模式,分别适用于用户的不同要求。

1. 各应用系统（数据库）模式

如图 8 - 8 所示,所有的子系统都从动态航班表中获取航班信息、机场其他信息。该模式适合于小型的机场信息系统。

2. 中央数据库—各应用系统（数据库）模式

如图 8 - 9 所示,在民航机场信息系统中增设一个中央数据库（AODB）,由AODB 存储支持机场正常运行的主要数据,包括机场基础数据、航班信息、资源信息、以及历史记录等管理和运营信息。动态航班表中主要存放航班信息,定时或主动从 AODB 中获取航班数据,也将 FIDS 的相关处理结果返回给 AODB。该模式适合于比较大型的民航机场信息系统。

3. 中央数据库—中间件—各应用系统（数据库）3 层结构的模式

如图 8 - 10 所示,在体系结构 2 的基础上,增加了一个中央信息集成系统。该系统以中间件作为技术平台,利用消息传递、消息队列和消息广播机制实现与中央数据库的无缝连接,通过网络系统连接机场内的各信息系统,在机场范围内实现各信息系统之间在功能、信息、接口各方面的一体化平滑衔接,信息数据的共享与交换。

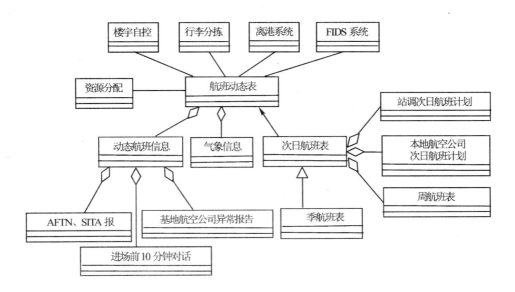

图 8 - 8　机场信息系统体系结构 1

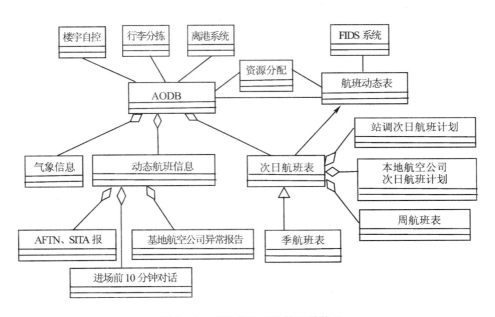

图 8 - 9　机场信息系统体系结构 2

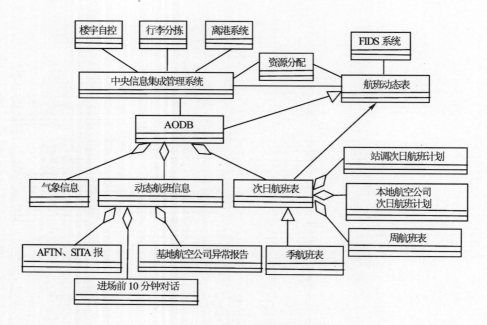

图 8 - 10　机场信息系统体系结构 3

8.5.3　软件体系结构设计

通过对领域的详细分析,这个系统包含了很多个模块,逻辑模块的划分在一定程度上有效地降低了整个系统的复杂度,但许多逻辑模块仍然复杂和难以维护。因此,我们采用了客户/服务器多层体系结构风格,其中每一层是独立的、可重用的、易于维护的。有些层可为多个逻辑模块提供通用功能。通过对客户/服务器型体系结构风格的 DCOM 实现的具体化,航班信息管理系统的软件体系结构如图 8 - 11 所示。

在表示层,由浏览器和应用程序为客户提供应用界面;业务层实现具体的业务处理逻辑;数据层存放各类数据。

图 8 - 12 试图描述本系统采用的客户/服务器多层体系结构的一般形式,它适用于本系统的大多数模块。对将来基于数据库的应用软件,该结构同样能很好地支持。

图 8 - 13 以航班管理模块为例,具体说明了分层结构的实际应用方式,其他各模块均以同样的简单的方式工作。

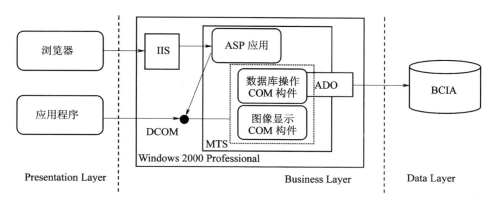

图 8 – 11　航班信息管理系统体系结构的 DCOM 实现

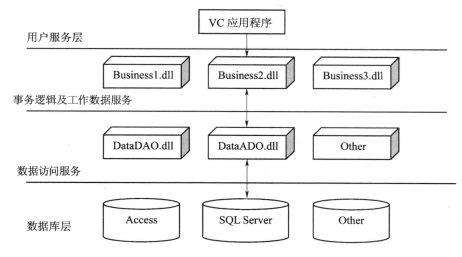

图 8 – 12　数据库应用的分层体系结构

1. 用户服务层

用户服务层又称 GUI 前端,是应用程序中暴露给用户的那部分,包含所有的窗体和控件,及需要它们操作的所有逻辑线程。用户服务层负责所有与用户的交互操作,使用 VC + + 6.0 实现,界面美观方便,操作简便灵活,而且几个逻辑模块的用户界面在外观和操作方式上协调一致。

用户服务层具有以下特点:只包含窗体和控件及需要它们操作的最少代码,不包含任何隐式或显式的事务知识,是与用户交互的唯一层;仅调用相邻的事务逻辑层,和其他层没有任何联系。总之,一个好的用户服务层必须是一个很"薄"的层,也就是说应包含尽量少的代码,这些代码是使窗体和控件以期望方

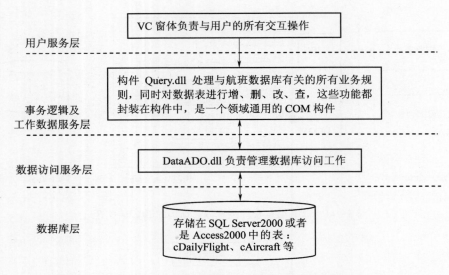

图 8－13　航班管理模块的分层结构示意图

式运转所必须的。不应包含任何数据库操作,也不包含任何持久的数据或任何
事务规则,包括输入验证规则也不应包含在用户服务层。航班管理子系统和航
班显示的界面在程序说明中将详细介绍。

2. 事务逻辑及工作数据服务层

这一层接收并处理来自用户服务层的请求,但它对用户服务层本身并没有
任何认识。它不知道用户服务层是一个 Visual C＋＋窗体还是一个 HTML 文
档,也不知道其中显示了什么具体的信息。这一层的运算被用户服务层所请求,
但不受用户服务层逻辑的影响。事务逻辑包含本系统中所有的业务逻辑对象,
被封装在多个 COM DLL 中,以便配置在 MTS 环境下运行,可为本系统的所有程
序服务。采用数据集对象为应用程序提供所有工作数据的存储管理服务,也被
封装在一个 COM DLL 中,可为所有需要数据管理的模块提供服务。

3. 数据访问服务层

数据访问层是与数据库通信的唯一层,它完全通用并且不认识或不管数据
库中的具体信息,该层读数据、写数据,提交对存储过程的调用。数据访问服务
层是唯一知道 ADO 等数据访问方法的层。如果该层实现了对非数据库数据的
访问接口方法,整个应用程序就可以像处理数据库一样处理其他任何数据。

本层提供实际操作数据库的服务,针对不同的数据库访问技术,实现不同的
COM DLL。本系统采用了 ADO 技术提供数据访问功能,它也是 COM DLL,可以
为所有需要数据访问的模块提供服务。

4. 数据库层

数据库层就是物理上的数据库,可以是一个标准的数据库,也可以是一个数据仓库,一个 OLAP 立方体,或其他任何能被数据访问服务层访问的信息存储设备。本系统采用的是 SQL Server2000 和 ACCESS 2000 数据库系统,本层包括所有的数据表等数据对象。系统中的每一层均相对独立并与其他层绝缘,这使其可重用,可替换,并易于维护。

8.5.4 设计模式在民航机场信息系统软件体系结构中的应用

航班信息显示系统是民航机场信息系统的一个子系统,该系统统一控制航站楼内各种显示设备向旅客和工作人员等实时发布及时准确的进出港航班动态信息,正确引导旅客办理乘机手续、候机、登机,通知旅客的亲友接机等,帮助机场有关工作人员更好的完成各项工作任务,提高服务质量,同时,也向有关系统提供航班数据接口。该系统将对保证机场正常的生产经营秩序和提高机场服务质量以及整体竞争力具有很大的作用。

根据航班显示中显示方式、显示内容、显示设备的不同,需要有非常灵活的显示框架,这样根据实际的需求能进行灵活的处理,而且可以定制显示的内容,能适应不断的变化。

1. 观察者设计模式

经过对航班显示系统的分析研究,认为显示框架是对数据模型、显示模型的抽象描述与实现,显示模型比较复杂,例如显示的内容的变化、显示的格式的变化、显示设备的变化等,但可以被抽象为 Observer 模式(见图 8 - 14),又称为发布—订阅(Publish-Subscribe)的应用框架模型。

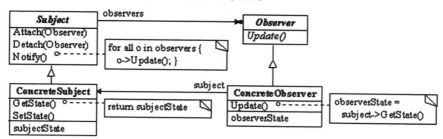

图 8 - 14　Observer 模式结构图

Observer 模式是一种对象行为型模式,它的目的是定义对象间的一种一对多的依赖关系,当一个对象的状态发生改变时,所有依赖于它的对象都得到通知并被自动更新。图 8 - 14 中:

Subject(主题):知道它的观察者,而且可以有多个观察者观察同一个主题,并且提供注册和删除观察者对象的接口。

Observer(观察者):为那些在主题发生改变时需要获得通知的对象定义一个更新接口。

ConcreteSubject(具体主题):将有关状态存入各 ConcreteSubject 对象,当它的状态发生改变时,向它的各个观察者发出通知。

ConcreteObserver(具体观察者):维护一个指向 ConcreteSubject 对象的引用,存储有关状态,这些状态应与主题的状态保持一致,实现 Observer 的更新接口以使自身状态与主题的状态保持一致。

当 ConcreteSubject 发生任何可能导致其观察者与其本身状态一致的改变时,它将通知其他的各个观察者。在得到一个具体主题的改变通知后,ConcreteObserver 对象可向主题对象查询信息。ConcreteObserver 使用这些信息以使它的状态与主题对象的状态一致。

系统中建造了一个以 Observer 模式为基础的航班显示应用框架,如图8 – 15所示,对应于 Observer 设计模式中的主题和观察者如表8 – 1 所列。

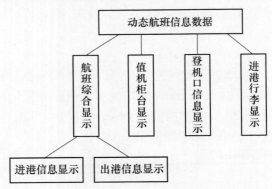

图 8 – 15　航班显示模型

表 8 – 1　航班显示中对应 Observer 设计模式的参与者

Subject	Flight Data	Send notify signal
Observer	· Integrated Information · CheckIn Counter · Boarding · baggage	Request for modification

我们将各种显示信息作为观察者,航班显示数据作为主题,当主题一变化,

也就是航班信息动态变化时,观察者即显示的信息依据数据模型选择适当的显示方式,并相应的修改其显示的内容。

2. 观察者设计模式的实现

观察者模式中类的名称与航班信息显示程序中类的名称的对应关系如表8-2所列。

表8-2 观察者模式中类名对应关系

Observer Pattern Class name	Flight Information Display Program Class name
Subject	Subject
ConcreteSubject	CFlightData
Observer	Observer
ConcreteObserver	CIntegrateInfo CheckInCounter CBoarding CBaggage

航班信息显示程序中各类的实现代码分别简述如下:

1) Subject 类: Subject Class

```
class Subject {
    public:
        virtual ~Subject();
        virtual void Attach(Observer *);
        virtual void Detach(Observer *);
        virtual void Notify();
    protected:
        Subject();
    private:
        List <Observer * > *_observers;
};
void Subject::Attach (Observer * o) {
    _observers - >Insert(_observers - >end(), o);
}
void Subject::Detach (Observer * o) {
    _observers - >remove(o);
}
void Subject::Notify () {
```

```
    ListIterator <Observer * >i(_observers);
    for (i.First(); ! i.IsDone(); i.Next()) {
        i.CurrentItem() - >Update(this);
    }
}
```

2) Observer 类:Observer Class

```
class Observer {
public:
    virtual ~Observer();
    virtual void Update(Subject * theChangeSubject) = 0;
    protected:
    Observer();
};
```

3) ConcreteSubject 类:CFlightData Class

```
class CFlightData : public Subject {
  public:
    CFlightData();
  virtual  Cobject GetImage();
  virtual  Cobject GetText();
  virtual  Cobject GetProperty();
  void trigger();
};
  void CFlightData::trigger() {
    //update Flight Data  利用 SQL 中的存储过程
    //...
    Notify(); //利用 COM 的可连接点机制
}
```

4) ConcreteObserver 类:CIntegrateInfo Class

```
class CIntegrateInfo: public Observer {
  public:
    CIntegrateInfo (CFlightData * );
     ~ CIntegrateInfo ();
    void Update(Subject * );
    void Display();
    private:
    CFlightData *_subject;
```

```
};
CIntegrateInfo:: CIntegrateInfo (CFlightData * s)
{   _subject = s;
    _subject - >Attach(this);
}
CIntegrateInfo:: ~ CIntegrateInfo ()
{    _subject - >Detach(this); }

void CIntegrateInfo::Update (Subject * theChangedSubject)
{    if(theChangedSubject = = _subject)
        Display();
}
void CIntegrateInfo::Display ()
{  Cobject image  = _subject - >GetImage();
   Cobject text   = _subject - >GetText();
   Cobject proptery = _subject - >GetProptery();
   //Display operation
}
```

5) ConcreteObserver 类：CheckInCounter Class

```
  class CheckInCounter: public Observer {
    public:
    Counter (CFlightData *);
     ~Counter();
       void Update(Subject *);
        void Display();
    private:
    CheckInCounter  *_subject;
};
```

6) 主程序：Main Program

```
int main(void) {
    CFlightData *data = new CFlightData;
    CIntegrateInfo *IntegrateInfo = new CIntegrateInfo(Data);
    CheckInCounter *counter = new CheckInCounter(counter);
  data - >trigger();
  return 0;
}
```

8.6　构件库管理系统的设计

在系统的开发过程中,采用构件技术开发的各类构件不断增多,必须将它们进行有效的管理,使构件能够方便地存储、检索和提取,实现构件的重用。因此,构件库的设计、构件库中构件的分类等都是有效地管理构件的首要问题。由于构件库涉及的内容比较多,本系统设计了一个小型的领域构件库,库中构件采用的分类方法和总体结构下面详细说明。

8.6.1　构件库中构件的分类方法

本实例中,构件库的设计采用了基于刻面的分类方法。刻面(Facet)分类是构件库分类方法中最为常见的一种。一个刻面分类模式由一组描述构件本质特征的刻面所组成,每个刻面从不同侧面对构件库中的构件进行了分类。例如,这组刻面可以是构件的应用领域、功能、操作对象、使用环境等。每个刻面由一组基本的术语(即关键词)所构成的,称为术语空间(Term Space)。任意两个刻面的术语空间是正交的,即一个刻面的术语发生变化不会影响到另一个刻面的术语空间。一个构件可以被每个刻面中的一个或多个术语所刻化(刻面术语是一个确定的集合),而每个刻面则反映了对库中构件的一种划分,因此用户可以直观地从不同的角度检索构件,也有利于用户对构件的理解。

构件库中的每一个构件都具有一组属性,这些属性有的是构件的制作者或提供者提供的,有的是构件库根据构件的适用情况加入的。从表面上看,属性与刻面非常相似,属性值就相当于刻面的术语。但两者是有一定区别的,主要区别如下:

(1)刻面是构件属性的一个子集。属性绝大部分是由构件的制作者或提供者提供的,而刻面则完全是由构件库的管理者规定的,构件的制作者或提供者完全不需要了解它们。

(2)刻面是构件的复用者在查询构件时最感兴趣的构件属性。在查询时复用者通过选择刻面的术语,可以明确地限定构件的范畴,不会有遗漏的构件。

作为构件来说必须满足有如下限制:

(3)一个构件库的刻面数目不能太多,一般不超过7个。

(4)任意两个刻面的术语空间之间必须正交,某个刻面的术语发生变化不会影响到其他刻面的术语空间。

(5)刻面必须能适应构件库的变化。因为尽管构件的术语空间随时间的演进会发生变化,但刻面对于构件库来说是稳定的,即构件库的刻面一旦确定,就不能再改变。

刻面分类策略尽管是一种比较理想的构件库分类策略,但也存在不少困扰,主要体现在以下两个方面,一是难以确定构件库应该包括那些刻面;二是难以建立术语空间,原因是刻面术语并没有确定地、为大家公认的标准。

本系统中刻面分类采用了 5 个独立、正交地刻面来描述构件的本质属性,并对构件进行分类。5 个刻面包括:

(1)使用环境(Application Environment):使用单个构件(包括理解、组装和修改构件)时必须提供的硬件和软件平台,例如特定的硬件环境、操作系统、数据库平台、网络环境以及编译系统等。

(2)应用领域(Application Domain):某个构件曾经被使用的、或者可能被使用到的应用领域及其子领域的名称。此处的领域指共享某种功能性的系统或应用程序的集合。构件可能适用一个或多个应用领域。

(3)功能(Functionality):构件在原有的或可能的软件系统中所提取的软件功能集。构件必须提供一种或几种功能。

(4)层次(Level of Abstraction):构件相对于软件开发过程不同阶段的抽象层次,如分析、设计、编码等。构件都处于软件开发过程中一定的阶段,并为该阶段提供服务。

(5)表示方法(Representation):描述构件内容的语言形式或媒体,与构件的上下文环境直接相关,如源代码构件所用的编程语言、文档所用的编辑工具等。构件库系统中任何构件都以一定的形式存在,因而必须有其外在的表现形式,这种表现形式与构件的语境相关。

8.6.2 构件库设计

1. 构件库中构件的规格说明

按照刻面分类方法的 5 个刻面,构件库中构件的规格说明如下:

SP = < CIE,CID,CF,CL,CC,CIS,CRS,CUS, * * CGUI >

其中:

CIE:构件的使用环境(Component In Environment)。包括硬件环境、操作系统、数据库平台、网络环境以及编译系统等。

CID:构件所在的应用领域(Component In Domain)。如民航机场管理信息系统、企业管理信息系统、医院管理信息系统。

CF:构件所实现的功能(Component Function)。如录入、查询、统计等关键字。

CL:构件层次(Component Level)。如分析、设计、编码等。

CC：构件结构（Component Composition）。

CIS：构件接口说明（Component Interface Specification）。包括输入、输出参数等。

CRS：构件关联描述（Component Relation Specification）。包括本构件与其他构件之间的继承关系。

CUS：对构件的理解描述（Component Understanding Specification）。包括版本描述、成熟度、库记录等。

＊＊CGUI：构件的图形界面（Component Graphic User Interface）。给出了可视化构件的图形界面。

2. 构件库中构件的分类

将构件按其所实现的主要功能划分为：领域通用构件和领域专用构件两大类。领域通用构件又分为输入构件、查询构件、报表构件、处理构件等。

1）输入构件

输入构件要求具有高度的容错能力、简洁明了的用户界面。从 MIS 这个大的领域来说，输入构件所涉及到的元数据可能是 1 个单表、2 个具有主—子关系的表，或多表组成的查询。我们将这 3 种情况提取出来，组成 MIS 构件库中的超构件（类似于面向对象开发语言的超类），针对专门领域具体功能的这 3 个构件从超类继承而来。

输入构件所要完成的功能大致分 3 类：插入一条新的记录、删除一条记录、修改记录的内容。要将这些操作的结果保存在数据库中，还需要具备向数据库提交的能力。

2）查询构件

查询是信息输出的有一种形式。在 C/S 结构的 MIS 系统中，由客户端程序形成查询条件并向后台 RDBMS 提出查询请求。由于查询结果的表现形式不拘泥于固定的格式，使我们可以设计出一个通用的查询构件。

在机场管理信息系统中可以有这样的通用查询构件，所完成的功能是：确定查询所要操作的表，从这些表中找出作为查询条件的字段，通过操作符将这些字段连接起来形成查询条件，向后台 RDBMS 提出查询要求，并将查询结果显示出来。

3）报表构件

报表作为信息输出形式在 MIS 系统中的作用是不言而喻的。数据经过录入、处理、加工后以报表的形式给用户提供可用的信息。由于不同用户对报表的要求甚远，在构件的提取过程中报表构件可能是最不稳定的构件。

由于管理机制的不同，以及主管部门有些业务相互交叉等原因，要求呈送的报表内容各异,甚至是报表的数据项目基本相同,但是格式不同。基于这样的情况,将报表构件设计成用户具有修改能力的报表工具。

4）处理构件

处理构件所实现的功能大都不是直接与数据库事务相关的业务。这些构件完成诸如数据录入前的预处理、信息显示方式等。构件库结构详见附录 A。

8.6.3　领域 COM 构件开发技术

要将基于构件的软件开发方法真正的运用到民航机场领域中,首先面临的问题就是构件的自主开发,下面将 VC + +6.0 环境下 COM 构件开发过程中涉及的一些基本技术进行总结和归纳。

1. 利用 ATL 开发 COM 构件

活动模板库(The Active Template Library,ATL),其设计旨在让人们用C + +方便灵活地开发 COM 对象。ATL 本身相当小巧灵活,这是它最大的优点。用它可以创建轻量级的、自包含的、可复用的二进制代码,不用任何附加的运行时 DLLs 支持。

1）使用 ATL

ATL 是在单层(Single-tier)应用逐渐过时、分布式应用逐渐成为主流这样一个环境中诞生的,它最初的版本是在 4 个 C + +头文件中,其中有一个还是空的。它所形成的出色的构架专门用于开发现代分布式应用所需的轻量级 COM 组件。作为一个模块化的标准组件,ATL 不像 MFC 有厚重的基础结构,省时好用的库使得成百上千的程序员一次又一次轻松实现 IUnknown 和 IClassFactory。

使用正确的工具非常关键。如果正在编写一个不可见的 COM 组件,那么 ATL 与 MFC 相比,从开发效率、可伸缩性、运行时性能以及可执行文件大小各方面来看,ATL 可能都是最好的选择。对于现代基于 ActiveX 控件的用户界面,ATL 所产生的代码也比 MFC 更小更快。另一方面,与 MFC 的类向导相比,ATL 需要更多的 COM 知识。ATL 与 STL 一样,对于单层应用没什么帮助,而 MFC 在这方面保持着它的优势。

ATL 的设计在很大程度上来自 STL 的灵感,STL 与所有 ANSI/ISO 兼容的 C + +编译器一起已经被纳入成为标准 C + +库的一部分。像 STL 一样,ATL 大胆使用 C + +模板。模板是 C + +中众多具有争议的特性之一。每每使用不当都会导致执行混乱,降低性能和难以理解的代码。明智地使用模板所产生的通用性效果和类型安全特性则是其他方法所望尘莫及的。ATL 与 STL 一样陷入了两个极端。幸运的是在 ATL 大胆使用 C + +模板的同时,编译器和链接器技术也在以同样的步伐向前发展。为当前和将来的开发进行 STL 和 ATL 的合理选择。

2）类型转换

由于 COM 对象是跨平台的,它使用了一种通用的方法来处理各种类型的数据,因此 CString 类和 COM 对象是不兼容的,需要一组 API 来转换 COM 对象和 C＋＋类型的数据。类__vatiant__t 和类__bstr__t 就是这样两种对象。它们提供了通用的方法转换 COM 对象和 C＋＋类型的数据。

类_vatiant_t 封装了 COM 的 VARIANT,所以可以利用 VARIANT 数据类型在构件和应用程序之间传递多维数组。因为 COM 对象中不支持 CString 类,而 VARIANT 数据类型提供了一种非常有效的机制,可以实现各种不同的自动化数据传输,它既包含了数据本身,还包含了数据的类型,它实际上就是一个包含不同数据类型的大的联合(Union),vt 成员用于指出数据的类型,它可以使数据的接收者从合适的 union 元素中抽取所需的数据。当我们要传递多维数组时,利用 VARIANT 的数组类型,具体操作过程见附录 B。

```
VARIANT * pVariant;
pVariant - >vt = VT_VARIANT | VT_ARRAY;
pVariant - >parray = SafeArrayCreate(VT_VARIANT,2,safeBound);
```

类_bstr_t 封装了 COM 的主要字符串类型 BSTR,所以在 COM 构件和应用程序之间传递字符数据时,构件接口中方法或属性的参数利用 BSTR 数据类型,在应用程序中要将 CString 类型的变量转换到构件接口中方法或属性参数的 BSTR 类型:

```
CString conn;
BSTR bstrconn = conn.AllocSysString();
```

然后调用构件接口中的方法或属性。在 COM 构件中,要将传递过来的 BSTR 类型的变量再转换成 CString 类型,这样在构件中能方便地对变量进行各种操作。

```
USES_CONVERSION;
conn = W2A(bstrconn);
```

2. 利用 ADO 进行数据库操作

在实现数据库操作构件中使用了 COM 和 ADO 技术,对象的实现采用 VC＋＋来编写,数据库数据访问层使用了 ADO 技术。客户应用程序可以通过用户界面或浏览器实现对数据库的访问。对客户应用程序提供一致的界面,使其不必关心后台数据库的具体连接和通信。

ADO 是 ActiveX 数据对象(ActiveX Data Object),这是 Microsoft 开发数据库应用程序的面向对象的新接口。ADO 访问数据库是通过访问 OLE DB 数据提供程序来进行的,提供了一种对 OLE DB 数据提供程序的简单高层访问接口。ADO 技术简化了 OLE DB 的操作,OLE DB 的程序中使用了大量的 COM 接口,而 ADO 封装了这些接口。所以,ADO 是一种高层的访问技术。与一般的数据库接口相比,ADO 可更好地用于网络环境,通过优化技术,它尽可能地降低网络流量。而且使用简单,不仅因为它是一个面向高级用户的数据库接口,更因为它使用了一组简化的接口用以处理各种数据源。这些特性使得 ADO 必将取代 RDO 和 DAO,成为最终的应用层数据接口标准。ADO 技术基于通用对象模型(COM),它提供了多种语言的访问技术,同时,由于 ADO 提供了访问自动化接口,所以,ADO 可以用描述的脚本语言来访问 VBScript、VCScript 等。

图 8 - 16 可以看出 ADO 实际上是 OLEDB 的应用层接口,这种结构也为一致的数据访问接口提供了很好的扩展性,而不再局限于特定的数据源,因此,ADO 可以处理各种 OLE DB 支持的数据源。ADO 与数据库 API 之间的层次关系如图 8 - 16 所示。

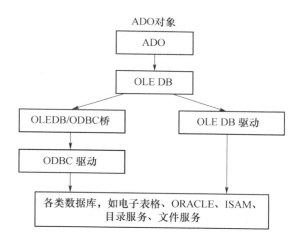

图 8 - 16　ADO 与数据库 API 之间的层次关系

使用 ADO 对象开发应用程序可以使程序开发者更容易地控制对数据库的访问,从而产生符合用户需求的数据库访问程序。使用 ADO 对象开发应用程序也类似其他技术,需产生与数据源的连接,创建记录等步骤,但与其他访问技术不同的是,ADO 技术对对象之间的层次和顺序关系要求不是太严格。在程序开发过程中,不必先建立连接,然后才能产生记录对象等。可以在使用记录的地方直接使用记录对象,在创建记录对象的同时,程序自动建立了与数据源的连接。这种模型简化了程序设计,增强了程序的灵活性。

8.7 程序说明

8.7.1 构件实现的功能

通过对系统功能结构的分析,针对民航机场管理这一特定领域的管理信息系统中,各子系统的结构和功能相似,基本都具备输入、查询、输出等几个处理模块,有些模块的功能基本相同,并且各系统都以数据库为核心进行操作。根据领域特点,对构件库中的构件进行了分类,具体分为 5 种,分别为:查询构件、报表构件、数据存取构件、决策构件、显示构件。我们采用基于构件的开发技术,提取了领域中具有共性的成分,自主设计并开发了民航机场领域的数据库操作构件和图像信息显示两个构件。其中,数据库操作构件属于数据存取构件,图像显示构件属于显示构件,采用的标准是 COM,使用的语言是 Visual C + +6.0。

1. 数据库操作构件

数据库操作构件将航班管理子系统中有关对数据库操作的功能都在一个数据库构件中实现,这个构件完成了对数据库中表的各种操作(增加、删除、修改、查找),客户端只需要调用构件中的接口,配制需要的参数,就可以实现所需要的功能,而不需要了解数据库的特性,对客户端的编程人员的编程水平要求比较低,不必知道数据库编程,像使用按钮控件一样的方便,但是要按照构件接口的使用方法去调用,否则程序将不能正常运行。

这个构件设计了一个接口 IQuery,这个接口有 13 个方法和 15 个属性,关于接口中方法和属性的使用方法见附录 C。

2. 图像显示构件

对图像显示操作的功能在一个显示构件中实现,能够对数据库中的图像(BOLOB 数据)、来自于文件中的图像和资源 3 种图像进行任意位置和大小的显示。这样能简化客户端的工作,并且能支持多种数据库和平台,便于以后升级和维护。

程序设计了一个接口 IPic,这个接口有 9 个方法,即用户只需要调用这个构件接口中的两个函数,一是用来装载图(Load 函数),二是用来画图(与设备无关)(Draw 函数),就可以实现复杂的图形显示,关于接口中方法和属性的使用方法见附录 C。

8.7.2 客户端程序功能说明

1. 航班信息管理功能及实现

客户程序主要面向用户,提供用户一个方便快捷的操作界面,用户可以无需关心数据库的特征,而对数据库进行一系列的操作,对数据库的安全性和稳健性有了较好的保障,提高了客户端开发的速度以及非常有利于程序日后的升级,实现了系统的重用性,大大减少了维护的费用,提高了生产的效率。

系统管理员可以使用程序的每个功能,同时还能任意地增加用户,但是增加的用户只有查询航班数据的权限,不能对数据库中的表进行操作。用户通过这个程序能对放置在任意位置的、使用任意后台数据库系统的航班数据库进行各种操作。

(1)可以建立新的数据库,数据库类型可以是 Access2000 或者 SQL Server2000。

(2)可以根据自身需求生成季度航班表、周航班表和明日航班表、今日航班表和其他任意表,能对表的数据结构进行改动,也能删除表。

(3)能将季度航班表中的数据依照一周的顺序转换到周航班表中,将季度航班表中的数据依据明日的星期数转换到明日航班表,及其明日航班表数据到今日航班表数据的转换。

(4)可以对航班数据进行查询,用户通过输入航班号或者起飞城市或者降落城市中的任意一个,可以得到满足条件的数据,且能通过设定起飞或者降落的时间范围来缩小查询范围。

(5)针对当日航班数据,可以进行增加、删除、修改 3 种操作,用户操作方便。

(6)由于实际的需要,可以对基本数据表(机场表、城市表、国家表、机型表、航空公司表)进行浏览以及增加、删除、修改 3 种操作。

程序界面及使用说明如下:

(1)主界面。启动程序后,如图 8 − 17 所示左边是图标菜单,由 8 项功能组成,每一项都实现不同的功能(下面分别进行说明),共同完成对航班的管理。窗体中央是系统登陆对话框,用户通过输入密码进入系统,不同的用户有不同的权限,系统管理员可以任意增加用户,增加的用户只有查询航班信息的权限,只有系统管理员才能对航班数据和航班表进行操作。

(2)数据表生成功能(图 8 − 18)。当系统管理员正确登陆后,如果要进行数据库的初始化工作就运行这一项功能,系统默认的数据库是 F:\\BCIA. mdb,用户可以选择已经存在数据库,或者可以建立新的数据库,数据库的类型可以是ACCESS2000 或者是 SQL Server2000 两种类型。这样程序适应性较好,无论后端数据库采用什么样的系统,或者数据库放置在什么位置,都不影响程序的正常运行,这是构件程序所实现的。建立连接后,数据库连接串自动生成,显示在如图 8 − 18 所示的编辑框中。

民航机场管理系统中需要动态建立的数据表基本上是季度航班数据表、周航班数据表、明日航班数据表、今日航班数据表。

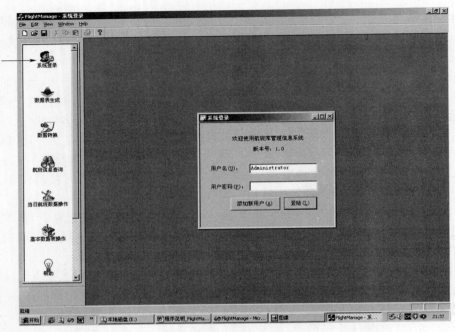

图 8-17 系统主界面

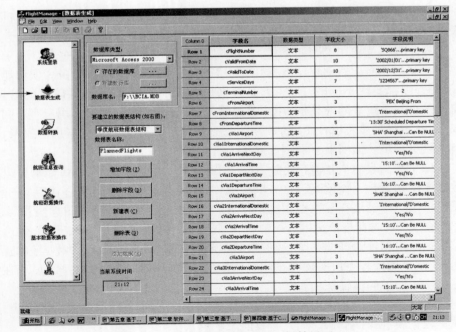

图 8-18 数据表生成界面——初始界面

当选择季度航班数据表时,右边的网格中会出现从构件中调出的季度航班表中常有的一些字段,用户可以根据自身机场的需要增加字段、删除字段,以及对字段的名字和字段的大小进行修改,直到满意为止,然后按新建表按钮就将依照网格中的字段属性,同时生成季度航班表和周航班表,周航班表和季度航班表的字段应该是基本一致的,就是"服务天(cServiceDays)"字段的意义改变了。

如果选择了明日航班表,系统将从构件中调出默认的日航班表中使用的字段,用户同样可以对这些字段进行增、删、改,当新建表时,明日航班表和今日航班表同时生成,因为依照业务逻辑两个表的数据结构应该是完全一致的。用户如果对新建的表不满意,但已经建立了,可以按"删除表"按钮,将表删除,当删除季度航班表时将同时删除周航班表,删除明日航班表时将同时删除今日航班表。

(3) 数据转换功能。数据转换实现的主要功能是:

① 将季度航班表中的数据按照一周中每天的顺序转换到周航班表中。

② 依照明日的星期数将季度航班表中明日数据转换到明日航班表中。

③ 将明日的航班表数据转换到今日航班表中。

数据转换的工作都在构件中完成,由于数据表的结构不同,转换时比较复杂。

(4) 航班信息查询功能。每个用户都有权限进行航班信息的查询。航班信息查询可以依据航班和航线查询,如果按照航班号进行查询,必须输入航班号信息,但是在航线查询中如果不输入出发城市和到达城市,将查询所有的航班数据,否则依照其中之一进行条件查询,查询还可以选择飞机的起飞和降落时间范围来缩小查询的数据。

(5) 当日航班数据操作功能。只有系统管理员才有权限对航班数据进行操作。首先将当日航班数据分为国内离港、国内到港、国际离港、国际到港 4 种类型分别进行操作。网格中的数据显示的颜色依据当前时间确定,小于当前时间的数据呈现红色,不能对它们进行任何操作;大于当前时间的数据呈现蓝色,用户可以对它们进行增加、删除和修改操作。对数据进行操作时必须处于修改状态,否则将不会产生任何的动作。

增加数据的界面如图 8-19 所示,其中时间日期都有固定的格式,机场和经停都是有约束的,不能随意填写,只能从选择框中选择。删除数据时,系统会提示用户是否确定要删除,所以用户要十分小心,数据一旦删除,将不能恢复,只能重新增加一条同样的数据。

(6) 基本数据表操作功能。基本数据表操作可以操作的基本数据表包括国家表、城市表、机场表、航空公司表、机型表,可以进行的操作包括增加和删除操作,此时必须处于修改状态而不是浏览状态。图 8-20 显示的是对机场表增加数据的界面图。

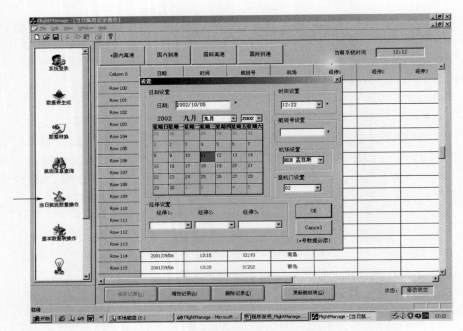

图 8-19　当日航班数据操作——增加记录

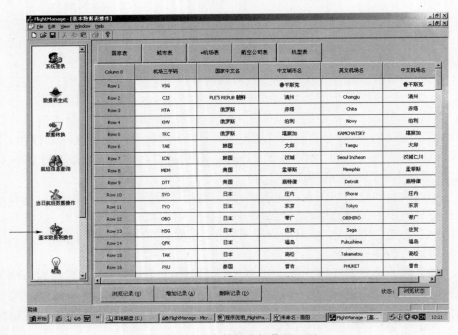

图 8-20　基本数据表操作界面图

2. 航班显示功能及实现

图 8 – 21 显示了航班信息的配置界面,通过这个界面可以简单方便地配置显示信息,显示内容包括图像、文字和线条,配置完成后将其保存为文本文件,通过 SOCKET 传递给显示端进行全屏显示,显示结果如图 8 – 22 所示。显示设备可以是 PC 机、LED、LCD 等。

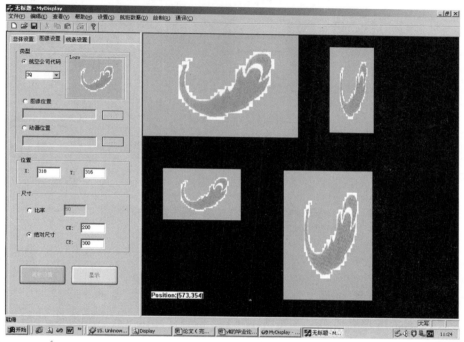

图 8 – 21　航班信息配置信息

全屏显示(图 8 – 22)的内容是来自于航班数据库,一分钟刷新一次,动态显示当日航班信息、值机柜台和登机门信息。航班信息显示采用了 4 层结构,重用了航班管理中的数据库操作构件,这个构件可以对任何形式的数据库中的表进行查询、增加、删除和修改操作,将其应用到这个子系统中,消除了在编码、测试等环节中的重复劳动,避免了重新开发可能引入的错误。客户服务端将界面设计好后,所有与数据库有关的操作都可以交给数据库操作构件来完成,客户服务端要了解该构件接口中各个方法和属性实现的功能和使用方法,主要是参数要设置好,以免出现异常。两个子系统重用了一个构件,客户端的代码非常简单,这样有效地提高了软件的生产率,提高了软件的质量,也便于其今后的升级和替换。

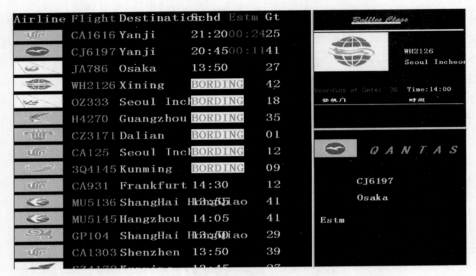

图 8 - 22   航班信息显示结果

8.8   民航机场信息系统的发展

民航机场信息系统的应用极大地提高了民航机场环境下信息服务的范围和信息服务的及时性、准确性和安全性,促进了民航机场管理水平和效率的提高。同时,又对民航机场环境下的信息系统的建设提出了更多、更高的要求:

(1)完善的系统功能。民航机场环境下的信息系统要对民航机场所属信息进行有效管理,除了现有的上述诸功能外,办公自动化系统、财务管理系统等都是不可缺少的部分。利用这些系统统一对农行机场环境下的设备等物业资源和人力资源进行管理,可以最大限度地提高经济效益,充分发挥民航机场的潜能。另外,信息系统接入 Internet 网,可以广泛获取各类信息,并为旅客提供相关服务。

(2)系统的可扩充性。应从两个方面来保证,即硬件设备的可扩充性和软件功能的可扩充性。硬件设备的可扩充性要求系统具有灵活的、扩充能力强的网络结构,在满足系统需求的条件下,采取一定的冗余措施。民航机场各类信息的增长速度非常快,故采用 Web 浏览器/服务器模式可以最大限度地保护系统投资,满足不断扩展的系统需求。

软件功能的可扩充性要求系统软件的体系结构具有合理的设计。构件技术和软件体系结构是目前发展最快的软件重用技术,是解决大型系统开发过程中周期长、软件开发效率低、程序可重用性差和软件适应性差等问题的有效途径。

对于大型系统或经常性开发工作,由于业务处理的变化,应用软件必须不断地重建已适应新的业务规则,因此,采用基于软件体系结构和软件构件的软件开发方法将具有明显的优势。构件集代码和数据于一体,完成指定的、独立的应用功能。一个构件可以在任何一个项目中或在一个项目的多个模块中复用。基于软件体系结构的软件开发方法是在软件设计级的重用,有利于系统开发效率和系统可靠性的提高,是信息系统软件开发的有效手段。

（3）系统安全容错能力。由于民航机场的特殊环境,系统安全、可靠地运行是对信息系统最基本也是最重要的要求。因此,系统对重要硬件设备要采取备份措施;对重要的文件和数据库及时备份;在遇到故障时,信息系统中的各子系统要具有脱网运行功能。由于采用 B/S 模式,信息系统与 Internet 相连接,必须采用防火墙技术来保证信息系统数据的安全。系统应具有完善的网络管理和设备管理措施,能迅速、准确地定位故障部位,并尽快排除故障,保证系统安全、稳定地运行。

8.9　本　章　小　结

在信息系统的开发过程中,将构件重用思想运用于软件开发之中能够收到良好效果。本章成功地从软件复用的角度引入了构件技术,详细论述了基于构件的软件开发方法所涉及的内容,选择了 Windows 平台上最为流行的 COM 技术来实现构件,并且将其应用到了民航机场信息管理系统中的航班显示和航班管理两个子系统中,收到了非常好的效果。通过对民航机场需求的广泛调查和分析,抽取出了民航机场领域的领域需求,并进一步提出了民航机场的软件体系结构,为领域内信息管理系统的开发提供了设计级重用,将极大地提高民航机场信息管理系统的开发效率和质量。

附 录

附 录 A

1. 构件库结构

本系统中,构件库的结构划分为以下几个部分:领域描述、构件索引、构件规格说明以及构件操作数据对象等 4 个部分。

1)领域描述

领域描述数据表如表 A-1 所列。

表 A-1 领域描述数据表

字段名称	字段标识符	字段属性	注释
领域标识符	DOMAIN_ID	CHAR(3)	主键
领域类别	DOMAIN_TYPE	CHAR(2)	
领域名称	DOMAIN_NAME	CHAR(40)	
现有构件数	COM_NUM	INT	
备注	REMARK	CHAR(30)	

在领域描述数据表中,领域标识符是唯一的,即数据表的主键。构件索引表中,有一个相同的字段作为与之相连的外键。也就是说,每个构件的索引必须指明构件是哪一领域中使用的构件。领域名称是对某专门领域的全称,如民航机场信息管理系统。领域类别是对领域做些归类。如电厂管理系统、铜材加工管理系统等都可以归为企业管理系统。做这样的归类可以使构件搜索者在专门领域内找不到构件时能够在相近的领域内作进一步的查找。在数据库的数据表中,提供一系列缺省选项,如航班管理、企业管理、行政管理等。现有构件数指明了当前构件的丰富程度,便于搜索者作搜索决策。

2)构件索引表

构建索引表如表 A-2 所列。

表 A-2　构建索引表

字段名称	字段标识符	字段属性	注释
领域标识符	DOMAIN_ID	CHAR(3)	主键、外键
构件标识符	COM_ID	CHAR(30)	主键
构件名称	COM_NAME	CHAR(40)	
成熟度	MATURITY	CHAR(2)	
安全级别	SECURITY_LEVEL	CHAR(2)	
备注	REMARK	CHAR(30)	

　　在构件索引表中,领域标识符既作主键,以区分该构件所属领域,又作外键指向领域描述表,以确保所选领域在本构件库所管理的领域范围内。构件标识符的意义是唯一确定一个构件。构件名称指明了构件的全称。如何做到使构件的功能之间具有较强的联系。成熟度反映了构件的成熟程度。可以认为,引用次数越多的构件其成熟度越高。安全级别指明了该构件在领域中的安全策略上所处的级别。

　　3)构件表

　　构件表见表 A-3。

表 A-3　构件表

字段名称	字段标识符	字段属性	注释
领域标识符	DOMAIN_ID	CHAR(3)	主键、外键
构件标识符	COM_ID	CHAR(30)	主键
构件类型	COM_TYPE	CHAR(3)	
构件功能	FUNCTION	TEXT	
使用环境	ENVIRONMENT	TEXT	
接口说明	INTERFACE	TEXT	
关联说明	RELATION	TEXT	
构件层次	LEVEL	TEXT	主键
当前版本	VERSION	CHAR(10)	主键
版本历史	HISTORY	TEXT	
采用次数	USED_NUM	INT	
备注	REMARK	CHAR(30)	

  表中,构件类型将构件按信息录入、信息查询、统计报表、事务处理等分类。构件功能详细说明构件所实现的功能。包括构件对哪些数据所作的加工、处理过程、处理结果等。接口说明确定了构件与外部构件之间的联系,表现在指出了输入参数、输出参数等。关联关系给出了构件与其他构件之间的关系。应该指出,构件之间除继承关系使不同构件的关系呈强耦合性质外,不应该有太多的强耦合关联的构件。当前版本标明当前的版本号。当前版本不是最新版本,而是此构件的变动历史中的某个版本。在数据表中,当前版本作主键,以便保留和区分同一构件的不同版本,使构件搜索者可以引用历史上的某个版本。版本历史记录了整个开发过程中构件的改动历史。构件被采用后,可能发现构件中的疵点;或者由于构件所处理的业务有所变动,工作组对此重新作了改正。采用次数记录了构件被采用的次数。他反映了构件的成熟度与稳定度。构件搜索者搜索到多个功能相同的构件时,构件的成熟度与稳定度就成了构件取舍的标准。

  4) 构件操作数据对象表

  构件操作数据对象表如表 A-4 所列。

表 A-4 构件操作数据对象表

字段名称	字段标识符	字段属性	注释
领域标识符	DOMAIN_ID	CHAR(3)	主键、外键
构件标识符	COM_ID	CHAR(30)	主键
数据表标识符	TABLE_ID	CHAR(50)	主键
字段与操作类型	FIELD_OP	TEXT	
备注	REMARK	CHAR(30)	

  表中,数据表标识符指明了构件所操作的后台数据库表。由于构件所操作的数据可能由多个表组成,所以将 TABLE_ID 作为主键。字段与操作类型进一步指明是对表中的哪些元素作了什么操作。对数据的操作分 3 类:查询(Select)、更新(Update)、删除(Delete)。

附 录 B

1. COM 构件和客户应用程序之间传递多维数组示例

数据结构如下：

	flavor 1	flavor 2		flavor n
Flavors	(0,0)	(0,1)	....	(0,n)

	price 1	price 2		price n
Prices	(1,0)	(1,0)	......	(1,n)

2. 实现代码

```cpp
STDMETHODIMP CIceCreamOrder::GetFlavorsWithPrices(VARIANT *pVariant)
{
  //TODO: Add your implementation code here


  //Initialize the bounds for the array
  //Ours is a 2 dimensional array
  SAFEARRAYBOUND safeBound[2];

  //Set up the bounds for the first index
  //That's the number of flavors that we have
  safeBound[0].cElements = m_vecIcecreamFlavors.size();
  safeBound[0].lLbound = 0;

  //Set up the bounds for the second index
  safeBound[1].cElements = m_vecIcecreamPrices.size();
  safeBound[1].lLbound = 0;


  ///Initialize the VARIANT
  VariantInit(pVariant);
  //The array type is VARIANT
  //Storage will accomodate a BSTR and a float
  pVariant->vt = VT_VARIANT | VT_ARRAY;
```

```
pVariant - >parray = SafeArrayCreate(VT_VARIANT,2,safeBound);


//Initialize the vector iterators
std::vector::iterator iterFlavor;
std::vector < float >::iterator iterPrices;

//Used for indicating indexes in the Multidimensional array
long lDimension[2];
int iFlavorIndex = 0;
//Start iteration
iterPrices = m_vecIcecreamPrices.begin();
iterFlavor = m_vecIcecreamFlavors.begin();


//Iterate thru the list of flavors and prices
while(iterFlavor ! = m_vecIcecreamFlavors.end())
{


  //Put the Element at (0,0), (0,1) , (0,2) ,.............(0,n)
  lDimension[1] = iFlavorIndex;
  lDimension[0] = 0;
  CComVariant variantFlavor(SysAllocString(( * iterFlavor).m_str));
  SafeArrayPutElement(pVariant - >parray,lDimension,&variantFlavor);


  //Put the Element at (1,0), (1,1) , (1,2) ,.............(1,n)
  lDimension[1] = iFlavorIndex;
  lDimension[0] = 1;
  CComVariant variantPrices( * iterPrices);
  SafeArrayPutElement(pVariant - >parray,lDimension,&variantPrices);


  iFlavorIndex + +;
```

```
    iterPrices + +;
    iterFlavor + +;



  }


  return S_OK;


}
```

附 录 C

1. 数据库操作构件接口说明

数据库操作构件涉及了一个接口 IQuery,这个接口有 13 个方法和 15 个属性,下面对其完成的功能以及使用方法一一加以说明。其中,数据库操作构件接口 IQuery 实现的 13 个方法说明见表 C-1,15 个属性说明见表 C-2。

表 C-1 数据库操作构件接口 IQuery 实现的 13 个方法说明

序号	方法	功能	参数说明	用法
1	AddField（BSTR name,BSTR size, int key）	增加指定表的字段	name 表示要增加字段的名字,size 字段的尺寸,key 字段是否为关键字("1"表示是关键字,"0"表示不是关键字)	调用这个方法之前要先调用 PutTableInfo（BSTR name）属性设置表信息,表示要往表名是 name 的表中增加字段
2	AddRecord（BSTR fieldvalue）	对指定的表增加记录	参数 fieldvalue 是按照字段值的顺序以逗号相间隔组成的。当接收到参数 fieldvalue 之后要对它进行处理,即以逗号为标志将各个字段值分离出来,在转化成需要的数据类型,再进行组装,形成需要的字符串,然后再调用 SQL 语句	调用这个方法之前要先调用 PutTableInfo（BSTR name）属性设置表信息,表示要往表名是 name 的表中增加记录。传递参数时一定要按照顺序将字段值以逗号为间隔组成需要的字符串
3	ChangeData（int week）	在两个表之间转换数据（季度航班表和周航班表、季度航班表和明日航班表、明日航班表和今日航班表）	week=8 表示把明日航班表数据转换到今日航班表中;week=0 表示把季度航班表的数据转换到周航班表中;week=1~7 表示一个星期的 7 天,1 表示星期一,7 表示星期天,即把季度航班表的数据转换到 week+1 天的明日航班表中	如果要将季度航班表数据转换到周航班表时,name 要设置成周航班表;当将季度航班表数据转换到明日航班表时,name 要设置成明日航班表;当将明日航班表数据转换到今日航班表时,name 要设置成今日航班表

（续）

序号	方法	功能	参数说明	用法
4	CreateTable（BSTR fields_string）	建立新的表	fields_string 表示由每个字段的名字、类型（尺寸）组成的字符串	调用这个方法之前要先调用 PutTableInfo（BSTR name）属性设置表信息，表示要建立的表的名字 name
5	DataOperation（VARIANT * pVariant）	显示当日航班表的信息	* pVariant 指向传递给客户的当日航班数据	需要客户传递一个变体参数给构件，这个变体能接受构件从数据库中取得数据，传递过来的数据要通过 SAFEARRAY * pSafeArray 来接收数据到数组或者是链表中，以便与客户显示
6	DelField(BSTR name)	删除指定表的字段	name 表示要删除的字段名称	调用这个方法之前要先调用 PutTableInfo（BSTR name）属性设置表信息，表示要删除哪个表的字段
7	DelRecord( )	删除指定表的记录		调用这个方法之前要先设置属性 PutValue（BSTR newVal），这个值 newVal 是指定表的关键字，只有找到关键字才能确定删除的是哪一条记录
8	DropTable（BSTR tableinfo）	删除表	BSTR tableinfo 表示要删除的表信息，一般指的是表名	注意和 DelRecord( ) 相区别，它是删除表中的数据，而本方法是删除整个表

（续）

序号	方法	功能	参数说明	用法
9	GetFields（VARIANT * pVariant）	当新建表（季度航班表、周航班表、明日航班表、今日航班表）时，客户需要一些常用的字段信息，这时就要从构件中取得，这个方法就是将预设的字段信息传递给客户端，供客户端参考使用	* pVariant 指向传递给客户的新建表的字段信息	需要客户传递一个变体参数 * pVariant 给构件，这个变体能接受构件预设的字段信息，传递过来的数据可以利用 SAFEARRAY * pSafeArray 来接收数据到数组或者是链表中，以便客户使用
10	Query（VARIANT * pVariant）	查询数据表中的记录（数据）	* pVariant 指向传递给客户的数据表中的记录	需要客户传递一个变体参数 * pVariant 给构件，这个变体能传递给客户查询的结果，一般客户可以通过 SAFEARRAY * pSafeArray 来接收。调用这个方法之前要先调用 PutTableInfo（BSTR name）属性设置表信息，表示对哪个表进行查询操作，同时如果是对季度航班表进行查询时，要设置一些属性来表示查询的条件，如果要按照航班号来查询就需要设置属性 PutFlightNo（BSTR flightno），如果按照城市来查询就要设置属性 PutCity（BSTR fromcity，BSTR tocity），如果想通过限定飞机的起飞降落时间来缩小查询的范围，就需要设置属性 PutStartTime（BSTR time）、PutEndTime（BSTR time）、PutToStartTime（BSTR time）、PutToEndTime（BSTR time）

（续）

序号	方法	功能	参数说明	用法
11	QuerDataStruct (VARIANT * pVariant)	查询指定表的数据结构	* pVariant 指向传递给客户的指定数据表的结构	需要客户传递一个变体参数 * pVariant 给构件,这个变体能传递给客户查询的结果,一般客户可以通过 SAFEAR-RAY * pSafeArray 来接收。调用这个方法之前要先调用 PutTableInfo(BSTR name) 属性设置表信息,表示需要查询哪个表的数据结构
12	UpdateField(BSTR name,BSTR type, BSTR size,int key)	更改指定表的字段结构	name 表示字段名,type 表示字段类型,size 表示字段尺寸,key 表示字段是否为关键字,'1' 表示是关键字,'0' 表示不是关键字	一般在使用这个方法时,更改的是字段的名字或者是字段尺寸,其他很少改动。调用这个方法之前要先调用 PutTableInfo(BSTR name) 属性设置表信息,表示要修改哪个表的字段结构
13	UpdateRecord (BSTR fieldname, BSTR fieldvalue)	更改指定表的记录(数据)	fieldname 表示字段名,fieldvalue 表示修改后的字段值	调用这个方法之前要先调用 PutTableInfo(BSTR name) 属性设置表信息,表示要修改哪个数据表的记录。修改记录必须找到这条记录,这时就需要知道表的关键字,通过关键字来定位记录,所以只能对预先知道的表才能进行操作,所以这个方法目前只能对季度航班表,周航班表和明日航班表、今日航班表有效,如果想对其他表操作,可以在程序中手动添加

表 C-2　数据库操作构件接口 IQuery 实现的 15 个属性说明

序号	属性	功能
1	PutAirport(BSTR newVal)	设置机场三字码
2	PutArrivalDeparture(BSTR newVal)	设置离港还是进港,"A"表示进港,"D"表示离港
3	PutCity(BSTR fromcity, BSTR tocity)	设置需要查询的飞机起飞和降落城市。Fromcity 表示飞机起飞城市,tocity 表示飞机降落城市。这两个参数不是指城市三字码,而是中文城市名
4	PutConnStr(BSTR newVal)	设置链接串,指定数据库的位置及其他属性。构件中的所有方法和属性都是在这个属性设置好的前提下正常工作的,所以客户在调用构件时要首先设置这个属性,当然如果不设置的话,系统将按照默认的数据库来执行
5	PutDateTime(BSTR date, BSTR time)	设置日期和时间
6	PutEndTime(BSTR time)	设置飞机降落的下限时间
7	PutFieldsInfo(VARIANT * newVal)	用户通过调用这个属性能将配置好的字段信息传递给构件,构件利用 SAFEARRAY * pSafeArray 将数据解析出来存放在数组或者链表中,最后根据字段信息建立新表。调用这个属性之前要先调用 PutTableInfo(BSTR name)属性设置表信息,表示要建立的是哪个表
8	PutFlightNo(BSTR flightno)	设置飞机的航班号
9	PutInternationalDomestic(BSTR newVal)	设置飞机的飞行方向,"I"表示国际,"D"表示国内
10	PutStartTime(BSTR time)	设置飞机起飞的上限时间
11	PutTableInfo(BSTR name)	设置数据表的中文名称
12	PutToEndTime(BSTR time)	设置飞机到达的下限时间
13	PutToStartTime(BSTR time)	设置飞机到达的上限时间
14	PutUserInfo(short newVal)	设置用户权限,"1"系统管理员
15	PutValue(BSTR newVal)	设置字段值

2. 图像显示构件接口说明

图像显示构件设计了一个接口 IPic,这个接口有 9 种方法(表 C-3),即用户只需要调用这个构件(MyDisplayCOM)的接口中的两个函数,一是用来装载图(Load 函数),二是用来画图(与设备无关)(Draw 函数),就可以实现复杂的图形显示功能。

表 C-3　图像显示构件接口 IPic 实现的 9 种方法说明

序号	方法	说明
1	Load(LPCTSTR sFileName)	SFileName 是文件的名字,为 LPCTSTR 类型的,此函数完成的功能是将图片从文件中载入,暂存在 Buffer 中,最后调用 LoadFromBuffer 函数将 Buffer 中的数据存入 m_pPicture
2	LoadFromDB(LPCTSTR name)	name 是 LPCTSTR 类型的变量,通过 Cstring IDName = (Cstring)name,将其强行转换为 Cstring 类型,表示航班的 ID 号。此函数完成的功能是通过 SQL 语言的 Select 语句从数据库中获取 ID 号与之相同的图片的信息,再将图片即 BIOB 数据从数据库中取出存入 Buffer,再调用 LoadFromBuffer 函数将 Buffer 中的数据存入 m_pPicture。 其中图片是较大的二进制数据对象,称之二进制大对象 BLOB(Binary Large Object),它的存取方式与普通数据有所区别,需要使用 AppendChunk 函数和 GetChunk 函数。下面一节将详细介绍如何利用 ADO 在数据库中存取 BLOB 数据的具体实现过程,它也是整个程序的难点之一
3	LoadFromSource (LPCTSTR sResourceType, LPCTSTR sResource)	实现的功能是从资源中获得图像
4	Draw(long pDC, int x, int y, int cx, int cy)	PDC 表示设备句柄,为 long 型的变量,其余的 4 个变量为 int 型的,x,y 表示坐标,cx,cy 分别表示图像的宽和高。这个函数的功能是在指定位置按一定的长度和宽度显示图片。它是其他几个 Draw1,Draw2 等函数的基础,因为其他几个 Draw 函数都是为了方便用户使用而提出的几种方式,可以针对不同的情况,来满足用户的需求,它们最终都调用了这个 Draw 函数来完成图片的显示,所以此 Draw 函数也是整个程序设计的关键之一
5	Draw1 (long pDC, int x, int y, double nSize Ratio)	pDC,x,y 参数在 Draw 函数已经介绍过,这里不再重复,nSizeRatio 为 double 型的,用来表示图片按何种比例进行显示。此函数完成的功能是将图片在指定的位置按照用户需要的比例进行显示。在函数执行过程中,根据要求的 nSizeRation 的大小,经过运算以后,将宽高赋给 Draw 函数,最终还是利用 Draw 函数完成了图片的显示

（续）

序号	方法	说明
6	Draw2（long pDC，POINT Pos，SIZE Size）	Pos 参数为 POINT 类型的，Size 为 SIZE 类型的，通过 Pos. x，Pos. y 以及 Size. cx，Size. cy 的值，以及调用 Draw 函数完成图片的显示
7	Draw3（long pDC，int x，int y）	功能是将图片在 x,y 处按原始大小显示
8	Draw4（long pDC，double nSize Ratio）	功能就是将图片在(0,0)处，按比例 nSizeRatio 显示
9	Draw5（long pDC）	功能是将图片在(0,0)处，按原始大小显示

参 考 文 献

[1] 郑人杰、殷人昆、陶永雷. 实用软件工程(第二版)[M].北京:清华大学出版社. 2000.

[2] 覃征等. 软件工程与管理.北京:清华大学出版社[M]. 2005.

[3] Leszek A. Maciaszek, Bruc Lee Liong. Practical Software Engineering:A Case Study Approach[M].北京:
机械工业出版社. 2006.

[4] 张海藩. 软件工程导论. 第3版[M].北京:清华大学出版社. 1998.

[5] 冷英男. 软件工程[M].北京:人民交通出版社. 2004.

[6] 齐治昌、谭庆平、宁洪. 实用软件工程[M].北京:高等教育出版社. 1997.

[7] 汤庸. 软件工程方法与管理[M].北京:冶金工业出版社. 2002.

[8] 史济民等. 软件工程——原理、方法与应用(第二版)[M].北京:高等教育出版社. 2002.

[9] 徐仁佐. 软件工程[M].武汉:华中科技大学出版社. 2000.

[10] 邓成飞、李洁. 软件工程管理[M].北京:国防工业出版社. 2000.

[11] 潘爱民等. COM原理及应用[M]. 北京:清华大学出版社. 1999.

[12] 周之英. 现代软件工程(中):基本方法篇[M]. 北京:科学出版社,2000.

[13] Erich Gamma,Richard Helm,Ralph Johnson,John Vlissides. Design Patterns Elements of Reusable Object-
Oriented Software[M]. 北京:机械出版社, 2000.

[14] Lyn Robison,黄惠菊,张捷等译. 轻松掌握用Visual C + +6对数据库编程[M]. 北京:电子工业出版
社. 1999.

[15] 薛春光,吴邵东. 软件复用技术及其展望. 天津理工学院学报[J], 18(1), 2002.

[16] 刘述忠. 软件复用—提高软件质量与效率的途径[J]. 科技管理. 2,2002.

[17] 顿海强,庄雷. 面向对象与软件复用技术研究[J]. 计算机应用研究. 3,2002.

[18] 韩秋凤,肖政宏. 基于COM+的数据库访问构件[J]. 电脑与信息技术. 4,2001.

[19] 李中学,李生林. 基于领域构件的开发平台设计与实现[J]. 计算机应用. 20(6), 2000.

[20] 邹伟. 构件库系统服务模式与支撑技术研究.北京大学博士研究生论文. 2001.

[21] 徐正权,张颢. 基于构件复用的软件方法与COM支持[J]. 计算机工程与应用. 9,2000.

[22] 钟中. 浅谈COM及其创建[J]. 微电子技术. 28(3), 2000.

[23] 刘升,游晓明,陈传波. 领域分析与软构件的提取[J]. 微电子学与计算机. 3, 2002.

[24] 王峰,高尚伟,李福义.COM构件接口方法参数的数据类型的选择[J]. 应用科技. 29(6), 2000.

[25] 曹晓阳,刘锦德. COM及其应用[J]. 计算机应用. 19(1), 2000.

[26] 尹建飞. 利用COM包容和聚合实现软件重用[J]. 计算机应用. 20(6), 2000.

[27] 杨勤. 基于COM的三层客户/服务器模型[J]. 计算机应用研究. 2, 2001.

[28] 张世琨,张文娟,常欣等. 基于软件体系结构的可复用构件制作和组装[J]. 软件学报.
12(9), 2001.

[29] 李学军,申瑞平. 基于Windows DNA的三层应用[J]. 计算机与通讯. 6, 1998.

[30] 黄卫平. 基于构件的软件构造技术[J]. 电脑与信息技术, 5, 2000.

[31] 段兴. Visual C + + 使用程序 100 例[M]. 人民邮电出版社. 2002.

[32] 陈晶, 李军. 运用 COM/DCOM 技术实现软件重用[J]. 聊城师院学报: 自然科学版. 14(1), 2001.

[33] 胡恬, 朱若磊. COM 组件技术与软件复用[J]. 微机发展. 2, 2001.

[34] 杨芙清, 梅宏, 李克勤. 软件复用与软件构件技术[J]. 电子学报. 27(2), 1999.

[35] 赵芳, 韦群. 基于构件的软件工程[J], 装备指挥学院学报, 4, 2002.

[36] 何国斌, 马世龙. 基于构件的软件开发方法与实践[J], 计算机工程与应用, 10, 2000.

[37] 刘宇、郭荷清. 针对领域的可重用构件库的实现[J]. 微型电脑应用. 11, 1999.

[38] Lubars M D, HarandiM T. Knowledge-Based Software Using Design Schemas [A]. Proceedings of the 9th International Conference on Software Engineering[C]. 1987: 253 – 262.

[39] Pree W. Design Patterns for Object-Oriented Software Development [M]. Reading. Mass: Addison-Wesley, 1994.

[40] 桑大勇, 王瑛. 基于构架的软件重用技术综述[J]. 空军工程大学学报. 1(5), 2000

[41] 邹海, 向南, 周焱. 客户端自动创建 SQL Server 远程数据库的 ADO 技术[J]. 计算机应用. 22(4), 2002.

[42] 麦中凡, 戴彩霞. 软件体系结构的概念[J]. 计算机工程与应用. 11, 2001

[43] 孙昌爱, 金茂忠, 刘超. 软件体系结构研究综述[J]. 软件学报. 13(7), 2002.

[44] 陶再平, 陈其, 俞瑞钊. 三层结构模型应用的研究[J]. 电脑与信息技术, 6, 1999.

[45] 张基温, 陶利民. 基于构件的 MIS 软件开发[J]. 电脑开发与应用. 15(7), 2000.

[46] 逯鹏, 赵峰. 基于构件/构架的开发方法及其应用[J]. 郑州工业大学学报. 21(4), 2000.

[47] 周振红, 周洞汝, 杨国录. 基于 COM 的软件组件[J]. 计算机应用. 21(3), 2001.

[48] 张茂林. 软件开发过程中的构件重用[J]. 中国金融电脑. 8, 1998.

[49] 杨芙清, 王千祥, 梅宏, 陈兆良. 基于复用的软件生产技术[J]. 中国科学(E 辑). 31(4), 2001.

[50] 刘宏, 周飞. 采用构件技术进行领域 MIS 系统群体开发[J]. 计算机技术与自动化. 19(3), 2000.

[51] 黄卫平. 构件库管理系统的设计与实现[J]. 湘潭大学自然科学学报. 22(4), 2000.

[52] Pham, H. Software Reliability and Testing[J], IEEE Computer Society Press, 1996.

[53] Schick, G. J. and R. W. Wolerton. An Analysis of Competing Software Reliability Models[J]. IEEE Trans. Software Engineering, Vol. SE – 4. No. 2, Mar. , 1978.

[54] Michael R. Lyu. Handbook of Software Reliability Engineering[M], Computing Mc GrawHill, New York, 1996.

[55] 何国伟. 软件可靠性[M]. 国防工业出版社. 1998.

[56] 韦群. 故障注入测试技术及软件可靠性研究. 半导体技术. 32(增刊), 2007.

[57] 韦群, 王珏. 分布式环境下软件可靠性模型的扩展与改进. 电脑开发与应用. 22, 2009.

[58] 徐钦桂, 刘桂雄. 基于构件的数据流软件可靠性模型[J]. 计算机科学. 38(7), 2011.

[59] 韦群, 王珏. 软件缺陷及其对软件可靠性的影响分析[J]. 计算机应用与软件. 28(1), 2011.

[60] 韦群, 王珏. 基于程序变异技术的软件可靠性估计[J]. 计算机应用与软件. 计算机辅助设计与图形学学报. 23(增刊), 2011.

[61] 杨春晖, 熊婧, 李冬. 分布式系统可靠性模型研究[J]. 计算机工程. 38(3), 2012.

[62] IEEE Std 6 10.12 – 1990. Glossary of Software Engineering Terminology[M].

[63] Shooman, M. L. Structure Models for Software Reliability Prediction[J], Proc. International Conference of

Software Engineering. Califolia. 1984.

[64] Yamada, S. S - shaped Software Reliability Growth Models and Their Applications[J]. IEEE Trans. Reliability, Vol. R - 33. No. 4. Oct. 1984.

[65] Musa. J. D. A Logarithmic Poisson Execution Time Model For Software Reliability Measurement[J]. Proc. 7 International Conf. Software Ing. , 1984.

[66] Littlewood, B. , Software Reliability Model for Modular Program Structure[J]. IEEE Trsans. Reliability, Vol. R - 28. No. 3 , Aug. 1979.

[67] B. Beizer. Software Testing Techniques[M]. Van Nostrand Reinhold Company. 1983.

[68] R. C. Cheung. A user-oriented software reliability model[J]. IEEE Trans. on Software Engineering, 6 (2):118 - 125, 1980.

[69] M. Delamaro, J. Maldonado, and A. P. Mathur. Integration testing using interface mutations[J]. In Proc. 7 Int'l Symp. On Software Reliability Engineering, pages 112 - 121, 1996.

[70] W. Everett. Software component reliability analysis[J]. In Proc. Symp. Application-Specific Systems and Software Engineering Technology, pages 204 - 211, 1999.

[71] A. L. Goel. Software reliability models: assumptions, limitations, and applicability[J]. IEEE Trans. on Software Engineering, 11(12):1411 - 1423, 1985.

[72] S. Gokhale, W. E. Wong, K. Trivedi, and J. R. Horgan. An analytical approach to architecture based software reliability prediction[J]. In Proc. 3rd Int'l Computer Performance & Dependability Symp. , pages 13 - 22, 1998.

[73] K. Goˇseva-Popstojanova, K. Trivedi, and A. P. Mathur. How different architecture based software reliability models are related? [J]. In Fast Abstracts 11th Int'l Symp. on Software Reliability Engineering, pages 25 - 26, 2000.

[74] K. Goˇseva-Popstojanova and K. Trivedi. Architecture-based approach to reliability assessment of software systems[J]. Performance Evaluation, 45:179 - 204, 2001.

[75] K. Kanoun and T. Sabourin. Software dependability of a telephone switching system[J]. In Proc. 17th Int'l Symp. on Fault-Tolerant Computing, pages 236 - 241, 1987.

[76] S. Krishnamurthy and A. P. Mathur. On the estimation of reliability of a software system using reliabilities of its components[J]. In Proc. 8th Int'l Symp. Software Reliability Engineering, pages 146 - 155, 1997.

[77] P. Kubat. Assessing reliability of modular software. Operations Research Letters, 8:35 - 41, 1989.

[78] J. C. Laprie. Dependability evaluation of software systems in operation. IEEE Trans. on Software Engineering, 10(6):701 - 714, 1984.

[79] J. Ledoux. Availability modeling of modular software[J]. IEEE Trans. on Reliability, 48(2):159 - 168, 1999.

[80] B. Littlewood. A reliability model for systems with Markov structure[J]. Applied Statistics, 24(2):172 - 177, 1975.

[81] B. Littlewood. Software reliability model for modular program structure[J]. IEEE Trans. on Reliability, 28(3):241 - 246, 1979.

[82] A. P. Mathur, P. Michielan, and M. Schiona. A comparison of techniques for component based reliability estimation of a software system. Technical Report, SERC - TR - P, 2001.

[83] K. W. Miller, L. J. Morell, R. E. Noonan, S. K. Park, D. M. Nicol, B. W. Murrill, and J. M.

Voas. Estimating the probability of failure when testing reveals no failures[J]. IEEE Trans. on Software Engineering, 18(1):33-43, 1992.

[84] E. Nelson. A statistical basis for software reliability[J]. TRW Software Series, TRW - SS - 73 - 02, 1973.

[85] A. Pasquini, A. N. Crespo, and P. Matrella. Sensitivity of reliability-growth models to operational profile errors vs testing accuracy[J]. IEEE Trans. on Reliability, 45(4):531-540, 1996.

[86] C. V. Ramamoorthy and F. B. Bastani. Software reliability - status and perspectives[J]. IEEE Trans. on Software Engineering, 8(4):354-371, 1982.

[87] M. Shooman. Structural models for software reliability prediction[J]. In Proc. 2nd Int'l Conference on Software Engineering, pages 268-280, 1976.

[88] J. Voas, F. Charron, and K. Miller. Robust software interfaces: can COTS-based systems be trusted without them? [J]. In Proc. 15th Int'l Conf. Computer Safety, Reliability, and Security, pages 126-135, 1996.

[89] J. M. Voas. Certifying off-the-shelf software components[J]. IEEE Computer, 31(6):53-59, 1998.

[90] C. Wohlin and P. Runeson. Certification of software components[J]. IEEE Trans. on Software Engineering, 20(6):494-499, 1994.

[91] M. Xie and C. Wohlin. An additive reliability model for the analysis of modular software failure data[J]. In Proc. 6th Int'l Symp. Software Reliability Engineering, pages 188-194, 1995.

[92] S. Yacoub, B. Cukic and H. Ammar. Scenario-based reliability analysis of component-based software[J]. In Proc. 10th Int'l Symp. Software Reliability Engineering, pages 22-31, 1999.